高等学校应用型特色规划教材

Oracle 11g 数据库应用简明教程 (第 2 版)

董志鹏　董荣军　主编

清华大学出版社

北　京

内 容 简 介

本书从初学者的角度出发，以通俗易懂的语言，丰富多彩的实例，详细介绍了使用 Oracle 进行数据管理的各方面技术。全书共分 16 章，主要内容包括：Oracle11g 关系数据库概述，Oracle 数据库体系结构，使用 SQL*Plus 工具，SQL 语言基础，多表查询，PL/SQL 编程，管理控制文件和日志文件，管理表空间和数据文件，数据表对象，其他数据对象，用户管理与权限分配，数据导出和导入，使用 RMAN 工具，Oracle 闪回技术，最后介绍基于 Oracle 数据库的 Web 应用实例——生产管理系统。

书中所有知识都结合具体实例进行介绍，让读者轻松领会 Oracle 管理数据库的精髓，快速提高数据库管理技能。另外，本书除了纸质内容之外，附带资源还给出了海量开发资源库。

本书针对的是初学者，适合作为高等院校数据库技术专业、信息管理与信息系统专业的教材。

图书在版编目(CIP)数据

Oracle 11g 数据库应用简明教程/董志鹏，董荣军主编. —2 版. —北京：清华大学出版社，2018
（2020.9重印）
(高等学校应用型特色规划教材)
ISBN 978-7-302-50178-7

Ⅰ.① O…　Ⅱ.①董…　②董…　Ⅲ.①关系数据库系统—高等学校—教材　Ⅳ.①TP311.138

中国版本图书馆 CIP 数据核字(2018)第 112416 号

责任编辑：杨作梅
装帧设计：杨玉兰
责任校对：吴春华
责任印制：宋　林
出版发行：清华大学出版社
　　　　　网　　　址：http://www.tup.com.cn, http://www.wqbook.com
　　　　　地　　　址：北京清华大学学研大厦 A 座　　　邮　　编：100084
　　　　　社 总 机：010-62770175　　　　　　　　　　邮　　购：010-62786544
　　　　　投稿与读者服务：010-62776969, c-service@tup.tsinghua.edu.cn
　　　　　质量反馈：010-62772015, zhiliang@tup.tsinghua.edu.cn
　　　　　课件下载：http://www.tup.com.cn, 010-62791865
印 装 者：三河市国英印务有限公司
经　　销：全国新华书店
开　　本：185mm×260mm　　　印　张：23.5　　　字　数：571 千字
版　　次：2010 年 3 月第 1 版　2018 年 7 月第 2 版　　印　次：2020 年 9 月第 3 次印刷
定　　价：59.00 元

产品编号：075758-01

第 2 版前言

Oracle 数据库是由 Oracle 公司提供的数据库管理系统，凭借其优异的性能，在数据库市场的占有率远远超过其对手，始终位于数据库领域的领先地位。本书是针对 Oracle 11g R2 版本，但同样也适用于 Oracle 12C 版本。

Oracle(甲骨文)公司于 1989 年正式进入中国市场，创建了 Oracle 中国公司。为了帮助中国用户及时、充分地利用世界最先进的计算机软件技术与产品，Oracle 中国公司在产品汉化方面投入了大量资源。目前，Oracle 的大部分产品已实现了全面中文化，这对我们中国的程序人员来说是最激动人心的事情。

本书是针对 Oracle Database 11g 编写的，以 Oracle 数据库的常用知识点作为主要的介绍对象，并尽量避免一些生僻的理论知识，同时尽可能采用实例讲解，目的就是让读者轻松地进入 Oracle 的大门，为以后更深入的学习打好基础。

为了使读者由浅入深地掌握 Oracle 数据库的各方面技术，本书对第 1 版的章节进行了调整，另外根据实际应用的情况，本书删除了一些不太常用的知识点，最终希望读者轻松掌握 Oracle 数据库知识。

本书共分为 16 章，概要内容如下。

第 1 章：Oracle 关系数据库。简单介绍什么是关系数据库，以及如何在 Windows 环境下正确安装 Oracle Database 11g R2。

第 2 章：Oracle 数据库体系结构。概要地介绍 Oracle 数据库的体系结构，包括物理存储结构、逻辑存储结构、Oracle 进程结构，并对 Oracle 中的数据字典做了简单介绍，目的是让读者对 Oracle 数据库有一个整体的认识，为后面的学习做好铺垫。

第 3 章：使用 SQL*Plus 工具。介绍 Oracle 自带的 SQL*Plus 开发工具的使用，主要是对 SQL*Plus 中的一些常用命令进行讲解。

第 4 章：SQL 语言基础。介绍 Oracle 数据库的 SQL 语言基础，包括基本的 SELECT、INSERT、UPDATE 和 DELETE 语句的使用，以及 Oracle 提供的一些函数应用，并在最后简单介绍了 Oracle 事务的处理。

第 5 章：多表查询。深入介绍 SQL 的多表查询，包括子查询、连接查询和集合操作。

第 6 章：PL/SQL 基础。介绍 PL/SQL 程序块的构成、常量与变量的使用、条件循环语句的使用、游标的使用、异常的处理等。

第 7 章：存储过程、函数、触发器和包。介绍 PL/SQL 命名程序块，主要包括存储过程、函数、触发器和程序包。

第 8 章：管理控制文件和日志文件。介绍如何管理 Oracle 数据库系统的控制文件和日志文件，并介绍如何管理归档日志。

第 9 章：管理表空间和数据文件。介绍如何管理 Oracle 数据库中最大的逻辑存储结构——表空间，表空间在物理上对应 Oracle 的数据文件。Oracle 表空间的类型有很多种，如基本表空间、临时表空间、撤销表空间等。

第 10 章：数据表对象。介绍数据库最基本的对象——表，以及针对表的完整性约束。

第 11 章：其他数据库对象。Oracle 中除了基本的表以外，还有如视图、索引等数据库对象。本章介绍 Oracle 中的索引、视图、序列和同义词。

第 12 章：用户管理与权限分配。就 Oracle 数据库的安全管理方面进行讲解，主要内容包括数据库用户的创建与管理、Oracle 中的权限与角色的授予与撤销。

第 13 章：数据导出和导入。介绍如何使用 Oracle 中的 EXPDP/IMPDP 工具对数据进行导出和导入。

第 14 章：使用 RMAN 工具。介绍如何使用恢复管理器(RMAN)实现数据库的备份与恢复。

第 15 章：Oracle 闪回技术。为了让用户可以及时地获取误操作之前的数据，Oracle 提供了各种闪回技术。本章重点介绍 Oracle 提供的闪回技术。

第 16 章：生产管理系统。本章以车辆营运企业的生产管理为环境，从实际应用的角度出发，以面向对象的方式分析、开发一个基于 Oracle 数据库的信息管理系统。

由于本书的编写时间仓促，而且作者水平有限，所以书中难免会存在不足之处，恳请广大读者批评与指正。

编　者

第 1 版前言

数据库在如今的各行各业中都有着举足轻重的地位，而 Oracle 数据库则是数据库系统中的佼佼者，其安全性、完整性、一致性等优点深受广大企业的青睐，所以它在数据库市场上占有的份额也远远超过其他数据库。因此，学好 Oracle 数据库也就成为众多程序开发人员的首选。

Oracle(甲骨文)公司于 1989 年正式进入中国市场，成为第一家进入中国的世界软件巨头，并创建了 Oracle 中国公司。为了帮助中国用户及时、充分地利用世界最先进的计算机软件技术与产品，Oracle 中国公司在产品汉化方面投入了大量资源。目前，Oracle 的大部分产品已实现了全面中文化，这无疑给中国的程序人员带来了极大的方便。

2007 年 7 月 12 日，Oracle 公司宣布推出 Oracle 最新版本——Oracle Database 11g，它在 Oracle Database 10g 的基础上新增加了 400 多项特性，使 Oracle 数据库变得更可靠、性能更好、更容易使用和更安全。

本书针对 Oracle Database 11g 编写，以 Oracle 数据库的常用知识点作为主要的介绍对象，并对生僻的知识采取简略甚至省略的态度，目的就是让读者轻松地叩开 Oracle 数据库的大门，为以后更深入的学习打下良好的基础。

本书共分为 18 章，主要内容如下。

- 第 1 章：Oracle 关系数据库。简单介绍数据库关系理论，以及如何在 Windows 环境下正确安装 Oracle Database 11g。
- 第 2 章：Oracle 数据库体系结构。概要地介绍 Oracle 数据库的体系结构，包括物理存储结构、逻辑存储结构、Oracle 进程结构，并对 Oracle 中的数据字典做简单的介绍，目的是帮助读者理解 Oracle 数据库，为后面的学习做好铺垫。
- 第 3 章：使用 SQL*Plus 工具。介绍 Oracle 自带的 SQL*Plus 开发工具的使用，主要是对 SQL*Plus 中的一些常用命令进行讲解。
- 第 4 章：管理表空间。介绍如何管理 Oracle 数据库中最大的逻辑存储结构——表空间。表空间的类型有很多种，如基本表空间、临时表空间、撤销表空间等。
- 第 5 章：模式对象。介绍表、表的完整性约束、索引、视图、序列和同义词使用。
- 第 6 章：管理控制文件与日志文件。介绍如何管理 Oracle 数据库系统的控制文件与日志文件，并介绍如何管理归档日志。
- 第 7 章：SQL 语言基础。介绍 Oracle 数据库的 SQL 语言基础，包括 DML 语句的使用和函数的使用，并在最后简单地介绍 Oracle 事务的处理。
- 第 8 章：子查询与高级查询。深入介绍 SQL 查询，包括子查询与高级查询。
- 第 9 章：PL/SQL 基础。介绍 PL/SQL 程序块的构成、常量与变量的使用、条件循环语句的使用、游标的使用以及异常的处理等。
- 第 10 章：存储过程、函数、触发器和包。介绍 PL/SQL 命名程序块，主要包括存储过程、函数、触发器和程序包。

- 第 11 章：其他表类型。Oracle 中除了基本的堆表以外，还有其他类型的表。该章介绍 Oracle 中的临时表、外部表和分区表。
- 第 12 章：用户权限与安全。就 Oracle 数据库的安全管理方面进行讲解，主要内容包括数据库用户的创建与管理、Oracle 中的权限与角色的授予和撤销。
- 第 13 章：SQL 语句优化。为了提高应用程序的效率，用户应该对 SQL 语句进行优化，其所需要的成本最低，而往往影响又最大。该章将介绍部分 SQL 语句优化方式。
- 第 14 章：数据加载与传输。介绍如何使用 Oracle 中的数据泵技术对数据进行加载与传输。
- 第 15 章：使用 RMAN 工具。介绍如何使用恢复管理器(RMAN)实现数据库的备份与恢复。
- 第 16 章：Oracle Database 11g 闪回技术。为了让用户可以及时地获取误操作之前的数据，Oracle 提供了各种闪回技术。本章重点介绍 Oracle Database 11g 中的 6 种闪回技术。
- 第 17 章：宠物商店管理系统。以管理宠物商店的形式，从实际应用的角度出发，将 Oracle 数据库与 JSP 技术结合起来，为读者介绍 Oracle 数据库在 Web 程序中的应用效果。
- 第 18 章：通讯录。将实现 Web 通讯录，同样是结合 Oracle 数据库与 JSP 技术，目的是帮助读者巩固 Oracle 数据库的实际应用。

本书采取简明易懂的编写风格，并以实验指导的形式向读者介绍数据库的实际应用，帮助读者掌握一定的应用技巧。另外，为了帮助初学者培养良好的编程习惯，本书在编写代码时严格遵循代码规范，希望读者在自己的学习过程中也有良好的代码规范意识。

本书针对的是初学者，适合作为高等院校数据库技术专业、信息管理与信息系统专业的教材。

由于作者水平有限，书中难免会有不足之处，恳请广大读者批评指正。

编　者

目　　录

第 1 章　Oracle 关系数据库

本章导读

数据库系统是建立在一定的数据模型基础之上的，而数据模型是对现实世界中实体的抽象。数据模型的种类有很多，如层次模型、网状模型、关系数据模型和面向对象模型等。目前理论最成熟、使用最广泛的是关系数据模型。本书所介绍的 Oracle Database 11g 就是目前最出色的关系数据库管理系统之一。

为了帮助读者加深对 Oracle 数据库的理解，本章首先简要介绍关系数据模型。然后介绍如何在 Windows 平台上安装 Oracle Database 11g 数据库系统，以及如何对 Oracle 账户进行解锁。

学习目标

- 理解关系模型与关系数据库。
- 掌握 Oracle Database 11g 在 Windows 平台上的安装过程。
- 了解 Oracle 在 Windows 平台中的服务。
- 熟练掌握数据库的创建。
- 学会解锁 Oracle 账户。

1.1　关系数据模型

关系数据库是建立在关系数据模型上的数据库管理系统。关系数据库管理系统使用数据之间的关系来满足用户的复杂查询，使数据库的设计更加简单。下面我们主要介绍什么是关系数据模型。

关系数据模型就是用二维表格结构表示实体及实体之间联系的数据模型。表是关系模型的基本数据结构。所谓关系，就是数据库中的表。表本身对应现实中一个实体。例如，表 1-1 所示的二维表格，该表是员工信息表，记录了某企业的员工信息。

表 1-1　员工信息

工　号	姓　名	职　务	出生日期	所属部门
1110002	杨建伟	司机	1980-01-02	1
1110006	许斌	司机	1976-05-03	1
1110011	王宁	乘务员	1978-09-12	1
1210021	李长华	司机	1987-10-25	2
…	…	…	…	…

在表 1-1 中，每一行标识一个员工(实体)；每一列标识员工的某一个属性(如姓名)；任意两行都不能完全相同，也就是不能有信息完全一样的两个或多个员工，否则该表失去意义。表中的每一行称为一个元组，这表示一个实体。

在关系数据库中，候选键与主键是一个非常重要的概念。对于表格中的某一个属性或属性组合，如果它的值能唯一地标识出一行，则这个属性或属性组为候选键。在一个关系中可能存在多个候选键，则可以从中选择一个作为主键(Primary Key)。例如，在表 1-1 中，属性"工号"就是一个主键，它唯一标识一个员工信息。由 2 个或 2 个以上的属性组成的候选键称为复合键。

在某一个表格中可能存在这样一组属性 A，它不是表格 R 的主键，但它是另一个表格的主键，则属性组 A 称为表格 R 的外键。例如表 1-1 所示的员工信息表，它的所属部门列就是一个外键，它并没有对部门实体进行描述，而只是记录了部门这个实体的一个编号，具体的部门信息则存放在部门信息表中。部门信息表如表 1-2 所示。

表 1-2　部门信息

编　号	名　称
1	一分公司
2	二分公司
……	……

1.2　安装 Oracle Database 11g

Oracle Database 11g 是一个大型数据库。在安装 Oracle Database 11g 前应该检查计算机的配置是否达到要求，同时也应该为将来数据库的扩展预留存储空间。本书主要讲解 Oracle Database 11g r2 在 Windows 7 环境下的安装过程。

1.2.1　在 Windows 环境下的安装过程

将下载的软件解压到一个目录下，默认在解压目录创建 database 文件夹，所有解压后的文件都放在该目录下。安装过程总体上分两步完成：安装数据库软件和创建数据库。

Oracle Database 11g r2 在 Windows 7 环境下的安装过程如下。

(1) 找到安装文件中的 setup.exe 文件，双击该文件。首先 Oracle Universal Installer 会进行安装环境检查，如图 1-1 所示。

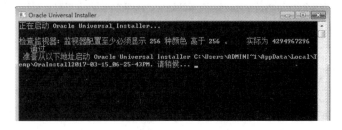

图 1-1　安装环境检查

(2)　在打开的【配置安全更新】对话框中，电子邮件部分要求填写管理员常用的电子邮件，用来接收有关安全问题的通知，如图 1-2 所示。

我们可以忽略该选项，直接单击【下一步】按钮，安装程序将弹出如图 1-3 所示的提示信息对话框，单击【是】按钮继续安装。

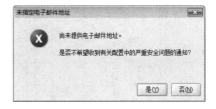

图 1-2　配置安全更新　　　　　　　　　　图 1-3　未指定电子邮件地址

(3)　在打开的【选择安装选项】界面中，安装程序提供了创建和配置数据库、仅安装数据库软件和升级现有的数据库 3 个选项，如图 1-4 所示。

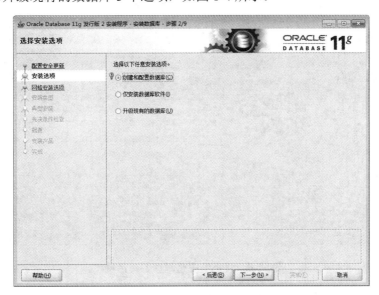

图 1-4　数据库安装选项

对初学者而言，应该选中【创建和配置数据库】单选按钮，同时安装数据库软件和创建数据库。

(4)　在【系统类】界面中，需要根据自己的情况选择安装的系统类型，如图 1-5 所示。在这里我们选中【桌面类】单选按钮并继续安装。

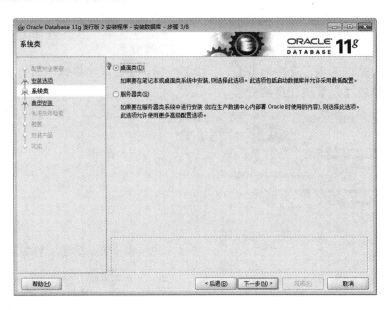

图 1-5　系统类型

(5)　【典型安装配置】对话框中的相关设置是比较重要的一步，我们需要详细说明。该对话框如图 1-6 所示。

图 1-6　【典型安装配置】对话框

Oracle 基目录下会保存所有数据库软件和配置文件。安装程序会自动选择磁盘空间最大的分区。软件位置是指在基目录下 Oracle 数据库软件的安装位置。这两个目录名称使用默认即可。

数据库文件位置是指数据文件、控制文件和重做日志文件的位置。Oracle 11g r2 提供了 4 个不同版本，分别是企业版、标准版、标准版 1 和个人版。全局数据库名必须是唯一的。管理口令需要满足 Oracle 的复杂度要求，根据提示输入即可。然后单击【下一步】按钮继续安装。

(6) 在先决条件检查这一过程中，安装程序将检查安装产品所需的系统最低配置是否满足，如图 1-7 所示。

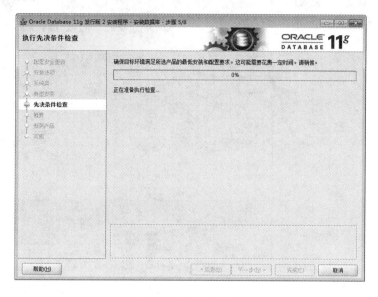

图 1-7　先决条件检查

在执行先决条件检查时，如果我们的电脑不满足要求，也可以忽略检查结果继续安装。

(7) 在这【概要】界面中，安装程序将提示我们到目前为止的全局设置和安装的产品清单，如图 1-8 所示。

图 1-8　概要信息

(8) 检查无误后，在【概要】界面中单击【完成】按钮，则开始安装数据库系统，如图 1-9 所示。

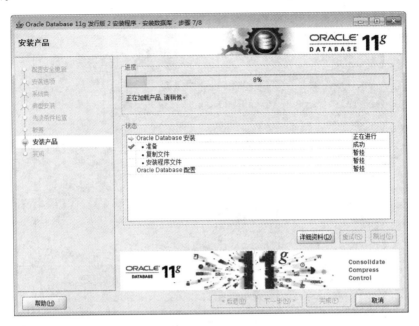

图 1-9 安装数据库

在安装过程中，根据先前我们的选择会自动创建数据库，如图 1-10 所示。创建数据库的过程有点儿慢，请耐心等待。

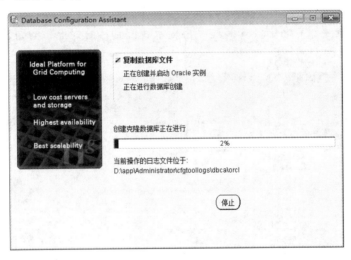

图 1-10 创建数据库

(9) 当数据库成功创建后，数据库配置助手会提示数据库创建完毕并提示数据库信息，如图 1-11 所示。

使用【口令管理】可以解锁需要使用的用户，如 SCOTT 用户，也可以使用指令修改，这里我们直接单击【口令管理】按钮解锁用户，如图 1-12 所示。

图 1-11　数据库创建完成　　　　　　　图 1-12　解锁用户

　　选中 SCOTT 用户，并按要求输入新的口令。同时，我们还需要解锁 system 和 sys 用户。解锁需要的用户后，单击【确定】按钮完成数据库安装。

1.2.2　Oracle 服务管理

　　Oracle Database 11g 安装完成后，可以执行【控制面板】|【管理工具】|【服务】命令，打开【服务】窗口，在该窗口中可以查看 Oracle 服务信息，如图 1-13 所示。

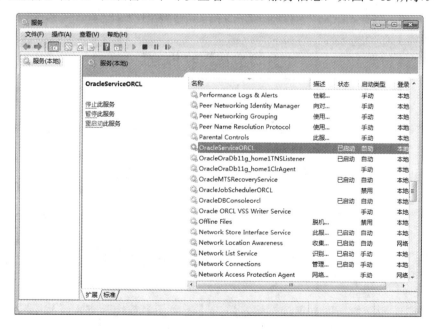

图 1-13　【服务】窗口

Oracle 服务主要有如下几种。

- OracleDBConsoleorcl：OEM 控制台的服务进程。
- OracleJobScheduler<SID>：定时器的服务进程。其中<SID>为创建该数据库实例时为其配置的实例名。
- Oracle<ORACLE_HOME_NAME>TNSListener：监听程序的服务进程。其中<ORACLE_HOME_NAME>：表示 Oracle 的主目录。
- OracleService<SID>：Oracle 数据库实例的服务进程。

如果要对 Oracle 服务进行管理，可以右击服务选项，在弹出的快捷菜单中选择【属性】命令，如图 1-14 所示是 OracleDBConsoleorcl 服务的属性对话框，在该对话框中可以设置该服务的启动类型为：自动、手动或禁用，还可以更改服务的状态等。

图 1-14　【OracleDBConsoleorcl 的属性】对话框

1.3　创建数据库

本章在介绍 Oracle Database 11g 数据库的安装时，已经通过【创建数据库】选项创建了一个数据库 orcl。如果在安装 Oracle 时没有创建数据库，或者需要另外创建新的数据库，也可以通过 Database Configuration Assistant 图形化界面工具创建数据库。下面介绍使用 Database Configuration Assistant 图形化界面工具创建数据库的步骤。

(1) 在开始菜单中选择【运行】命令并输入 dbca，此时会启动数据库配置助手协助数据库的安装，如图 1-15 所示。

注意

【步骤 1：操作】对话框中共有 4 个选项，其中，【创建数据库】用于创建一个新的数据库；【配置数据库选件】用于对已存在的数据库进行配置；【删除数据库】用于删除某个数据库；【管理模板】用于创建或删除数据库模板。

(2) 选中【创建数据库】单选按钮，单击【下一步】按钮，进入【步骤 2：数据库模板】对话框，如图 1-16 所示。

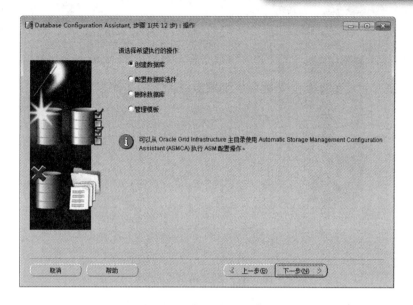

图 1-15　数据库配置助手

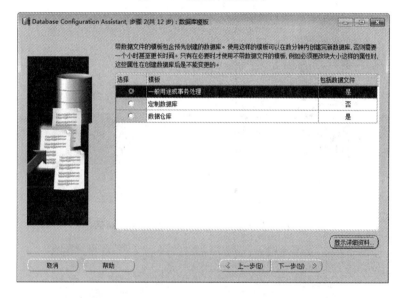

图 1-16　【步骤 2：数据库模板】对话框

(3) 选择【一般用途或事务处理】选项，单击【下一步】按钮，进入【步骤 3：数据库标识】对话框，如图 1-17 所示。

(4) 在【步骤 3：数据库标识】对话框中设置新数据库的全局数据库名，默认情况下数据库实例名(SID)与全局数据库名相同。单击【下一步】按钮，进入【步骤 4：管理选项】对话框，采用默认设置，单击【下一步】按钮，进入【步骤 5：数据库身份证明】对话框，如图 1-18 所示。该窗口用于设置 Oracle 默认账户的口令。

(5) 设置好口令后，单击【下一步】按钮，进入【步骤 6：数据库文件所在位置】对话框，在该对话框中选择【文件系统】选项，如图 1-19 所示。

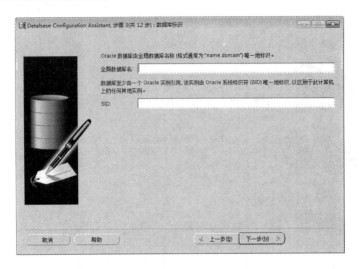

图 1-17　创建数据库标识

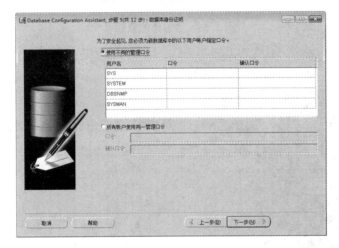

图 1-18　【步骤 5：数据库身份证明】对话框

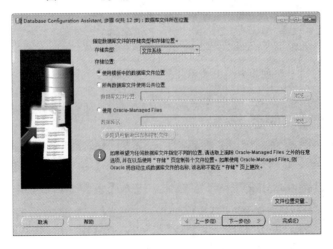

图 1-19　【步骤 6：数据库文件所在位置】对话框

(6) 设置好存储位置后，单击【下一步】按钮，进入【步骤 7：恢复配置】对话框，如图 1-20 所示。

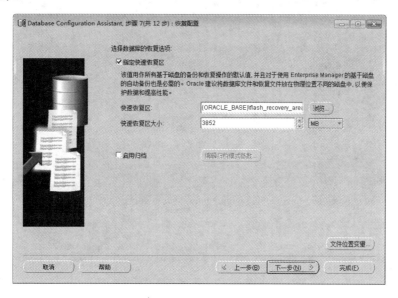

图 1-20 【步骤 7：恢复配置】对话框

选项【指定快速恢复区】用于为数据库配置数据恢复区，以免系统发生故障时丢失数据；选项【启用归档】用于将数据库运行模式设置为归档模式，在归档模式下，数据库将会对重做日志文件进行归档。

(7) 设置恢复配置后，单击【下一步】按钮，进入【步骤 8：数据库内容】对话框，如图 1-21 所示。

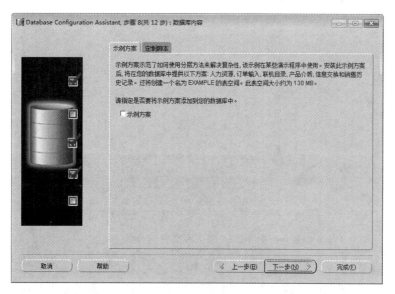

图 1-21 创建示例方案

(8) 进入【步骤 9：初始化参数】对话框，在该对话框中可以对内存、调整大小、字符集和连接模式进行配置，如图 1-22 所示。

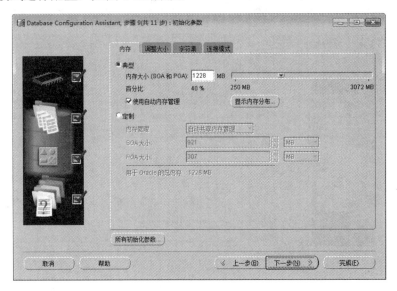

图 1-22　数据库参数

(9) 采用默认设置，单击【下一步】按钮，进入【步骤 10：数据库存储】对话框，该对话框提供了对数据库的控制文件、数据文件和重做日志文件存储位置的修改，如图 1-23 所示。

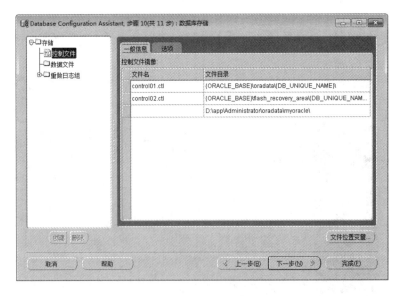

图 1-23　数据库文件的存储

(10) 采用默认设置，单击【下一步】按钮，进入【步骤 11：创建选项】对话框，如图 1-24 所示。选项【创建数据库】用于按配置创建数据库；选项【另存为数据库模板】用于将创建数据库的配置另存为模板；选项【生成数据库创建脚本】用于将创建数据库的配置以脚本的形式保存起来。

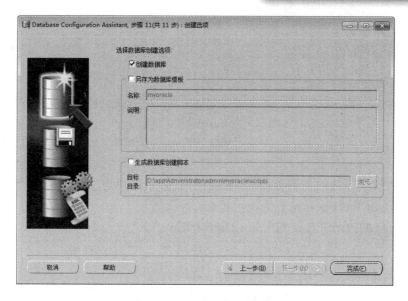

图 1-24　创建数据库选项

单击【完成】按钮，在弹出的【确认】对话框中单击【确定】按钮，即可开始新数据库的创建。

1.4　Oracle 账户解锁

Oracle 数据库自带了许多账户，如 system、sys 和 scott 等。但是在默认情况下，Oracle 只对其中 5 个账户进行了解锁，这 5 个账户分别是：SYS、SYSTEM、DBSNMP、SYSMAN 和 MGMT_VIEW，而其他账户则处于锁定状态。

在创建数据库时，已经为 SYS 等 4 个账户设定了口令，其中 SYS 与 SYSTEM 具有管理员权限，下面在 SQL*Plus 工具中使用 SYSTEM 账户登录 Oracle 数据库。首先在【开始】菜单中找到 Oracle 程序，选择【应用程序开发】| Sql Plus 菜单命令。在启动后的 SQL*Plus 中输入：

```
请输入用户名：system
输入口令：
```

```
连接到：
Oracle Database 11g Enterprise Edition Release 11.2.0.1.0 - Production
With the Partitioning, OLAP, Data Mining and Real Application Testing options
```

```
SQL>
```

通过数据字典 dba_users，查看 Oracle 账户的锁定状态，如下：

```
SQL> SELECT username , account_status FROM dba_users;

USERNAME                              ACCOUNT_STATUS
------------------------------        ------------------------------
MGMT_VIEW                             OPEN
```

```
SYS                         OPEN
SYSTEM                      OPEN
DBSNMP                      OPEN
SYSMAN                      OPEN
SCOTT                       EXPIRED & LOCKED
FLOWS_FILES                 EXPIRED & LOCKED
MDSYS                       EXPIRED & LOCKED
ORDSYS                      EXPIRED & LOCKED
...
```

其中，OPEN 表示账户为解锁状态；EXPIRED 表示账户为过期状态(需要设置口令才能解除此状态)；LOCKED 表示账户为锁定状态。

下面使用 ALTER USER 语句为 scott 账户解锁：

```
SQL> ALTER USER scott ACCOUNT UNLOCK;
用户已更改。
```

再使用 ALTER USER 语句为 scott 账户设置口令，如下：

```
SQL> ALTER USER scott IDENTIFIED BY tiger;
用户已更改。
```

上述代码将 scott 用户的口令设置为 tiger。通过数据字典 dba_users 查看现在 scott 账户的状态，如下：

```
SQL> SELECT username , account_status FROM dba_users
  2  WHERE username = 'SCOTT';

USERNAME                        ACCOUNT_STATUS
------------------------------- -------------------------------
SCOTT                           OPEN
```

通过查询结果可以看出，scott 账户已经被成功解锁。在使用数据字典 dba_users 时，需要注意其字段的值是区分大小的。

第 2 章　Oracle 数据库体系结构

本章导读

Oracle 的体系结构是指 Oracle 数据库的组成、工作过程与原理，以及数据在数据库中的组织与管理机制。了解 Oracle 的体系结构不仅可以使我们对 Oracle 数据库有一个从外到内的整体认识，而且还可以对以后的具体操作具有指导意义。

本章主要介绍 Oracle 数据库的体系结构，包括物理存储结构、逻辑存储结构、内存结构和实例进程结构。最后简要介绍 Oracle 中的数据字典，以及数据字典的作用和使用方法。

学习目标

- 了解 Oracle 的物理存储结构。
- 了解 Oracle 的逻辑存储结构。
- 了解 Oracle 进程结构。
- 了解 Oracle 内存结构。
- 熟悉 Oracle 中的数据字典。
- 理解数据字典的作用。

2.1　物理存储结构

物理存储结构是指从物理角度分析数据库的构成，即 Oracle 数据库创建后所使用的操作系统文件。从物理存储结构上分析：每一个 Oracle 数据库主要是由 3 种类型的文件组成的，分别是数据文件(*.dbf)、控制文件(*.ctl)和重做日志文件(*.log)。

2.1.1　数据文件

数据文件(Data File)是指存储数据库数据的文件。数据库中的所有数据最终都保存在数据文件中，如表中的记录和索引等。如果数据文件中的某些数据被频繁访问，则这些数据会被存储在内存的缓冲区中。

读取数据时，如果用户要读取的数据不在内存的数据缓冲区中，那么 Oracle 就从数据文件中把数据读取出来，放到内存的缓冲区中，供用户查询；存储数据时，用户修改或添加的数据会先保存在内存的数据缓冲区中，然后由 Oracle 的后台进程 DBWn 将数据写入数据文件。

通过这种使用缓冲区的数据存取方式，可以减少磁盘的 I/O 操作，提高系统的响应性能。

一个 Oracle 数据库往往有多个数据文件。也就是说，当向 Oracle 数据库中某个表添加数据时，输入到表中的数据可能存储在一个数据文件中，也可能存储在多个数据文件中。

如果想要了解数据文件的信息，可以查询数据字典 dba_data_files 和 v$datafile。其中，数据字典 dba_data_files 主要包含有如下字段。

- file_name：数据文件的名称以及存放路径。
- file_id：数据文件在数据库中的 ID 号。
- tablespace_name：数据文件对应的表空间名。
- bytes：数据文件的大小。
- blocks：数据文件所占用的数据块数。
- status：数据文件的状态。
- autoextensible：数据文件是否可扩展。

【例 2.1】使用数据字典 dba_data_files，查看表空间 system 所对应的数据文件信息。相关命令及执行结果如下：

```
SQL> COLUMN file_name FORMAT A50;
SQL> COLUMN tablespace_name FORMAT A15;
SQL> SELECT file_name , tablespace_name , autoextensible
  2  FROM dba_data_files WHERE tablespace_name = 'SYSTEM';

FILE_NAME                                          TABLESPACE_NAME   AUT
-------------------------------------------------- ---------------   ---
D:\APP\ADMINISTRATOR\ORADATA\ORCL\SYSTEM01.DBF        SYSTEM         YES
```

 有关数据库字典的详细内容，将在本章最后一节介绍。

另一个数据字典 v$datafile 记录了数据文件的动态信息，在不同时间其查询结果是不相同的。它主要包含如下字段。

- file#：存放数据文件的编号。
- status：数据文件的状态。
- checkpoint_change#：数据文件的同步号，随着系统的运行会自动修改，以维持所有数据文件的同步。
- bytes：数据文件的大小。
- blocks：数据文件所占用的数据块数。
- name：数据文件的名称以及存放路径。

【例 2.2】使用数据字典 v$datafile，查看当前数据库的数据库文件动态信息。相关命令及执行结果如下：

```
SQL> COLUMN namc FORMAT A50;
SQL> SELECT file# , name , checkpoint_change#FROM v$datafile;
```

```
FILE#   NAME                                                  CHECKPOINT_CHANGE#
------  ---------------------------------------------------   ------------------
1       D:\APP\ADMINISTRATOR\ORADATA\ORCL\SYSTEM01.DBF        987560
2       D:\APP\ADMINISTRATOR\ORADATA\ORCL\SYSAUX01.DBF        987560
3       D:\APP\ADMINISTRATOR\ORADATA\ORCL\UNDOTBS01.DBF       987560
4       D:\APP\ADMINISTRATOR\ORADATA\ORCL\USERS01.DBF         987560
```

 在使用数据字典之前，最好先使用 DESCRIBE 命令查看其结构。例如 DESCRIBE v$datafile，这样就可以了解该数据字典的字段名，从而也可以了解通过该数据字典可以查看哪些信息。为了避免繁冗，后面使用数据字典时不再一一介绍其结构。

2.1.2　控制文件

控制文件(Control File)是一个很小的二进制文件，用于描述和维护数据库的物理结构。在 Oracle 数据库中，控制文件相当重要，它存放有数据库中数据文件和日志文件的信息。Oracle 数据库在启动时需要访问控制文件。在数据库的使用过程中，数据库需要不断更新控制文件。由此可见，一旦控制文件受损，那么数据库将无法正常工作。

 在安装 Oracle 系统时，用户可以选择创建控制文件的位置和名称。

数据字典 v$controlfile 记录了当前数据库的控制文件信息。

【例 2.3】使用数据字典 v$controlfile，查看当前数据库的控制文件信息。相关命令及执行结果如下：

```
SQL> COLUMN name FORMAT A50;
SQL> SELECT name FROM v$controlfile;

NAME
--------------------------------------------------
D:\APP\ADMINISTRATOR\ORADATA\ORCL\CONTROL01.CTL
D:\APP\ADMINISTRATOR\ORADATA\ORCL\CONTROL02.CTL
D:\APP\ADMINISTRATOR\ORADATA\ORCL\CONTROL03.CTL
```

 在默认情况下，Oracle 会创建 3 个互为镜像的控制文件，目的是保证当其中一个受损时数据库可以调用其他控制文件继续工作。

2.1.3　重做日志文件

重做日志文件(Redo Log File)，简称日志文件，它记录数据库中所有修改信息。借助于日志文件，可以保证数据库的安全性。

为了确保日志文件的安全，在实际应用中，允许对日志文件进行镜像。一个日志文件和它的所有镜像文件构成一个日志文件组，同一组中的日志文件最好保存到不同的磁盘中，这样可以防止物理损坏带来的麻烦。

在一个日志文件组中，日志文件的镜像个数受参数 maxlogmembers 限制，最多可以有 5 个。

【例 2.4】通过查询数据字典 V$LOG，可以了解系统当前正在使用的日志文件组。相关命令及执行结果如下：

```
SQL> select group#,members,status from v$log;
    GROUP#   MEMBERS       STATUS
 ---------- ---------- ----------------
     1         1           CURRENT
     2         1           INACTIVE
     3         1           INACTIVE
```

当一个日志文件组的空间被使用完后，Oracle 系统会自动转换到另一个日志文件组。不过，数据库管理员也可以使用 ALTER SYSTEM 命令手动进行日志切换。

【例 2.5】切换当前工作的日志文件。相关命令及执行结果如下：

```
SQL> alter system switch logfile;
系统已更改。
```

此时，如果再查询数据字典 V$LOG，看看当前系统所使用的日志文件组是否已经切换，相关命令及执行结果如下：

```
SQL> select group#,members,status from v$log;
    GROUP#   MEMBERS       STATUS
 ---------- ---------- ----------------
     1         1           ACTIVE
     2         1           CURRENT
     3         1           INACTIVE
```

从查询结果可知，当前系统所使用的日志文件组已经由第 1 组切换到第 2 组。

 Oracle 中的日志文件组是循环使用的，当所有日志文件组的空间都被填满后，系统将转换到第一个日志文件组。而第一个日志文件组中已有的日志信息是否被覆盖，取决于数据库的运行模式。这部分知识将在重做日志文件章节详细介绍。

2.1.4 其他文件

在 Oracle 中，除了前面介绍的数据文件、控制文件和重做日志文件以外，还有参数文件、备份文件、归档重做日志文件，以及警告、跟踪日志文件等。

(1) 参数文件：参数文件用于记录 Oracle 数据库的基本参数信息，包括数据库名和控制文件所在路径等。

(2) 归档重做日志文件：归档重做日志文件用于对写满的日志文件进行复制并保存。

(3) 警告、跟踪日志文件：当一个进程发现了一个内部错误时，可以将相关错误的信息存储到它的跟踪文件中。

2.2　逻辑存储结构

Oracle 数据库从逻辑存储结构上来讲，主要包括表空间、段、区和数据块，它们之间的关系为：一个数据库由一个或多个表空间组成；一个表空间由一个或多个段组成；一个段由一个或多个区组成；一个区由一个或多个数据块组成。图 2-1 所示为 Oracle 数据库的逻辑存储结构。

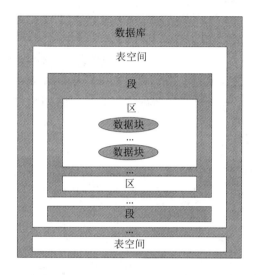

图 2-1　Oracle 数据库的逻辑存储结构

2.2.1　表空间(Tablespace)

表空间是 Oracle 中最大的逻辑存储结构，它与物理上的数据文件相对应。一个表空间对应一到多个数据文件，但是一个数据文件只能对应一个表空间。一个表空间的大小等于构成该表空间的所有数据文件大小的总和。

用户在数据库中创建表时，可以指定存放该表的表空间，如果用户没有指定表空间，则表会存放在系统默认的表空间。

在安装 Oracle 时，Oracle 数据库系统一般会自动创建一系列表空间(如 system)。可以通过数据字典 dba_tablespaces 查看表空间的信息。

【例 2.6】通过数据字典 dba_tablespaces，查看当前数据库的所有表空间的名称。相关命令及执行结果如下：

```
SQL> SELECT tablespace_name FROM dba_tablespaces;

TABLESPACE_NAME
-------------------------------
SYSTEM
SYSAUX
```

```
UNDOTBS1
TEMP
USERS
EXAMPLE
已选择 6 行。
```

这 6 个表空间的作用如下。

- SYSTEM：系统表空间，用于存储系统的数据字典、系统的管理信息和用户数据表等。
- SYSAUX：辅助系统表空间。用于减少系统表空间的负荷，提高系统的作业效率。
- TEMP：临时表空间。用于存储临时的数据，如存储排序时产生的临时数据。
- EXAMPLE：实例表空间。其中存放实例数据库的模式对象信息等。
- UNDOTBS1：撤销表空间。用于在自动撤销管理方式下存储撤销信息。
- USERS：用户表空间。用于存储永久性用户对象和私有信息。

2.2.2　段(Segment)

段是表空间内的一个逻辑存储空间。一个表空间包含一个或多个段。一个段可以跨越数据文件，即一个段可以分布在同一个表空间的不同数据文件上。按照段中所存储数据的特征，可以将段分为 4 种类型：数据段、索引段、临时段和回退段。

1．数据段

数据段用于存储表中的数据。如果用户在表空间中创建一个表，那么系统会自动在该表空间中创建一个数据段，而且数据段的名称与表的名称相同。如果创建的是分区表，则系统为每个分区分配一个数据段。

数据段包含用于存储表中的大型数据对象的 LOB 段。大型数据对象类型主要有 CLOB 和 BLOB。

2．索引段

索引段用于存储表中的所有索引信息。如果用户创建一个索引，则系统会为该索引创建一个索引段，而且索引段的名称与索引的名称相同。如果创建的是分区索引，则系统为每个分区索引创建一个索引段。

3．临时段

临时段用于存储临时数据。排序或者汇总时所产生的临时数据都存储在临时段中。该段由系统在用户的临时表空间中自动创建，并在排序或汇总结束时自动消除。

4．回退段

回退段用于存储用户数据被修改之前的值。如果需要对用户的数据进行回退操作，也就是恢复操作，就需要使用回退段。每个 Oracle 数据库都应该至少拥有一个回退段，以便在数据恢复时使用。

回退段只存在于 system 表空间中，一般情况下，系统管理员不需要维护回退段。

2.2.3　区(Extent)

在 Oracle 数据库中，区是磁盘空间分配的最小单位，由一个或多个数据块组成。当一个段中的所有空间被使用完后，系统将自动为该段分配一个新的区。

一个或多个区组成一个段，所以段的大小由区的个数决定。不过，一个数据段可以包含的区的个数并不是无限制的，它由如下两个参数决定。

- minextents：定义段初始分配的区的个数，也就是段最少可分配的区的个数。
- maxextents：定义一个段最多可以分配的区的个数。

2.2.4　数据块(Block)

在 Oracle 数据库中，数据块(也可以简称为块)是用来管理存储空间的最基本单位，也是最小的逻辑存储单位。Oracle 数据库在进行输入/输出操作时，都是以块为单位进行逻辑读写操作的。

数据块的默认大小是由初始化参数 db_block_size 指定，数据库创建完成之后，该参数值无法再修改。通过 SHOW PARAMETER 语句可以查看该参数的信息。

【例 2.7】查看数据块的大小。相关命令及执行结果如下：

```
SQL> SHOW PARAMETER db_block_size;

NAME                                 TYPE        VALUE
------------------------------------ ----------- ------------------------
db_block_size                        integer     8192
```

2.3　Oracle 的进程结构

Oracle 数据库启动时，会启动多个 Oracle 后台进程。后台进程是用于执行特定任务的可执行代码块，在系统启动后异步地为所有数据库用户执行不同的任务。通过查询数据字典 v$bgprocess，可以了解数据库中启动的后台进程信息。

2.3.1　数据库写进程(DBWR)

DBWR 进程负责将数据缓冲区中的脏数据写到数据文件中。

脏数据就是用户更改了，但是还没有提交到数据库中的数据。这种脏数据必须在特定的条件下写到数据文件中。

DBWR 进程主要有如下几个作用。
(1) 管理数据缓冲区，以便用户进程总能找到空闲的缓冲区。
(2) 将所有修改后的缓冲区数据写入数据文件。

(3) 使用 LRU 算法将最近使用过的块保留在内存中。

(4) 通过延迟写来优化磁盘 I/O 读写。

在一个数据库实例中，DBWR 进程可以启动多个。允许启动的 DBWR 进程个数由参数 db_writer_processes 决定，可以使用 SHOW PARAMETER 语句查看该参数的信息。

【例 2.8】查看 DBWR 进程的数量。相关命令及执行结果如下：

```
SQL> SHOW PARAMETER db_writer_processes;

NAME                                  TYPE        VALUE
------------------------------------  ----------  -------------
db_writer_processes                   integer     1
```

注意

DBWn 进程最多可以启动 20 个，进程名称分别为：DBW0、DBW1、DBW2、…、DBW9 以及 DBWa、DBWb、…、DBWj。

2.3.2 重做日志写进程(LGWR)

LGWR 进程负责将重做日志缓冲区中的数据写到重做日志文件中。LGWR 进程会将日志信息同步地写入在线日志文件组的多个日志成员文件中。如果日志文件组中的某个成员文件被删除或者不可使用，则 LGWR 进程可以将日志信息写入该组的其他文件中，从而不影响数据库正常运行，但会在警告日志文件中记录错误。如果整个日志文件组都无法正常使用，则 LGWR 进程会失败，并且整个数据库实例将挂起，直到问题被解决。

注意

日志缓冲区是一个循环缓冲区，当 LGWR 进程将日志缓冲区中的日志数据写入磁盘日志文件中后，服务器进程又可以将新的日志数据保存到日志缓冲区中。

2.3.3 校验点进程(CKPT)

CKPT 进程一般在发生日志切换时自动产生，用于缩短实例恢复所需的时间。在检查点期间，CKPT 进程更新控制文件与数据文件的标题，从而反映最近成功的 SCN(System Change Number，系统改变号)。

在 Oracle 数据库中，控制检查点产生的参数有如下两种。

- log_checkpoint_timeout 用于设置检查点产生的时间间隔，默认值为 1800 秒。
- log_checkpoint_interval 用于设置一个检查点需要填充的日志文件块的数目，也就是指每当产生多少个日志数据时自动产生一个检查点，默认值为 0。

通过 SHOW PARAMETER 语句可以查看上述两个参数的信息。

【例 2.9】查看检查点参数。相关命令及执行结果如下：

```
SQL> SHOW PARAMETER log_checkpoint_timeout;

NAME                                  TYPE        VALUE
------------------------------------  ----------  -----------------
log_checkpoint_timeout                integer     1800
```

```
SQL> SHOW PARAMETER log_checkpoint_interval;

NAME                               TYPE         VALUE
---------------------------------- ----------   ------------------
log_checkpoint_interval            integer      0
```

2.3.4　系统监控进程(SMON)

　　SMON 进程用于数据库实例出现故障或系统崩溃时，通过将联机重做日志文件中的条目应用于数据文件，执行崩溃恢复。SMON 进程一般用于定期合并字典管理的表空间中的空闲空间。此外，它还用于在系统重新启动期间清理所有表空间中的临时段。

2.3.5　进程监控进程(PMON)

　　PMON 进程用于在用户进程出现故障时执行进程恢复操作，清理内存存储区和释放该进程所使用的资源。

　　PMON 进程周期性检查调度进程和服务器进程的状态，如果发现进程已死，则重新启动它。PMON 进程被有规律地唤醒，检查是否需要使用，或者其他进程发现需要时也可以调用此进程。

2.3.6　归档日志进程

　　归档日志进程用于将写满的日志文件复制到归档日志文件中，防止日志文件组中的日志信息由于日志文件组的循环使用而被覆盖。只有当 Oracle 数据库运行在归档模式下时才会产生 ARCn 进程。

　　当 ARCn 进程在对一个日志文件进行归档操作时，其他任何进程都不可以访问这个日志文件。

　　在 一 个 Oracle 数 据 库 实 例 中， 允 许 启 动 的 ARCn 进 程 的 个 数 由 参 数 log_archive_max_processes 决定。可以通过 SHOW PARAMETER 语句查看该参数的信息。

　　【例 2.10】查看归档日志进程。相关命令及执行结果如下：

```
SQL> SHOW PARAMETER log_archive_max_processes;

NAME                               TYPE         VALUE
---------------------------------- ----------   --------------
log_archive_max_processes          integer      4
```

　　在一个数据库实例中，ARCn 进程最多可以启动 10 个，进程名称分别为：ARC0、ARC1、…、ARC9。

2.4　Oracle 的内存结构

Oracle 内存结构是 Oracle 体系结构中一个非常重要的组成部分，它使用服务器的物理内存来保存 Oracle 实例(Instance)中的内容。Oracle 的内存结构由两大部分组成：一是系统全局区(SGA)；二是程序全局区(PGA)。当数据库启动时，首先分配系统全局区(SGA)，并启动了 Oracle 后台进程，它们组成了数据库实例。而程序全局区(PGA)只当服务器进程启动时才分配。Oracle 内存结构如图 2-2 所示。

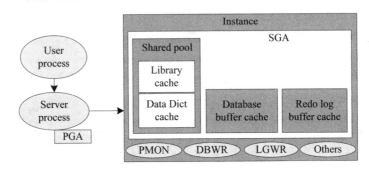

图 2-2　Oracle 内存结构

2.4.1　系统全局区(SGA)

系统全局区(SGA)是 Oracle 为系统分配的一组共享的内存结构，主要由数据库高速缓冲区(也称数据库高速缓存，Database buffer cache)、共享池(shared pool)、重做日志缓存区(Redo log buffer cache)、Java 池、大型池等内存结构组成。在一个数据库实例中，多个用户进程可以共享系统全局区中的数据，所以系统全局区又称为共享全局区。

在为 SGA 分配内存时，控制 SGA 不同区域的许多参数都是动态的。不过，SGA 区域的总内存大小由参数 sga_max_size 决定，可以使用 SHOW PARAMETER 语句查看该参数的信息。

【例 2.11】查看 SGA 区的大小。相关命令及执行结果如下：

```
SQL> SHOW PARAMETER sga_max_size;

NAME                                  TYPE          VALUE
------------------------------------  -----------   ---------------
sga_max_size                          big integer   744M
```

如果没有指定 sga_max_size 参数，而是指定了参数 sga_target，则 Oracle 会自动调整 SGA 各区域的内存大小，并使内存的总量等于参数 sga_target 指定的值。

下面介绍 SGA 中的部分重要区域。

1. 数据库高速缓冲区

数据库高速缓冲区(Database buffer cache)中存储了最近从数据文件中读入的数据块信息，或者用户更改后需要写入数据库的信息。Oracle 正是通过各种缓存技术，提高了查询速度，减少了用户查询的响应时间。

数据库高速缓冲区的大小由参数 db_cache_size 决定，该参数可以动态更改。下面通过 SHOW PARAMETER 语句查看该参数的信息。

【例 2.12】查看数据库高速缓冲区的大小。相关命令及执行结果如下：

```
SQL> SHOW PARAMETER db_cache_size;

NAME                                 TYPE           VALUE
------------------------------       -----------    ----------------
db_cache_size                        big integer    0
```

因为在新版本的 Oracle 11g 中，SGA 为数据库服务器自动管理，使得各个区之间大小可动态调整，所以该参数值为 0。当然在运行 Oracle 数据库时，数据库高速缓冲区是已经分配好的。我们可以查询动态视图 v$sgainfo 获取特定时刻 SGA 各分区的大小。

【例 2.13】查看数据库高速缓冲区的各分区情况。相关命令及执行结果如下：

```
SQL> select * from v$sgainfo;

NAME                                               BYTES       RES
-----------------------------------------------    ----------  -----
Fixed SGA Size                                     1374808     No
Redo Buffers                                       5259264     No
Buffer Cache Size                                  503316480   Yes
Shared Pool Size                                   243269632   Yes
Large Pool Size                                    8388608     Yes
Java Pool Size                                     8388608     Yes
Streams Pool Size                                  0           Yes
Shared IO Pool Size                                0           Yes
Granule Size                                       8388608     No
Maximum SGA Size                                   778387456   No
Startup overhead in Shared Pool                    67108864    No

NAME                                               BYTES       RES
-----------------------------------------------    ----------  ---
Free SGA Memory Available                          8388608
```

已选择 12 行。

上例中当前的数据库高速缓冲区的大小为 503316480B。

虽然数据库高速缓冲区的大小自动管理，但是用户也可以手动设置该区的大小，如示例所示。

【例 2.14】手动设置数据库高速缓冲区的大小。相关命令及执行结果如下：

```
SQL> alter system set db_cache_size=100M;
系统已更改。
```

验证修改后的结果：

```
SQL> SHOW PARAMETER db_cache_size;
```

```
NAME                                      TYPE          VALUE
--------------------------------------    -----------   -------------
db_cache_size                             big integer   104M
```

一旦更改成功，Oracle 会保证数据库高速缓冲区的大小不会低于这个值。

2. 重做日志缓冲区

重做日志缓冲区(Redo log buffer cache)用于存储数据库的修改操作信息。当重做日志缓冲区中的日志量达到总容量的 1/3，或每隔 3 秒，或日志量达到 1M 时，日志写入进程 LGWR 就会将日志缓冲区中的日志信息写入日志文件中。

日志缓冲区的大小是动态可调节的，通过查询参数 log_buffer 可以查看日志缓冲区的大小。

【例 2.15】查看日志缓冲区的大小。相关命令及执行结果如下：

```
SQL> SHOW PARAMETER log_buffer;

NAME                                  TYPE       VALUE
------------------------------        --------   ---------------
log_buffer                            integer    5070848
```

日志缓冲区参数 log_buffer 是静态参数，我们不能动态修改。为此，Oracle 提供了一个动态参数文件 spile，该文件中记录了在不关闭数据库的情况下，更改的数据库参数，这些参数会在下次数据库启动时生效。

【例 2.16】修改日志缓冲区的大小。首先查询 7M 等于多少字节。相关命令及执行结果如下：

```
SQL> select 7*1024*1024 from dual;

7*1024*1024
-----------
    7340032
```

然后修改 log_buffer 参数。相关命令及执行结果如下：

```
SQL> alter system set log_buffer=7340032 scope=spfile;

系统已更改。
```

最后重启数据库并查询日志缓冲区大小。相关命令及执行结果如下：

```
SQL> connect system/System2017 as sysdba;
已连接。
SQL> shutdown immediate;
数据库已经关闭。
已经卸载数据库。
ORACLE 例程已经关闭。
SQL> startup
ORACLE 例程已经启动。

Total System Global Area  778837456 bytes
Fixed Size                  1374808 bytes
```

```
Variable Size            268436904 bytes
Database Buffers          494927872 bytes
Redo Buffers              13647872 bytes
```
数据库装载完毕。
数据库已经打开。
```
SQL> show parameter log_buffer;

NAME                            TYPE        VALUE
------------------------------- ----------- -------------
log_buffer                      integer     7340032
```

3. 共享池

共享池(Shared pool)用于保存最近执行的 SQL 语句、PL/SQL 程序的数据字典信息，它是对 SQL 语句和 PL/SQL 程序进行语法分析、编译和执行的内存区域。共享池主要包括如下两种子缓存。

1)　库缓存(Library Cache)

库缓存保存数据库运行的 SQL 和 PL/SQL 语句的有关信息。在库缓冲区中，不同的数据库用户可以共享相同的 SQL 语句。

2)　数据字典缓存(Data Dictionary Cache)

数据字典是数据库表的集合，其中包含有关数据库、数据库结构以及数据库用户的权限和角色的元数据。

2.4.2　程序全局区(PGA)

程序全局区(Program Global Area，PGA)是 Oracle 系统分配给一个进程的私有内存区域。

PGA 不是共享区，只有服务器进程本身才能访问自己的 PGA，它主要用来保存用户在编程时使用的变量与数组等。

从 Oracle 10g 开始，程序全局区是由 Oracle 自动管理，即 PGA 的大小自动调整，PGA 的分区也会自动调整。

2.5　Oracle 的服务器和实例

Oracle 的服务器和实例是两个非常重要的概念。首先来看看什么是实例。Oracle 实例是由一些内存区和后台进程组成，这些内存区包括数据库高速缓冲区、日志缓冲区、共享池等。后台进程包括系统监控进程(SMON)、进程监控进程(PMON)、数据库写进程(DBWR)、日志写进程(LGWR)等。要访问数据库必须先启动实例，实例启动时，先分配内存区，然后启动后台进程。

Oracle 服务器则由 Oracle 实例和数据库文件共同组成。数据库服务器的组成如图 2-3 所示。

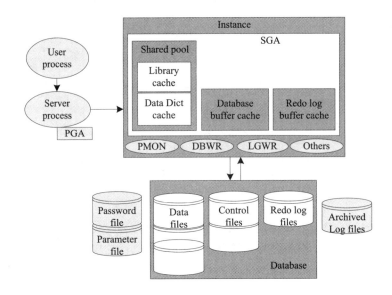

图 2-3　Oracle 服务器的组成

2.6　数 据 字 典

数据字典是由 Oracle 自动创建并更新的一组表，它是 Oracle 数据库的重要组成部分，提供了数据库结构、数据库对象空间分配和数据库用户等有关的信息。数据字典的所有者为 sys 用户，而数据字典表和数据字典视图都被保存在 system 表空间中。

2.6.1　Oracle 数据字典介绍

Oracle 数据字典(Data Dictionary)是存储在数据库中的所有对象信息的知识库。Oracle 数据库管理系统使用数据字典获取对象信息和安全信息，而用户和数据库系统管理员则用数据字典来查询数据库信息。

Oracle 数据字典保存有数据库中对象和段的信息，如表、视图、索引、包、存储过程以及与用户、权限、角色、审计、约束等相关的信息。

　数据字典是只读的，用户不可以手动更改其数据信息和结构。

在前面的内容中，已经多次使用过数据字典。Oracle 数据字典主要有如表 2-1 所示的几种视图形式。

表 2-1　Oracle 数据字典的视图类型

视图类型	说　　明
USER 视图	USER 视图的名称以 user_ 为前缀，用来记录用户对象的信息。例如 user_tables 视图，它记录用户的表信息

视图类型	说　明
ALL 视图	ALL 视图的名称以 all_为前缀,用来记录用户对象的信息以及被授权访问的对象信息。例如 all_synonyms 视图,它记录用户可以存取的所有同义词信息
DBA 视图	DBA 视图的名称以 dba_为前缀,用来记录数据库实例的所有对象的信息。例如 dba_tables 视图,通过它可以访问所有用户的表信息
V$视图	V$视图的名称以 v$为前缀,用来记录与数据库活动相关的性能统计动态信息。例如 v$datafile 视图,它记录有关数据文件的统计信息
GV$视图	GV$视图的名称以 gv$为前缀,用来记录分布式环境下所有实例的动态信息。例如 gv$lock 视图,它记录出现锁的数据库实例的信息

2.6.2　Oracle 常用的数据字典

为了方便后面的学习,下面介绍 Oracle 中一些常用的数据字典,主要包括基本的数据字典、与数据库组件相关的数据字典以及 Oracle 中常用的动态性能视图。

1. 基本的数据字典

Oracle 中基本的数据字典如表 2-2 所示。

表 2-2　基本的数据字典

字典名称	说　明
dba_tables	所有用户的所有表的信息
dba_tab_columns	所有用户的表的字段信息
dba_views	所有用户的所有视图信息
dba_synonyms	所有用户的同义词信息
dba_sequences	所有用户的序列信息
dba_constraints	所有用户的表的约束信息
dba_indexes	所有用户的表的索引简要信息
dba_ind_columns	所有用户的索引的字段信息
dba_triggers	所有用户的触发器信息
dba_sources	所有用户的存储过程信息
dba_segments	所有用户的段的使用空间信息
dba_extents	所有用户的段的扩展信息
dba_objects	所有用户对象的基本信息
cat	当前用户可以访问的所有基表
tab	当前用户创建的所有基表、视图、同义词等
dict	构成数据字典的所有表的信息

【例 2.17】通过 dba_tables 视图,了解 scott 用户的所有表的信息。相关命令及执行

结果如下：

```
SQL> SELECT table_name , tablespace_name , owner
  2  FROM dba_tables
  3  WHERE owner = 'SCOTT';

TABLE_NAME                   TABLESPACE_NAME      OWNER
-----------------------      ---------------      ---------------------
DEPT                         USERS                SCOTT
EMP                          USERS                SCOTT
BONUS                        USERS                SCOTT
SALGRADE                     USERS                SCOTT
```

其中，table_name 表示表名；tablespace_name 表示表所在的表空间名；owner 表示表的拥有者。

2. 与数据库组件相关的数据字典

Oracle 中与数据库组件相关的数据字典如表 2-3 所示。

表 2-3　与数据库组件相关的数据字典

数据库组件	数据字典中的表或视图	说　明
数据库	v$datafile	记录系统的运行情况
表空间	dba_tablespaces	记录系统表空间的基本信息
	dba_free_space	记录系统表空间的空闲空间的信息
控制文件	v$controlfile	记录系统控制文件的基本信息
	v$controlfile_record_section	记录系统控制文件中记录文档段的信息
	v$parameter	记录系统各参数的基本信息
数据文件	dba_data_files	记录系统数据文件以及表空间的基本信息
	v$filestat	记录来自控制文件的数据文件信息
	v$datafile_header	记录数据文件头部分的基本信息
段	dba_segments	记录段的基本信息
数据区	dba_extents	记录数据区的基本信息
日志	v$thread	记录日志线程的基本信息
	v$log	记录日志文件的基本信息
	v$logfile	记录日志文件的概要信息
归档	v$archived_log	记录归档日志文件的基本信息
	v$archive_dest	记录归档日志文件的路径信息
数据库实例	v$instance	记录实例的基本信息
	v$system_parameter	记录实例当前有效的参数信息
内存结构	v$sga	记录 SGA 区的大小信息
	v$sgastat	记录 SGA 的使用统计信息
	v$db_object_cache	记录对象缓存的大小信息

续表

数据库组件	数据字典中的表或视图	说　明
内存结构	v$sql	记录 SQL 语句的详细信息
	v$sqltext	记录 SQL 语句的语句信息
	v$sqlarea	记录 SQL 区的 SQL 基本信息
后台进程	v$bgprocess	显示后台进程信息
	v$session	显示当前会话信息

【例 2.18】通过 v$session 视图，了解当前的用户会话信息。相关命令及执行结果如下：

```
SQL> SELECT username , terminal FROM v$session WHERE username IS NOT NULL;

USERNAME                         TERMINAL
------------------------------   ----------------
SYS                              YSM
```

其中，username 表示当前会话用户的名称；terminal 表示当前会话用户的主机名。

3. 常用动态性能视图

Oracle 中常用的动态性能视图如表 2-4 所示。

表 2-4　常用动态性能视图

视图名称	说　明
v$fixed_table	显示当前运行的固定对象的说明
v$instance	显示当前实例的信息
v$latch	显示锁存器的统计数据
v$librarycache	显示有关库缓存性能的统计数据
v$rollstat	显示联机的回滚段的名字
v$rowcache	显示活动数据字典的统计
v$sga	显示有关系统全局区的总结信息
v$sgastat	显示有关系统全局区的详细信息
v$sort_usage	显示临时段的大小及会话
v$sqlarea	显示 SQL 区的 SQL 信息
v$sqltext	显示在 SGA 中属于共享游标的 SQL 语句内容
v$stsstat	显示基本的实例统计数据
v$system_event	显示一个事件的总计等待时间
v$waitstat	显示块竞争统计数据

【例 2.19】通过 v$instance 视图，了解当前数据库实例的信息。相关命令及执行结果如下：

```
SQL> COLUMN host_name FORMAT A20;
SQL> SELECT instance_name , host_name , status
```

```
  2  FROM v$instance;

INSTANCE_NAME             HOST_NAME                 STATUS
-----------------         -----------------         ---------
orcl                      YSM                       OPEN
```

其中，instance_name 表示当前运行的 Oracle 数据库实例名；host_name 表示运行该数据库实例的计算机的名称；status 表示数据库实例的状态。

2.7 习 题

一、填空题

1. Oracle 数据库从存储结构上可以分为_____和_____。

2. 在 Oracle 数据库中，表中的记录和索引存储在_____中。

3. 一个 Oracle 数据库实例由多个表空间组成，一个表空间由多个_____组成，一个_____由多个区组成，一个区由多个_____组成。

4. 将日志缓冲区中的日志信息写入日志文件的后台进程是_____。如果数据库实例运行在归档模式下，则日志文件中的内容将会被_____进程写入归档日志文件中。

5. Oracle 数据库的物理存储结构主要由数据文件、_____和_____这 3 种类型的文件组成。

6. Oracle 数据库实例由_____和_____组成。

二、选择题

1. 下面对数据文件的叙述正确的是( )。
    A. 一个表空间只能对应一个数据文件
    B. 一个数据文件可以对应多个表空间
    C. 一个表空间可以对应多个数据文件
    D. 数据文件存储了数据库中的所有日志信息

2. 下面对 Oracle 的逻辑存储结构叙述不正确的是( )。
    A. 一个表空间由多个段组成
    B. 一个段由多个区组成
    C. 一个区由多个数据块组成
    D. 一个段对应一个数据文件

3. 下面哪种后台进程用于将数据缓冲区中的数据写入数据文件? ( )
    A. LGWR   B. DBWn   C. CKPT   D. ARCn

4. 下面对 Oracle 服务器和 Oracle 实例描述不正确的是( )。
    A. 在访问数据库时必须先启动 Oracle 实例
    B. Oracle 实例由分配的内存区和后台进程组成
    C. Oracle 实例由 SGA 和 PGA 组成

D.　Oracle 服务器则由 Oracle 实例和数据库文件共同组成

5.　解析后的 SQL 语句会缓存在 SGA 的哪个区域中？（　　　）。

A.　Java 池　　　　　B.　大型池　　　　　C.　共享池　　　　　D.　数据缓冲区

三、简答题

1.　简述 Oracle 的数据文件、控制文件与重做日志文件的作用。

2.　简述 Oracle 逻辑存储结构中表空间、段、区和块之间的关系。

3.　简述 Oracle 主要后台进程的功能。

4.　如果想要了解数据库中所有表的信息，应该使用哪种数据字典？

5.　DBWn 进程所采用的 LRU 算法应该怎样理解？

第 3 章 使用 SQL*Plus 工具

本章导读

在 Oracle 数据库系统中，可以使用两种方式执行命令：一种方式是通过图形化工具(如 OEM)；另一种方式是直接在 SQL*Plus 中使用各种命令。图形化工具具有直观、简单、容易操作等优点，但是有时图形化工具不能使用，所以学会使用 SQL* Plus 工具仍然是数据库管理员(DBA)的一项重要基本功。本章讲述 SQL*Plus 工具的使用，以及常用的一些 SQL*Plus 操作命令。

学习目标

- 了解 SQL*Plus 工具的功能。
- 掌握 SQL*Plus 连接与断开数据库的方式。
- 熟练掌握 DESCRIBE 命令的使用。
- 熟练掌握各种编辑命令。
- 了解临时变量和已定义变量的使用。
- 掌握格式化查询结果。

3.1 SQL*Plus 概述

SQL*Plus 是 Oracle 提供的一个简便的管理工具，它可以运行 SQL 语句和 PL/SQL 程序块。通过它，用户可以连接位于同一台机器上的数据库，也可以连接位于网络中不同服务器上的数据库。

3.1.1 SQL*Plus 的主要功能

SQL*Plus 工具主要用于数据查询和数据处理。利用 SQL*Plus 可以将 SQL 和 Oracle 专有的 PL/SQL 结合起来进行数据查询和处理。在 SQL*Plus 中可以执行如表 3-1 所示的 3 类命令。

表 3-1 SQL*Plus 中可以执行的 3 类命令

命　令	说　明
SQL 语句	SQL 语句是以数据库对象为操作对象的语言，主要包括 DDL、DML 和 DCL
PL/SQL 语句	PL/SQL 语句同样是以数据库对象为操作对象，但所有 PL/SQL 语句的解释均由 PL/SQL 引擎来完成。使用 PL/SQL 语句可以编写过程、触发器和包等数据库永久对象

续表

命　令	说　明
SQL*Plus 内部命令	SQL*Plus 命令主要用来格式化查询结果，设置选择，编辑以及存储 SQL 命令，设置查询结果的显示格式，并且可以设置环境选项，还可以编辑交互语句，可以与数据库进行"对话"

本章主要介绍 SQL*Plus 内部命令的使用，而有关 SQL 语句和 PL/SQL 语句的内容将在本书后面章节中具体介绍。

3.1.2　用 SQL*Plus 连接与断开数据库

通过 SQL*Plus 工具可以很方便地连接与断开数据库。使用 SQL*Plus 连接数据库有两种方式。下面介绍这两种连接数据库的方式，以及如何断开数据库连接。

1．启动 SQL*Plus，连接到默认数据库

(1) 执行【开始】|【所有程序】| Oracle – OraDb11g_home1 |【应用程序开发】| SQL Plus 命令，打开 SQL Plus 窗口，显示登录界面，如图 3-1 所示。

(2) 在登录界面中将提示输入用户名，根据提示输入相应的用户名和口令(如 system)后按 Enter 键，SQL*Plus 将连接到默认数据库。

(3) 连接到数据库之后，显示 SQL>提示符，可以输入相应的 SQL 命令。例如，执行 SELECT name FROM V$DATABASE 语句，查看当前数据库名称，如图 3-1 所示。

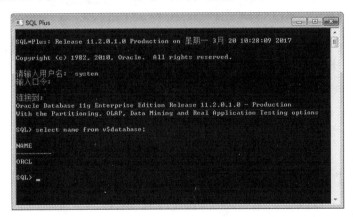

图 3-1　连接到默认数据库

输入的口令信息被隐藏。也可以在"请输入用户名："后同时输入用户名与口令，格式为：用户名/口令，例如 system/password，只是这种方式会显示出口令信息。

2．从命令行连接数据库

要从命令行启动 SQL*Plus，可以使用 sqlplus 命令。sqlplus 命令的一般语法形式如下：

```
sqlplus [ user_name[ / password ][ @connect_identifier ] ]
```

```
        [AS { SYSOPER | SYSDBA | SYSASM } ] | | / NOLOG ]
```

语法说明如下。

- user_name：连接的数据库用户名。
- password：用户的口令。
- @connect_identifier：指定要连接的数据库。
- AS：指定管理权限，权限的可选值有 SYSDBA、SYSOPER 和 SYSASM。
- NOLOG：表示不记入日志文件。

下面以 system 用户连接数据库，在 DOS 窗口中输入 sqlplus system/password@orcl 命令，按 Enter 键后提示连接到 orcl 数据库，如图 3-2 所示。

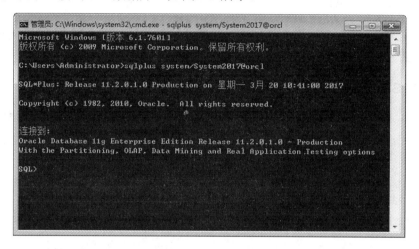

图 3-2　从命令行连接数据库

3. 使用 SQL*Plus 命令连接与断开数据库

在 SQL*Plus 中连接数据库时，可以使用 CONNECT 命令指定不同的登录用户，连接数据库后，SQL*Plus 维持数据库会话。

CONNECT 命令的一般语法形式如下：

```
CONN[ECT] [ { user_name [ / password ][ @connect_identifier ] }
    [ AS { SYSOPER | SYSDBA | SYSASM } ] ]
```

如果需要断开与数据库的连接，可以使用 DISCONNECT(可以简写为 DISCONN)命令，该命令可以结束当前会话，但是保持 SQL*Plus 运行。

【例 3.1】使用 CONNECT 命令通过 scott 用户连接数据库，然后使用 DISCONN 命令断开数据库。相关命令及执行结果如下：

```
SQL> conn scott/tiger;
已连接。
SQL> disconn;
从 Oracle Database 11g Enterprise Edition Release 11.2.0.1.0 - Production
With the Partitioning, OLAP, Data Mining and Real Application Testing options
断开
```

注意

要退出 SQL*Plus，关闭 SQL*Plus 窗口，可以执行 EXIT 或者 QUIT 命令。

3.2　使用 SQL*Plus 命令

　　SQL*Plus 提供了一系列命令，以便使数据库管理员 DBA 可以更有效地进行查询、管理数据库。例如，常用的 DESCRIBE 命令可以显示表结构。下面重点介绍 SQL*Plus 的命令。

3.2.1　使用 DESCRIBE 命令查看表结构

　　在 Oracle 数据库中，SQL*Plus 提供了许多可以操作的命令，如 HELP、DESCRIBE 及 SHOW 命令等，使用这些命令主要是查看数据库信息，以及数据库中已经存在的对象的信息，并不对查看的信息执行修改等操作。SQL*Plus 命令的具体说明如表 3-2 所示。

表 3-2　SQL*Plus 命令

命　令	说　明
HELP [topic]	查看命令的使用方法，topic 表示需要查看的命令名称。例如 HELP DESC，查看 DESC 命令的使用格式；HELP CONNECT，查看连接数据库的 CONNECT 命令的使用格式
HOST	使用该命令可以从 SQL*Plus 环境切换到操作系统环境，以便执行操作系统命令。使用 EXIT 命令可以重新回到 SQL*Plus 状态
HOST 操作系统命令	执行操作系统命令，如 HOST notepad.exe，将打开一个记事本文件
CLEAR SCR[EEN]	清除屏幕内容
SHOW ALL	查看 SQL*Plus 的所有系统变量值信息
SHOW USER	查看当前是哪个用户在使用 SQL*Plus
SHOW SGA	显示 SGA 大小
SHOW REL[EASE]	显示数据库版本信息
SHOW ERRORS	查看详细的错误信息
SHOW PARAMETERS	查看系统初始化参数信息
DESC[RIBE]	查看对象的结构，这里的对象可以是表、视图、存储过程、函数和包等。例如 DESC dual，可以查看表 dual 的结构

　　在 SQL*Plus 的众多命令中，用户使用最频繁的命令可能就是 DESCRIBE 命令。DESCRIBE 命令可以返回数据库中所存储的对象的描述。对表和视图等对象而言，DESCRIBE 命令可以列出表的各个列以及各列的属性。除此之外，该命令还可以输出过程、函数和程序包的规范。

　　DESCRIBE 命令的语法如下：

```
DESC[RIBE] { [ schema. ] object [ @connect_identifier ] }
```

语法说明如下。

- DESC[RIBE]：DESCRIBE 可以简写为 DESC。
- schema：指定对象所属的用户名，或者所属的用户模式名称。
- object：表示对象的名称，如表名或视图名等。
- @connect_identifier：表示数据库连接字符串。

【例 3.2】使用 DESCRIBE 命令查看 scott 用户的 emp 表的结构。相关命令及执行结果如下：

```
SQL> DESCRIBE scott.emp ;
```

名称	是否为空？	类型
EMPNO	NOT NULL	NUMBER(4)
ENAME		VARCHAR2(10)
JOB		VARCHAR2(9)
MGR		NUMBER(4)
HIREDATE		DATE
SAL		NUMBER(7,2)
COMM		NUMBER(7,2)
DEPTNO		NUMBER(2)

由上述输出结果可知，scott 用户的 emp 表中包含 empno、ename、job、…、deptno 等字段；对应的数据类型分别为 NUMBER(4)、VARCHAR2(10)、VARCHAR2(9)、…、NUMBER(2)等；其中，只有列 empno 的值不可以为空，其他各列的值都允许为空。

3.2.2 使用 SQL*Plus 语句快速编辑 SQL 语句

在 SQL*Plus 中输入 SQL 语句时，一旦执行该语句，则 SQL*Plus 会将该语句保存到缓冲区中。如果还想要对缓冲区中的语句进行编辑操作，则可以使用如表 3-3 所示的 SQL*Plus 命令进行修改。

表 3-3 SQL*Plus 命令

命　令	说　明
A[PPEND] text	将 text 附加到当前行之后
C[HANGE] /old/new	将当前行中的 old 替换为 new
C[HANGE] /text/	删除当前行中指定的 text 文本
CL[EAR] BUFF[ER]	清除缓存区中的所有行
I[NPUT]	插入不定数量的命令行
I[NPUT] text	插入指定的文本 text
DEL	删除当前行
DEL n	删除第 n 行(行号从 1 开始)
DEL m n	删除从第 m 行到第 n 行之间的命令行
L[IST]	列出缓冲区中所有的行

续表

命　令	说　明
L[IST] n	列出第 n 行
R[UN]或 /	显示缓冲区中保存的语句，并运行这些语句
n	将第 n 行作为当前行
n text	使用 text 文本替代第 n 行信息
0 text	在第一行之前插入 text 文本

【例 3.3】查看 scott 用户的 emp 表，查询条件为 empno 的值大于 7800 且小于 7900，在查询结果中显示数据的 empno 列、job 列、mgr 列和 sal 列的信息。相关命令如下：

```
SQL> SELECT empno , job , mgr , sal
  2  FROM scott.emp
  3  where empno > 7800
  4  and empno < 7900 ;
```

使用 SQL*Plus 编辑命令时，如果输入超过一行的 SQL 语句，SQL*Plus 会自动增加行号，并在屏幕上显示行。根据行号，就可以对指定的行使用编辑命令进行修改。例如，在 SQL>后输入行号，将显示对应行的信息。输入行号 1，表示对第一行的 SELECT 语句进行操作。执行情况如下：

```
SQL> 1
  1* SELECT empno , job , mgr , sal
```

使用 APPEND 命令追加一列，如 dempno 列。执行情况如下：

```
SQL> APPEND , dempno
  1* SELECT empno , job , mgr , sal , dempno
```

发现输入错误后，使用 CHANGE 命令对列执行修改操作，将 dempno 列修改为 deptno 列。执行情况如下：

```
SQL> CHANGE /dempno/deptno
  1* SELECT empno , job , mgr , sal , deptno
```

使用 DEL 命令删除第 4 行语句，即删除"and empno < 7900"语句。相关命令如下：

```
SQL> DEL 4
```

使用 LIST 命令列出缓冲区中的所有行，可以发现这些语句仅剩 3 行，其中在 SELECT 子句中添加了 deptno 列。执行情况如下：

```
SQL> LIST
  1  SELECT empno , job , mgr , sal , deptno
  2  FROM scott.emp
  3* where empno > 7800
```

如果行信息无误，那么可以使用 RUN 命令执行这些语句。执行情况如下：

```
SQL> RUN
  1  SELECT empno , job , mgr , sal , deptno
```

```
 2  FROM scott.emp
 3* where empno > 7800
```

```
    EMPNO JOB              MGR          SAL    DEPTNO
---------- -------------- ---------    ------ ----------
      7839 PRESIDENT                     5000 10
      7844 SALESMAN        7898         1500 30
      7876 CLERK           7988         1100 20
      7900 CLERK           7898          950 30
      7902 ANALYST         7766         3000 20
      7934 CLERK           7982         1300 10
```

已选择 6 行。

 也可以使用斜杠(/)代替 R[UN]命令，来运行缓冲区中保存的 SQL 语句。

3.2.3   使用 SAVE 命令将缓冲区内容保存到文件中

前面介绍过，在 SQL*Plus 中执行一条 SQL 语句后，Oracle 就会把这些刚执行过的语句存放到缓冲区中。当再执行一条新 SQL 语句时，缓冲区中的 SQL 语句就会被覆盖。我们可以使用 SAVE 命令将当前缓冲区的内容保存到文件中，这样，就可以永久保存先前的 SQL 语句。SAVE 命令的语法如下：

```
SAV[E] [ FILE ] file_name [ CRE[ATE] | REP[LACE] | APP[END] ]
```

语法说明如下。

- file_name：表示将 SQL*Plus 缓冲区的内容保存到由 file_name 指定的文件中。
- CREATE：表示创建一个 file_name 文件，并将缓冲区中的内容保存到该文件中。该选项为默认值。
- APPEND：如果 file_name 文件已经存在，则将缓冲区中的内容，追加到 file_name 文件的内容之后；如果该文件不存在，则创建该文件。
- REPLACE：如果 file_name 文件已经存在，则覆盖 file_name 文件的内容；如果该文件不存在，则创建该文件。

【例 3.4】将缓冲区中的 SQL 语句保存到文件 scott_emp_query.sql 中。如果该文件不存在，则可以不指定 CREATE 选项。相关命令及执行结果如下：

```
SQL> SAVE scott_emp_query.sql
已创建 file scott_emp_query.sql
```

如果该文件已经存在，若不指定 APPEND 或 REPLACE 选项，将会显示错误提示信息。执行情况如下：

```
SQL> SAVE scott_emp_query.sql
SP2-0540: 文件 "scott_emp_query.sql" 已经存在。
使用 "SAVE filename REPLACE"。
```

指定 APPEND 或 REPLACE 选项，则再次保存数据成功。执行情况如下：

```
SQL> SAVE scott_emp_query.sql APPEND
已将 file 附加到 scott_emp_query.sql
```

在 SAVE 命令中，file_name 的默认后缀名为.sql，默认保存路径为 Oracle 安装路径的 Administrator\product\11.2.0\dbhome_1\BIN 目录下。

3.2.4　使用 GET 命令读取文件内容到缓冲区中

前面使用 SAVE 命令将缓冲区的内容保存到文件中；反之，如果需要将文件中的内容读取到缓冲区中，那么就需要使用 GET 命令。这样就带来一个好处，我们可以事先使用其他编辑器(如记事本)编辑自己需要的语句，然后用 GET 命令将该文件读入到缓冲区执行。

使用 GET 命令的语法如下：

```
GET [ FILE ] file_name [ LIST | NOLIST ]
```

语法说明如下。
- file_name：表示一个指定文件，将该文件的内容读入 SQL*Plus 缓冲区中。
- LIST：列出缓冲区中的语句。
- NOLIST：不列出缓冲区中的语句。

【例 3.5】将 scott_emp_query.sql 文件的内容读入到缓冲区中，并且输出显示这些内容。相关命令如下：

```
SQL> GET scott_emp_query.sql LIST
  1  SELECT empno , job , mgr , sal , deptno
  2  FROM scott.emp
  3* where empno > 7800
```

将文件的内容读入到缓冲区后，就可以使用编辑命令对这些内容进行操作了。

使用 GET 命令时，如果 file_name 指定的文件在 Administrator\product\11.2.0\dbhome_1\BIN 目录下，则只需要指出文件名；如果不在这个目录下，则必须指定完整的路径名。

3.2.5　使用 START 命令读取并运行文件内容

START 命令可以读取文件中的内容到缓冲区中，然后在 SQL*Plus 中运行这些内容。START 命令的语法如下：

```
STA[RT] { url | file_name }
```

语法说明如下。
- url：指定一个 URL 地址，如 http://host.domain/script.sql。
- file_name：指定一个文件。该命令将 file_name 文件中的内容读入到 SQL*Plus 缓冲区中，然后运行缓冲区中的内容。

【例 3.6】使用 START 命令读取并运行 scott_emp_query.sql 文件。相关命令及执行情况如下:

```
SQL> START scott_emp_query.sql

    EMPNO  JOB            MGR        SAL     DEPTNO
---------  -------------  ---------  ------  -------
     7839  PRESIDENT                 5000    10
     7844  SALESMAN       7698       1500    30
     7876  CLERK          7788       1100    20
     7900  CLERK          7698       950     30
     7902  ANALYST        7566       3000    20
     7934  CLERK          7782       1300    10
```

已选择 6 行。

上述输出结果表示执行 START 命令后,运行了保存在 scott_emp_query.sql 文件中的内容。

START 命令等同于@命令,如 START d:\a.sql 等同于@d:\a.sql。

3.2.6 使用 EDIT 命令编辑缓冲区内容或文件内容

使用 EDIT 命令可以将 SQL*Plus 缓冲区中的内容复制到一个名为 afiedt.buf 的文件中,然后启动操作系统中默认的编辑器打开这个文件,并且文件内容能够进行编辑。在 Windows 操作系统中,默认的编辑器是 Notepad(记事本)。

```
ED[IT] [ file_name ]
```

其中,file_name 默认为 afiedt.buf,也可以指定一个其他的文件。

【例 3.7】在 SQL*Plus 中执行 EDIT 命令。情况如下:

```
SQL> EDIT
已写入 file afiedt.buf
```

这时,将打开一个记事本文件 afiedt.buf,在该文件中显示缓冲区中的内容,文件的内容以斜杠(/)结束。对于记事本中的内容可以执行编辑操作,在退出编辑器时,所编辑的文件将被复制到 SQL*Plus 缓冲区中。

3.2.7 使用 SPOOL 命令复制输出结果到文件

使用 SPOOL 命令实现将 SQL*Plus 中的输出结果复制到一个指定的文件中,或者把查询结果发送到打印机中,直到使用 SPOOL OFF 命令为止。SPOOL 命令的语法如下:

```
SPO[OL] [ file_name [ CRE[ATE] | REP[LACE] | APP[END]] | OFF | OUT ]
```

语法说明如下。

- file_name：指定一个操作系统文件。
- CREATE：创建一个指定的 file_name 文件。
- REPLACE：如果指定的文件已经存在，则替换该文件。
- APPEND：将内容附加到一个已经存在的文件中。
- OFF：停止将 SQL*Plus 中的输出结果复制到 file_name 文件中，并关闭该文件。
- OUT：启动该功能，将 SQL*Plus 中的输出结果复制到 file_name 指定的文件中。

【例 3.8】使用 SPOOL 命令将查询结果保存到文件 scott_emp_outcome.txt 中。并且指定 APPEND 选项，表示如果指定的文件已经存在，则向该文件中追加输出结果。相关命令如下：

```
SQL> SPOOL scott_emp_outcome.txt APPEND
```

然后执行缓冲区中的语句，输出结果将保存到 scott_emp_outcome.txt 文件中。执行命令如下：

```
SQL> /
```

执行 SPOOL OFF 命令，在该命令之后所操作的任何语句，将不再保存其输出结果。执行命令如下：

```
SQL> SPOOL OFF
```

这时在 Oracle 安装路径的 Administrator\product\11.2.0\dbhome_1\BIN 目录下，可以找到 scott_emp_outcome.txt 文件。

3.2.8　使用临时变量

在 Oracle 数据库中，可以使用变量来编写通用的 SQL 语句，在运行 SQL 语句时，为变量输入值，SQL *Plus 就会使用此值替换 SQL 语句中的变量。Oralce Database 11g 系统提供了两种类型的变量，即临时变量和已定义变量。

1. 使用&符号表示临时变量

临时变量只在使用它的 SQL 语句中有效，其变量值不能保留。临时变量也被称为替换变量。在 SQL 语句中，如果在某个变量前面使用了&符号，那么就表示该变量是一个临时变量。执行 SQL 语句时，系统会提示用户为该变量提供一个具体数据。

【例 3.9】使用 SELECT 语句对 scott 用户的表 emp 执行查询操作，在 WHERE 子句中定义一个临时变量 temp。在执行该 SELECT 语句时，SQL*Plus 提示输入 temp 的值。相关命令及执行结果如下：

```
SQL> SELECT empno , ename , mgr , sal , deptno
  2  FROM scott.emp
  3  WHERE empno >= &temp;
输入 temp 的值: 7850
原值    3: where empno >= &temp
新值    3: where empno >= 7850
```

```
      EMPNO    JOB               MGR        SAL      DEPTNO
  ---------   -------------   ----------   ------   -------
      7876    CLERK             7788       1100      20
      7900    CLERK             7698       950       30
      7902    ANALYST           7566       3000      20
      7934    CLERK             7782       1300      10
```

已选择 4 行。

从上述查询结果中可以看出，输入的值 7850 被赋值在 WHERE 子句的&temp 位置。

【例 3.10】如果在 SELECT 语句中，一个临时变量同时出现多次，我们仍需要多次输入变量值。相关命令及执行结果如下：

```
SQL> SELECT  &column_name , deptno
  2  FROM scott.emp
  3  WHERE &column_name >= 7850;
输入 column_name 的值：empno
原值    1: select &column_name , deptno
新值    1: select empno , deptno
输入 column_name 的值：empno
原值    3: where &column_name >= 7850
新值    3: where empno >= 7850


      EMPNO     DEPTNO
  ---------    ----------
      7876       20
      7900       30
      7902       20
      7934       10
```

如果希望只输入一次变量值，SQL *Plus 就替换掉所有的变量，那么可以使用&&符号来定义临时变量。

【例 3.11】使用&&符号定义变量，在执行 SELECT 语句时输入一次变量值，替换所有变量。相关命令及执行结果如下：

```
SQL> SELECT &&column_name , deptno
  2  FROM scott.emp
  3  WHERE &&column_name >= 7850;
输入 column_name 的值：empno
原值    1: select &&column_name , deptno
新值    1: select empno , deptno
原值    3: where &&column_name >= 7850
新值    3: where empno >= 7850


      EMPNO     DEPTNO
  ---------    ----------
      7876       20
      7900       30
      7902       20
      7934       10
```

2．使用 SET VERIFY 和 SET DEFINE 命令

在使用临时变量时，还可以使用 SET VERIFY 命令和 SET DEFINE 命令，说明如下：

- SET VERIFY [ON | OFF]：指定是否输出原值和新值信息。
- SET DEF[INE]：指定一个除字符&之外的字符，作为定义变量的字符。

【例 3.12】执行 SET VERIFY OFF 命令，禁止显示原值和新值。然后使用斜杠(/)再次运行上面的查询。相关命令及执行结果如下：

```
SQL> SET VERIFY OFF ;
SQL> /
输入 column_name 的值: empno

    EMPNO       DEPTNO
---------- ----------
      7876          20
      7900          30
      7902          20
      7934          10
```

从输出结果中可以看出，在输入变量的值后，系统不再显示原值和新值信息。

【例 3.13】使用 SET DEFINE 命令将变量定义字符设置为@字符，并执行一个新的查询。相关命令及执行结果如下：

```
SQL> SET DEFINE '@'
SQL> SELECT empno , deptno FROM scott.emp
  2  WHERE empno = @temp;
输入 temp 的值: 7900

    EMPNO       DEPTNO
---------- ----------
      7900          30
```

3．在脚本文件中使用临时变量

在创建的脚本文件中，也可以使用临时变量。在运行该脚本文件时，需要为临时变量传递相应的变量值。

【例 3.14】在 E:\TEMP 目录下创建一个脚本文件 temp.sql，在该脚本文件中定义上述 SELECT 语句，该语句中包含一个变量 temp：

```
SELECT empno , deptno FROM scott.emp
WHERE empno = @temp;
```

执行 temp.sql 时，将提示用户输入变量的值，SQL*Plus 接收输入的数据后，执行查询操作。相关命令及执行结果如下：

```
SQL> @ E:\TEMP\temp.sql
输入 temp 的值: 7900
```

```
     EMPNO        DEPTNO
---------- ----------
     7900        30
```

 如果建立的文件夹名称中有空格(如 Oracle TEMP)，则需要用引号将其括起来。例如@ "E:\Oracle TEMP\temp.sql"。

3.2.9 使用已定义变量

已定义变量是指具有明确定义的变量，该变量的值会一直保留到被显式删除、重定义或退出 SQL*Plus 为止。即，已定义变量可以在同一个 SQL 语句中使用多次。

定义变量可以使用 DEFINE 或 ACCEPT 命令，删除变量则可以使用 UNDEFINE 命令。

1. 使用 DEFINE 命令

DEFINE 命令用来创建一个数据类型为 CHAR 的变量，该命令的语法形式如表 3-4 所示。

表 3-4　DEFINE 命令的语法形式

命　令	说　明
DEF[INE]	显示所有的已定义变量
DEF[INE] variable	显示指定变量的名称、值和其数据类型
DEF[INE] variable = value	创建一个 CHAR 类型的用户变量，并且为该变量赋初始值

【例 3.15】 Oracle 系统提供了一些已定义变量。使用 DEFINE 命令，可以查看系统中所有的已定义变量。相关命令及执行结果如下：

```
SQL> define;
DEFINE _DATE            = "20-3 月 -17" (CHAR)
DEFINE _CONNECT_IDENTIFIER = "orcl" (CHAR)
DEFINE _USER            = "SCOTT" (CHAR)
DEFINE _PRIVILEGE       = "" (CHAR)
DEFINE _SQLPLUS_RELEASE = "1102000100" (CHAR)
DEFINE _EDITOR          = "Notepad" (CHAR)
DEFINE _O_VERSION       = "Oracle Database 11g Enterprise Edition Release 11.2.0.
1.0 - Production
With the Partitioning, OLAP, Data Mining and Real Application Testing options" (
CHAR)
DEFINE _O_RELEASE       = "1102000100" (CHAR)
DEFINE _RC              = "0" (CHAR)
DEFINE COLUMN_NAME      = "empno" (CHAR)
```

【例 3.16】 使用 DEFINE 命令，定义一个变量 temp，为该变量赋值为 7850。然后使用

DEFINE temp 命令查看该变量的信息。最后在 SELECT 语句的 WHERE 子句中使用该变量。执行语句时，系统不再提示用户输入变量的值。相关命令及执行结果如下：

```
SQL> DEFINE temp = 7850
SQL> DEFINE temp
DEFINE TEMP          = "7850" (CHAR)
SQL> SELECT empno , deptno FROM scott.emp
  2 WHERE empno >= &temp;
原值    2: WHERE empno >= &temp
新值    2: WHERE empno >= 7850

    EMPNO    DEPTNO
---------- ----------
     7876    20
     7900    30
     7902    20
     7934    10
```

使用 UNDEFINE 命令可以删除一个变量，例如执行 UNDEFINE temp，则定义的 temp 变量不再起作用。

2．使用 ACCEPT 命令

使用 ACCEPT 命令也可以定义变量，并且定制一个用户提示，用于提示用户输入指定变量的数据。在定义变量时，可以明确地指定该变量是 NUMBER 还是 DATE 等数据类型。为了安全性的原因，还可以将用户输入的信息隐藏起来。

ACCEPT 命令的语法如下：

```
ACC[EPT] variable [ data_type ] [ FOR[MAT] format ] [ DEF[AULT] default ]
[ PROMPT text | NOPR[OMPT] ] [ HIDE ]
```

语法说明如下。

- variable：用于一个指定接收值的变量。如果该名称的变量不存在，那么 SQL*Plus 自动创建该变量。
- data_type：指定变量的数据类型，可以使用的类型有 CHAR、NUM[BER]、DATE、BINARY_FLOAT 和 BINARY_DOUBLE。默认的数据类型为 CHAR。而 DATE 类型的变量实际上也是以 CHAR 变量存储的。
- FOR[MAT]：指定变量的格式，包括 A15(15 个字符)、9999(一个 4 位数字)和 DD-MON-YYYY(日期)。
- DEF[AULT]：为变量指定一个默认值。
- PROMPT：表示在用户输入数据之前显示的文本消息。
- HIDE：表示隐藏用户为变量输入的值。

【例 3.17】使用 ACCEPT 命令定义 temp 变量，并且指定相应的选项设置，然后在 SELECT 语句中使用变量 temp。相关命令及执行结果如下：

```
SQL> ACCEPT temp NUMBER FORMAT 9999 PROMPT '你好，输入一个 EMPNO 值:' HIDE
```

你好，输入一个 EMPNO 值：
```
SQL> SELECT empno , deptno FROM scott.emp
  2  WHERE empno = &temp;
```
原值   2: WHERE empno = &temp
新值   2: WHERE empno =   7900

```
    EMPNO        DEPTNO
---------- ----------
     7900        30
```

3.3 格式化查询结果

SQL*Plus 提供了大量命令用于格式化结果集。这些命令包括 COLUMN、PAGESIZE、LINESIZE、TTITLE 和 BTITLE 等。下面详细介绍如何使用这些命令执行格式化查询结果，并使用这些命令创建报表。

3.3.1 格式化列的显示效果

COLUMN 命令可以控制列的显示效果，包括格式化列标题和列数据。该命令的语法如下：

```
COL[UMN] [ { column_name | ALI[AS] alias } [ options ] ]
```

语法说明如下。

- column_name：指定列名。
- ALI[AS] alias：指定要格式化的列的别名。
- options：指定用于格式化列或别名的一个或者多个选项。可用选项如表 3-5 所示。

表 3-5 COLUMN 命令的选项

选　项	说　明
FOR[MAT] format	将列或列名的显示格式设置为由 format 字符串指定的格式，format 可以使用的格式如表 3-6 所示
HEA[DING] text	设置由 text 字符串指定的列标题
JUS[TIFY] [{ LEFT | CENTER | RIGHT }]	将列的输出信息设置为左对齐、居中对齐或右对齐
WRA[PPED]	在输出结果中将一个字符串的末尾换行显示。该选项可能导致单个单词跨越多行
WOR[D_WRAPPED]	与 WRAPPED 选项类似，不同之处在于单个单词不会跨越多行
CLE[AR]	清除列的格式化(将该列的格式设置为其默认值)
TRUNCATED	删除第一行的字符串
NULL text	指定列为空值时显示的内容
PRINT	显示列标题
NOPRINT	隐藏列标题

表 3-6 format 格式元素

元素	说 明	举 例
An	为[VAR]CHAR 类型的列内容设置宽度。如果内容超过指定的宽度，则内容自动换行	A5
9	设置 NUMBER 列的显示格式	999 999
$	浮动的货币符号	$9999
L	本地货币符号	L9999
.	小数点位置	9999.99
,	千位分隔符	9,999

【例 3.18】使用 COLUMN 命令，对 scott 用户的 emp 表的输出进行格式设置。empno 列设置标题为"员工编号"和 NUMBER 格式为 9999；hiredate 列设置标题居中显示；sal 列设置显示格式为$999,999.99；等等。相关命令及执行结果如下：

```
SQL> COLUMN empno HEADING '员工编号' FORMAT 9999
SQL> COLUMN ename HEADING '员工姓名' FORMAT A10
SQL> COLUMN mgr HEADING '经理编号' FORMAT 9999
SQL> COLUMN hiredate HEADING '受雇日期' JUSTIFY CENTER
SQL> COLUMN sal HEADING '员工工资' FORMAT $999,999.99
SQL> SELECT empno , ename , mgr , hiredate , sal
  2  FROM scott.emp ;

员工编号      员工姓名      经理编号        受雇日期           员工工资
--------   ----------   ---------   -------------   ------------
    7369   SMITH         7902       17-12 月-80      $800.00
...
    7876   ADAMS         7788       23-5 月 -87      $1,100.00
    7902   FORD          7566       03-12 月-81      $3,000.00
    7934   MILLER        7782       23-1 月 -82      $1,300.00
```

已选择 14 行。

在 COLUMN 命令中使用 JUSTIFY 子句设置对齐方式，该方式只对列标题起作用，对该列的数据不会起作用，如果不满足显示的格式，就会把数据显示为"#"。而 FORMAT 子句将对列的数据进行格式化。

在上述输出结果中，由于所要输出的数据行比较多，所以 SQL*Plus 会分页显示。如果希望将数据行在一页内显示，则可以通过设置一页显示的数据行数来实现。

3.3.2 设置一页显示多少行数据

使用 PAGESIZE 命令，可以设置每一页的大小，从而控制每一页显示的数据量。PAGESIZE 命令的语法如下：

```
SET PAGESIZE n
```

其中，参数 n 表示每一页大小的正整数，最大值可以为 50000，默认值为 14。

注意

一页的内容并不是仅仅由输出的数据行构成的，而是由 SQL*Plus 显示到屏幕上的所有输出结果构成，包括标题和空行等。

【例 3.19】使用 PAGESIZE 命令，设置页面显示 20 行信息。然后再执行前面的 SELECT 语句，相关命令及执行结果如下：

```
SQL> SET PAGESIZE 20
SQL> /
```

员工编号	员工姓名	经理编号	受雇日期	员工工资
7369	SMITH	7902	17-12 月-80	$800.00
7499	ALLEN	7698	20-2 月 -81	$1,600.00
…				
7902	FORD	7566	03-12 月-81	$3,000.00
7934	MILLER	7782	23-1 月 -82	$1,300.00

已选择 14 行。

从输出结果中可以看出，所有的数据在一页内进行显示。

3.3.3 设置一行显示多少个字符

使用 LINESIZE 命令可以设置一行内可以容纳的字符数量，默认数量为 80 个字符。如果 LINESIZE 的值比较小，那么表中一行数据，有可能在屏幕上需要分多行显示。

LINESIZE 命令的语法如下：

```
SET LINESIZE n
```

其中，n 表示屏幕上一行数据可以容纳的字符数量，有效范围是 1～32767。

3.3.4 清除列格式

清除某个列的格式设置，可以在 COLUMN 命令中使用 CLEAR 选项。如果清除所有列的格式，可以使用 CLEAR COLUMNS 语句。清除单个列的格式的语法如下：

```
COLUMN column_name CLEAR
```

其中，column_name 是需要清除格式的列名称，该列名称必须在 SQL*Plus 缓冲区中存在，否则将找不到指定的对象。

【例 3.20】将 scott 用户的 emp 表放入到缓冲区中，然后设置 ename 列和 job 列的格式，再使用 COLUMN ename CLEAR 语句清除 ename 列的格式。相关命令及执行结果如下：

```
SQL> SELECT * FROM scott.emp ;

SQL> COLUMN ename FORMAT a10
SQL> COLUMN job FORMAT a10
SQL> COLUMN ename CLEAR
```

可以使用 CLEAR COLUMNS 语句清除所有列的格式。执行情况如下：

```
SQL> CLEAR COLUMNS
columns 已清除
```

一旦清除列的格式，那么查询输出的结果就使用该列的默认格式。

3.4　习　　题

一、填空题

1．查看表结构时，所使用的命令是_____，该命令可以简写为_____。

2．在 SQL*Plus 工具中，可以使用 SAVE 命令将缓冲区内容保存到文件中；可以使用_____命令读取并运行文件内容；可以使用_____命令编辑缓冲区内容或文件内容；还可以使用 SPOOL 命令复制输出结果到文件中。

3．在 SQL 语句中，如果在某个变量前面使用了&符号，那么就表示该变量是一个临时变量。定义变量，可以使用_____或 ACCEPT 命令；删除变量，可以使用 UNDEFINE 命令。

4．在 SQL*Plus 中格式化查询结果时，COLUMN 命令可以格式化对列的显示效果，PAGESIZE 命令可以_____，LINESIZE 命令可以_____。

5．当设置了多个列的显示属性后，如果清除设置的显示属性，可以使用命令_____，如果要清除某个列的显示属时，需要使用命令_____。

二、选择题

1．在 SQL*Plus 中连接数据库时，下列 4 个选项中，哪个命令是不正确的？其中，用户名为 scott，密码为 tiger，数据库名为 orcl。(　　)
    A．CONNECT scott/tiger ;
    B．CONNECT tiger/scott ;
    C．CONN scott/tiger as sysdba ;
    D．CONN scott/tiger@orcl as sysdba ;

2．执行语句 SAVE scott_emp_query.sql APPEND，执行结果表示(　　)。
    A．如果 scott_emp_query.sql 文件不存在，则出现错误
    B．如果 scott_emp_query.sql 文件已经存在，则出现错误
    C．将缓冲区中的内容追加到 scott_emp_query.sql 文件中。如果该文件不存在，则创建该文件
    D．将缓冲区中的内容替换掉 scott_emp_query.sql 文件的内容。如果该文件不存在，则创建该文件

3．如果要将文件中的内容检索到缓冲区，并且不执行，应该执行(　　)命令。
    A．SAVE   B．GET
    C．START   D．SPOOL

4．下面是有关变量的描述，请问哪些描述是正确的？(　　)

A. 临时变量是指仅在某个 SQL 语句中有效的变量

B. 临时变量是在某个会话期间有效的变量

C. 已定义变量是指明确定义，其生命期至显式地删除、重新定义或退出 SQL*Plus 为止

D. 已定义的变量是不能被删除的

5. 如果希望控制列的显示格式，那么可以使用(　　)命令。

A. SHOW　　　　B. DEFINE　　　　C. SPOOL　　　　D. COLUMN

三、简答题

1. 使用 DESCRIBE 命令，查看 scott 用户的 dept 表的结构信息。

2. 使用 SAVE 命令将缓冲区内容写入到 e:\test.sql 文件中；然后使用 START 命令将文件中的内容读入到缓冲区中，并且进行执行。

3. 对 scott 用户的 emp 表的输出信息进行格式设置。其中，empno 列设置标题为 "员工编号"，NUMBER 格式为 9999；ename 列设置标题为 "员工名称"，格式设置为 25 个字符；hiredate 列设置标题为 "受雇日期"，并且标题居中显示。

4. 设置一页显示 30 行数据，并且设置一行显示 130 个字符，然后查看 scott 用户的 emp 表的全部信息。

第 4 章　SQL 语言基础

本章导读

SQL 语言的语句简单、语义明了，也被称为关系数据库的标准语言。因此，掌握 SQL 语言就成为数据库管理员所必须具备的基本技能。本章首先对 SQL 语言进行简单介绍，然后介绍各种 DML 语句的作用和使用方法，另外还会介绍各种常用函数，如字符串函数、日期时间函数、聚合函数等。最后介绍数据库事务的提交和回滚。

学习目标

- 了解 SQL 语言的分类。
- 掌握 SELECT 语句的语法结构。
- 熟练掌握 SELECT 语句中的各种子句。
- 熟练掌握 WHERE、GROUP BY、HAVING 和 ORDER BY 子句的使用。
- 熟练掌握 INSERT、UPDATE 和 DELETE 语句。
- 掌握字符串函数、数字函数、日期时间函数。
- 熟练掌握转换函数。
- 熟练掌握聚合函数。
- 掌握数据库事务操作。

4.1　SQL 语言概述

SQL(Structured Query Language，结构化查询语言)是目前最流行的关系查询语言，也是关系数据库的标准语言。按照其功能不同，SQL 语句分为 5 类，即数据查询语句、数据操纵语句、数据定义语句、数据控制语句和事务控制语句。下面简单介绍这些语句的功能。

1. 数据查询语句

SELECT 语句的功能是从数据库中获取数据，它也是 SQL 语句中功能最强大、语法最丰富的语句。

2. 数据操纵语句(DML)

(1) Insert 语句：向数据库添加数据。
(2) Update 语句：更新表中的数据。
(3) Delete 语句：删除表中的数据。

3. 数据定义语句(DDL)

(1) Create 语句：创建数据库对象，如表、视图、索引等。

(2) Alter 语句：改变系统参数。

(3) Drop 语句：删除一个对象，如删除一个表。

(4) Rename 语句：重命名一个对象。

(5) Truncate 语句：截断一个表。

4. 数据控制语句(DCL)

(1) Grant 语句：授予其他用户对数据库对象的访问权限。

(2) Revoke 语句：收回用户访问数据库对象的权限。

5. 事务控制语句(DCL)

(1) Commit 语句：提交由 DML 语句操作的事务。

(2) Rollback 语句：回滚由 DML 语句操作的事务。

本章重点介绍数据查询语句、数据操纵语句和事务控制语句，其他的语句将在后面的相关章节介绍。

4.2 使用 SELECT 语句检索数据

SQL 的主要功能之一是实现数据库查询，查询就是用来取得满足特定条件的信息。查询语句可以从一个或多个表中、根据指定的条件选取特定的行和列。

4.2.1 基本的 SELECT 语句

一个简单的 SELECT 语句至少包含一个 SELECT 子句和一个 FROM 子句。其中 SELECT 子句指明要显示的列，而 FROM 子句指明要查询的数据源。一个简单的 SELECT 语句格式如下：

```
SELECT [ ALL | DISTINCT
    { * | expression | column1_name [ , column2_name ] [ , … ] }
    FROM table;
```

其中，[ ]表示可选项。语法说明如下。

- SELECT：必需的语句，查询语句的关键字。
- ALL：表示全部选取，而不管列的值是否重复。此选项为默认选项。
- DISTINCT：当列的值相同时只取其中的一个，用于去掉重复值。
- *：指定表的全部列。
- column1_name , column2_name，…：指定要查询的列的名称。可以指定一个或多个列。
- FROM table：指定要查询的对象(表或视图)名称。

在这里有必要区分 3 个重要的概念：关键字、子句和语句。关键字是一个单独的 SQL 元素，如 SELECT、FROM 等都是关键字。关键字不能简写，不区分大小写。子句则是一个可执行的 SQL 语句的一部分，如 FROM table 就是一个子句。SQL 语句则是由一个或多个子句组成，它是可执行的，如 SELECT * FROM emp 就是一个 SQL 语句。

【**例 4.1**】打开 SQL*PLUS 窗口后，使用 scott 用户身份连接到数据库。然后使用 SELECT 语句，查询 scott 用户的 emp 表。相关命令及执行结果如下：

```
SQL> SELECT empno "雇员编号" , ename "雇员名称" , hiredate "受雇日期" ,
  2  deptno "部门编号" FROM emp ;

    雇员编号    雇员名称        受雇日期            部门编号
  ---------  --------   -----------      ----------
      7369   SMITH      17-12 月-80       20
      7499   ALLEN      20-2 月 -81       30
...
      7902   FORD       03-12 月-81       20
      7934   MILLER     23-1 月 -82       10
```

已选择 14 行。

上述语句输出显示时，根据 SELECT 关键字后指定的列依次显示，并且对输出的列标题分别使用列别名进行显示。

在检索数据时，数据列按照 SELECT 子句指定的列顺序显示；如果使用星号(*)检索所有的列，那么数据按照定义表时指定的列的顺序显示数据。不过，无论按照什么顺序，存储在表中的数据都不会受影响。

上面的操作是以 scott 用户登录的，如果使用 system 用户登录，则会提示错误。此时就需要在表名前添加模式名。

【**例 4.2**】查询其他用户的表。相关命令及执行结果如下：

```
SQL> SELECT empno "雇员编号" , ename "雇员名称" , hiredate "受雇日期" ,
  2  deptno "部门编号" FROM emp;
deptno "部门编号" FROM emp
                  *
第 2 行出现错误:
ORA-00942：表或视图不存在

SQL> SELECT empno "雇员编号" , ename "雇员名称" , hiredate "受雇日期" ,
  2  deptno "部门编号" FROM scott.emp;
    雇员编号    雇员名称        受雇日期            部门编号
  ---------  ----------   --------------    ----------
      7369   SMITH        17-12 月-80         20
      7499   ALLEN        20-2 月 -81         30
      7521   WARD         22-2 月 -81         30
      7566   JONES        02-4 月 -81         20
      7654   MARTIN       28-9 月 -81         30
      7698   BLAKE        01-5 月 -81         30
      7782   CLARK        09-6 月 -81         10
      7788   SCOTT        19-4 月 -87         20
      7839   KING         17-11 月-81         10
      7844   TURNER       08-9 月 -81         30
      7876   ADAMS        23-5 月 -87         20
```

system 用户为系统管理员，他有操作其他用户对象的权限。

4.2.2　WHERE 子句

在执行简单查询语句时，如果没有指定任何限制条件，那么执行 SELECT 语句将会检索表的所有行。但是在实际应用中，用户往往只需要获得某些行的数据。例如，检索雇员编号为 7800 的雇员信息，或者检索部门号为 10 的所有雇员信息等。在执行查询操作时，通过使用 WHERE 子句，可以指定查询条件，限制查询结果。

【例 4.3】使用 WHERE 子句查询 SCOTT 用户的 EMP 表中部门编号为 10 的数据。相关命令及执行结果如下：

```
SQL> SELECT e.empno "雇员编号" , e.ename "雇员名称" , e.hiredate "受雇日期" ,
  2  e.deptno "部门编号" FROM scott.emp e
  3  WHERE e.deptno=10;


   雇员编号     雇员名称        受雇日期            部门编号
---------- ---------- -------------- ----------
    7782     CLARK      09-6月 -81          10
    7839     KING       17-11月-81          10
    7934     MILLER     23-1月 -82          10
```

上述查询结果表示，通过使用 WHERE 子句筛选出 emp 中所有部门编号为 10 的员工信息。

1. WHERE 子句中的运算符

在 WHERE 子句中，可以使用各种算术或逻辑运算符实现条件限制。常用的算术运算符即加、减、乘、除 4 种运算符：+、−、*、/。常用的逻辑运算符包括：与(AND)、或(OR)、非(NOT)。

> 在一个 WHERE 子句中，可以指定多个条件，条件之间需要使用 AND 或 OR 关键字进行连接，例如 WHERE e.empno >= 7900 AND e.deptno < 30。

【例 4.4】在 SCOTT 用户的 EMP 表中，查询年薪大于 20000 元且小于 40000 元的员工信息。相关命令及执行结果如下：

```
SQL> SELECT empno "员工编号" , ename "员工姓名" , sal*12 "年薪"
  2  FROM scott.emp
  3* WHERE sal*12>20000 and sal*12<40000;
   员工编号     员工姓名        年薪
---------- ---------- ----------
    7566     JONES      35700
    7698     BLAKE      34200
    7782     CLARK      29400
    7788     SCOTT      36000
    7902     FORD       36000
```

在上面的查询中，不仅在 WHERE 子句中使用运算符进行限制，在 SELECT 子句对选择的列也进行了运算。从这个示例就可以看出，SELECT 语句的用法是多么灵活。

2．BETWEEN 操作符

在 WHERE 子句中还可以使用 BETWEEN 操作符，它用来检索列值包含在指定区间内的数据行。这个区间是闭区间，这就意味着包含区间的两个边界值。

【例 4.5】使用 BETWEEN 操作符，从 scott 用户的 emp 表中，检索 empno 列的值在7800 和 7900 之间的记录。相关命令及执行结果如下：

```
SQL> SELECT * FROM scott.emp
  2  WHERE empno BETWEEN 7800 AND 7900 ;

EMPNO   ENAME     JOB         MGR     HIREDATE       SAL      COMM     DEPTNO
-----   -----     --------    -----   ----------     ------   ------   -----
7839    KING      PRESIDENT           17-11 月-81    5000               10
7844    TURNER    SALESMAN    7898    08-9 月 -81    1500     0         30
7876    ADAMS     CLERK       7988    23-5 月 -87    1100               20
7900    JAMES     CLERK       7898    03-12 月-81    950                30
```

使用 NOT BETWEEN 操作符，可以检索未被上述语句检索到的数据行。相关命令如下：

```
SQL> SELECT * FROM scott.emp
  2  WHERE empno NOT BETWEEN 7800 AND 7900 ;
```

3．LIKE 操作符

使用 LIKE 操作符可以实现模糊查询，即只要某一列中的字符串匹配指定的模式即可。所匹配的模式可以使用普通字符和下面两个通配符的组合指定。

● 下划线字符(_)：匹配指定位置的一个字符。
● 百分号字符(%)：匹配从指定位置开始的任意多个字符。

如果需要对一个字符串中的下划线和百分号字符进行文本匹配，可以使用 ESCAPE 选项标识这些字符。ESCAPE 后面指定一个字符，该字符用来告诉数据库，在字符串中该指定字符后面的字符表示要搜索的内容，从而区分要搜索的字符和通配符。例如：

```
'%\%%' ESCAPE '\'
```

其中，在 ESCAPE 后面指定反斜杠(\)字符，那么在前面的字符串"'%\%%'"中，反斜杠后面的字符(也就是第二个%)表示要搜索的实际字符。第一个%是通配符，第 3 个%也是通配符，可以匹配任意多个字符。所以，字符串"'%\%%'"用于匹配任意包含百分号(%)的字符串。

【例 4.6】使用 LIKE 操作符进行模糊查询，查询所有以 B 开头的员工信息。相关命令及执行结果如下：

```
SQL> SELECT empno,ename FROM scott.emp
  2  WHERE ename LIKE 'B%';

  EMPNO      ENAME
---------- ----------
   7698     BLAKE
```

匹配模式"B %"表示：ename 列的值中，第一个字符必须是字符 B，第二个字符后面的内容可以是任意内容。根据这个匹配模式，获得 ename 列的值为 BLAKE 的员工信息。

4. IN 操作符

在 WHERE 子句中使用 IN 操作符，可以检索某列的值在某个列表中的数据行。

【例 4.7】对 scott 用户的 emp 表进行检索。在 WHERE 子句中使用 IN 操作符，检索 empno 列的值为 7788、7800 或 7900 的记录。相关命令及执行结果如下：

```
SQL> SELECT * FROM scott.emp
  2  WHERE empno IN(7788,7800,7900);

EMPNO  ENAME     JOB        MGR    HIREDATE     SAL     DEPTNO
-----  --------  --------   -----  ----------   ------  -----
7788   SCOTT     ANALYST    7766   19-4 月 -87   3000    20
7900   JAMES     CLERK      7898   03-12 月-81   950     30
```

4.2.3　ORDER BY 子句

在前面检索的数据中，数据的顺序是按照存储在表中的物理顺序显示的。这种物理顺序通常是比较混乱的。如果希望对显示的数据进行排序，可以使用 ORDER BY 子句。通过使用 ORDER BY 子句，可以强制对查询结果进行升序或者降序排列。

在排序过程中，可以同时对多个列指定排序规则，多个列之间使用逗号(,)隔开。如果使用多个列进行排序，那么列之间的顺序非常重要，因为系统首先按照第一个列的值进行排序，当第一个列的值相同时，再按照第二个列的值进行排序，以此类推。

【例 4.8】使用 ORDER BY 子句对部门编号进行排序，使得同一部门的员工信息集中显示。相关命令及执行结果如下：

```
SQL>  SELECT empno "员工编号",ename "员工姓名",deptno "所属部门"
  2  FROM scott.emp
  3  ORDER BY deptno

员工编号      员工姓名      所属部门
----------  ----------  ----------
    7782    CLARK           10
    7839    KING            10
    7934    MILLER          10
    7566    JONES           20
    7902    FORD            20
    7876    ADAMS           20
    7900    JAMES           30
    7698    BLAKE           30
    7654    MARTIN          30
```

已选择 14 行。

4.2.4　DISTINCT 关键字

DISTINCT 关键字用来限定在检索结果中显示不重复的数据，对于重复值只显示其中一个。如果不指定 DISTINCT 关键字，默认显示所有的列，即默认使用 ALL 关键字。

【例 4.9】查询 scott 用户的 emp 表，获取其中有多少 job，如果不使用 DISTINCT 关键字，那么查询如下：

```
SQL> SELECT job
  2  FROM scott.emp;

JOB
---------
CLERK
SALESMAN
SALESMAN
MANAGER
SALESMAN
MANAGER
MANAGER
ANALYST
PRESIDENT
SALESMAN
CLERK
CLERK
ANALYST
CLERK
```

已选择 14 行。

从查询结果可以看出，重复的 JOB 也显示在结果中。如何过滤掉重复的数据呢？答案就是使用 DISTINCT 关键字。相关命令及执行结果如下：

```
SQL>SELECT DISTINCT job
  2  FROM scott.emp;

JOB
---------
CLERK
SALESMAN
PRESIDENT
MANAGER
ANALYST
```

在 DISTINCT 关键字后只有一行，使得该列没有重复的结果。如果在 DISTINCT 关键字后使用多列，则可以保证这些列的组合没有重复的结果。

【例 4.10】查询各部门提供的职位数量。相关命令及执行结果如下：

```
SQL> SELECT DISTINCT deptno,job
  2  FROM scott.emp
  3  ORDER BY deptno;
```

```
    DEPTNO  JOB
---------- ----------
        10  CLERK
        10  MANAGER
        10  PRESIDENT
        20  ANALYST
        20  CLERK
        20  MANAGER
        30  CLERK
        30  MANAGER
        30  SALESMAN
```

已选择 9 行。

4.3 使 用 函 数

为了方便数据库的操作，Oracle 提供了大量函数。主要包括字符串函数、数字函数、日期函数、转换函数。另外还有一些聚合函数，如 SUM 函数和 AVG 函数等。通过使用这些函数，可以大大增强 SELECT 语句操作数据库数据的功能。

4.3.1 字符串函数

字符串函数是 Oracle 系统中比较常用的一种函数。在使用字符串函数时，可以接受字符参数，这些字符可以是一个任意有效的表达式，也可以来自表中的一列。然后字符串函数会按照某种方式处理输入参数，并返回一个结果。

表 4-1 列出了常用的一些字符串函数。

表 4-1 常用的字符串函数

函 数	说 明
ASCII(string)	返回给定 ASCII 字符 string 的十进制值
CHR(integer)	返回给定整数 integer 所对应的 ASCII 字符
COUNT(string)	获得字符串 string 的个数
CONCAT(string1 , string2)	连接字符串 string1 和字符串 string2
INITCAP(string)	将字符串 string 的第一个字母变为大写，其余字母不变
INSTR(string1 , string2[, start][, occurrence])	在 string1 中查找字符串 string2，然后返回 string2 所在的位置。可以使用一个可选的 start 参数，表示从 start 位置开始查找；使用可选参数 occurrence，用来表示返回 string2 第几次出现的位置
NVL(string , value)	如果 string 为空，就返回 value；否则返回 string
NVL2(string , value1 , value2)	如果 string 为空，就返回 value1；否则返回 value2
LOWER(string)	将字符串 string 的全部字母转换为小写
UPPER(string)	将字符串 string 的全部字母转换为大写

函　数	说　明
LPAD(string , count [, char])	使用指定的字符 char 在字符串 string 的左边填充。其中 string 为被操作的字符串，count 为填充的字符总数，char 为可选项，表示要填充的字符，默认为空格
RPAD(string , start [, char])	使用指定的字符在字符串 string 的右边填充。各参数的意义同 LPAD
LTRIM(string [, char])	删除字符串 string 中左边出现的字符 char，char 的默认值为空格
RTRIM(string [, char])	删除字符串 string 中右边出现的字符 char，char 的默认值为空格
REPLACE(string , char1[, char2])	替换字符串。其中 string 表示被操作的字符串，char1 表示要查找的字符，char2 表示要替换的字符。如果没有指定 char2，则要替换的字符默认为空字符串，即每查找到指定的字符串时，删除该字符串
SUBSTR(string , start [, count])	获取源字符串 string 的子串，其中 string 为源字符串；start 表示输出的子字符串的第一个字符在源字符串中的位置；count 表示输出的子字符串的字符数目
LENGTH(string)	返回字符串参数 string 的长度

【例 4.11】使用 ASCII 函数，获取指定字符的十进制值；使用 CHR 函数，获取数字的对应字符。相关命令及执行结果如下：

```
SQL> SELECT ASCII('A') , CHR(65)
  2  FROM dual ;

ASCII('A')    CHR(65)
----------    --------
      65      A
```

【例 4.12】使用 SUBSTR 函数，对 scott.emp 表中的 hiredate 列进行操作，取出该列中的年份信息，并将得到的年份信息显示在 year 列中。相关命令及执行结果如下：

```
SQL> SELECT empno , ename , hiredate , SUBSTR(hiredate,8,2) AS year
  2  FROM scott.emp ORDER BY year ASC ;

    EMPNO  ENAME      HIREDATE        YEAR
----------  ---------  -------------   ------
      7369  SMITH      17-12 月-80      80
      7521  WARD       22-2 月 -81      81
...
      7788  SCOTT      19-4 月 -87      87
```

已选择 14 行。

【例 4.13】使用 NVL2 函数，检索 scott 用户的 emp 表，如果 deptno 列的值为空，则使用 40 替换空值；如果该列的值不为空，则返回该列的值。相关命令及执行结果如下：

```
SQL> SELECT empno , ename , deptno , NVL2(deptno , deptno , 40)
```

```
  2  FROM scott.emp;

    EMPNO  ENAME              DEPTNO    NVL2(DEPTNO,DEPTNO,40)
  --------  ----------       ----------  ----------------------
     7935  SCO%FIELD                    40
     7936  Candy                        40
     7369  SMITH             20          20
     7499  ALLEN             30          30
...
```

已选择 16 行。

4.3.2 数字函数

当检索的数据为数字数据类型时，可以使用数字函数进行数学计算。Oracle 系统所支持的数字函数如表 4-2 所示。

表 4-2 常用的数字函数

函　数	说　明
ABS(value)	获取 value 数值的绝对值
CEIL(value)	返回大于或等于 value 的最小整数值
FLOOR(value)	返回小于或等于 value 的最大整数值
SIN(value)	获取 value 的正弦值
COS(value)	获取 value 的余弦值
ASIN(value)	获取 value 的反正弦值
ACOS(value)	获取 value 的反余弦值
SINH(value)	获取 value 的双曲正弦值
COSH(value)	获取 value 的双曲余弦值
EXP(value)	返回以 e 为底的 value 的指数值，其中 e 约等于 2.71828183
LN(value)	返回 value 的自然对数
LOG(value)	返回 value 的以 10 为底的对数
POWER(value , exponent)	返回 value 的 exponent 的指数值
ROUND(value , precision)	对 value 按 precision 精度四舍五入
MOD(value , divisor)	取余
SQRT(value)	返回 value 的平方根。如果 value 为负数，那么该函数无意义
TRUNC(value1[, value2])	返回对 value1 截断的结果，value2 为可选参数，表示对第几位小数截断。如果不指定 value2，则从 value1 的 0 位小数处截断；如果 value2 为负数，则对 value1 在小数点左边的第|value|位处截断。例如 TRUNC(5.77) = 5 ；TRUNC(5.77 , 1) = 5.7 ；TRUNC(5.77 , -1) = 0

【例 4.14】使用 ROUND 函数，按精度要求对数字进行四舍五入。相关命令及执行结果如下：

```
SQL> SELECT ROUND(3.1415926,2)
  2  FROM dual;

ROUND(3.1415926,2)
------------------------------
              3.14
```

【例 4.15】使用 MOD 函数对数字进行求余运算。相关命令及执行结果如下：

```
SQL> SELECT MOD(81,3)
  2  FROM dual;

 MOD(81,3)
---------------
         0
```

该示例用 81 除以 3，商为 27，余数是 0。

4.3.3   日期时间函数

在 Oracle 系统中，默认的日期格式为 DD-MON-YY。为了便于对日期时间数据进行操作，Oracle 提供了如表 4-3 所示的一些常用的日期函数。

表 4-3   常用的日期函数

函　数	说　明
SYSDATE()	获取系统当前的日期值
CURRENT_TIMESTAMP()	获取当前的日期和时间值
ADD_MONTHS(date , count)	在指定的日期 date 上增加 count 个月
LAST_DAY(date)	返回日期 date 所在月的最后一天
MONTHS_BETWEEN(date1 , date2)	返回 date1 和 date2 间隔多少个月
NEW_TIME(date , 'this' , 'other')	将时间从 this 时区转变为 other 时区
NEXT_DAY(date , 'day')	返回指定日期之后下一个星期几的日期。这里的 day 表示星期几
GREATEST(date1 , date2 , …)	从日期列表中选出最早的日期

【例 4.16】使用函数 SYSDATE 和 CURRENT_TIMESTAMP，分别获得系统当前日期，以及系统当前时间和日期值。相关命令及执行结果如下：

```
SQL> SELECT SYSDATE , CURRENT_TIMESTAMP FROM dual ;

SYSDATE                         CURRENT_TIMESTAMP
--------------    -------------------------------------------------
21-3 月 -17        21-3 月 -17 11.30.04.113000 上午 +08:00
```

由于函数 SYSDATE 和 CURRENT_TIMESTAMP 都不带有任何参数，所以在使用时省略其括号。如果带有括号，则会出现错误。

当一个日期函数和一个数字进行算术运算后，可以得到一个日期值，如例 4.17 所示。

【例 4.17】日期函数的算术运算。相关命令及执行结果如下：

```
SQL> SELECT SYSDATE+7
  2  FROM dual;

SYSDATE+7
--------------
28-3 月 -17
```

【例 4.18】两个日期数据相减，会得到一个数字型数据，即两个日期之间间隔的天数。相关命令及某时刻执行情况如下：

```
SQL>1  SELECT SYSDATE-to_date('21-3 月-16')
  2  FROM dual;

SYSDATE-TO_DATE('21-3 月-16')
--------------------------------------------
               365.488275
```

函数 to_date()的功能是将字符型数据转换为日期数据。

【例 4.19】使用 MONTHS_BETWEEN()函数，计算当前日期与一个指定日期之间间隔的月份数。相关命令及执行结果如下：

```
SQL> SELECT MONTHS_BETWEEN('06-5 月-16','06-3 月-17')
  2* FROM dual

MONTHS_BETWEEN('06-5 月-16','06-3 月-17')
------------------------------------
                  -10
```

4.3.4 转换函数

在执行运算时，经常需要将一种数据类型转换为另一种数据类型，这种转换可以是隐式转换，也可以是显式转换。隐式转换是在运算的过程中，由系统自动完成的，不需要用户考虑，如字符串 1(即'1')可以被隐式转换为数字 1。而显式转换则需要调用相应的转换函数来实现。例如，使用 TO_DATE()函数，将字符串类型转换成日期类型。

常用的转换函数如表 4-4 所示。

表 4-4 常用的转换函数

函 数	说 明
CAST(value AS type)	将 value 转换为 type 所指定的兼容数据类型
CONVERT(value, source_char_set, dest_char_set)	将 value 从源字符集 source_char_set 转换为结果字符集 dest_char_set
DECODE(value, search, result, default)	将 value 与 search 相比较，如果相等，该函数返回 result 值，否则返回 default 值
BIN_TO_NUM(value)	将二进制数字 value 转换为 number 类型
TO_NCHAR(value)	将数据库字符集中的 value 转换为 NVARCHAR2 字符串

函　　数	说　　明
TO_TIMESTAMP(value)	将字符串 value 转换为一个 TIMESTAMP 类型
TO_CHAR(value[, format])	将 value 转换为一个 VARCHAR2 字符串。可以指定一个可选参数 format 来说明 value 的格式
TO_NUMBER(value[, format])	将数字字符串 value 转化成数字数据
TO_DATE(string , 'format')	按照指定的格式 format，把字符串转换成日期数据。如果省略了 format 格式，则默认的日期格式为 DD-MON-YY

在使用 TO_CHAR()函数将时间值转换为字符串时，设置的参数会对字符串的返回结果格式产生影响。TO_CHAR()函数可以设置的参数如表 4-5 所示。

表 4-5　时间格式化参数

类　　别	参　　数	说　　明
世纪	CC	两位的世纪表示。如 21
	SCC	两位的世纪表示，如果是公元前则有一个负号(-)。如-10
季度	Q	一位的季度。如 1
年份	YYYY	完整的 4 位年份。如 2009
	YY	年份的最后两位数字。如 09
	YEAR	年份全拼，全部大写。如 TWO THOUSAND NINE
月	MM	两位的月份。如 01
	MONTH	月份的全拼。右端补齐空格，总长 9 个字符。如 JANUARY
	MON	月份的前 3 个字母。如 JAN
周	WW	本年份中的第几周。如 32
日	DDD	本年中的第几天，3 位数字。如 100
	DD	本年中的第几天，两位数字。如 50
	D	本年中的第几天，一位数字。如 9
	DAY	周几的全拼或文本形式。如 MONDAY、星期一
	DY	周几的前 3 个字母。如 MON
时	HH24	24 小时格式的小时数，两位数字。如 23
	HH	12 小时格式的小时数，两位数字。如 11
分	MI	两位的分钟数。如 55
秒	SS	两位的秒数。如 30
	MS	毫秒数。如 100
后缀	AM 或 PM	设置后缀为 AM(上午)或 PM(下午)
	A.M.或 P.M.	设置后缀为 A.M.或 P.M.

【例 4.20】使用 TO_CHAR()函数格式化显示日期。相关命令及执行结果如下：

```
SQL>  SELECT empno, ename,to_char(hiredate,'YYYY-MM-DD')  "HIREDATE"
  2* FROM emp;

    EMPNO      ENAME      HIREDATE
---------- ---------- ----------
     7369      SMITH      1980-12-17
     7499      ALLEN      1981-02-20
     7521      WARD       1981-02-22
     7566      JONES      1981-04-02
     7654      MARTIN     1981-09-28
     7698      BLAKE      1981-05-01

      7934 MILLER      1982-01-23
```

已选择 14 行。

【例 4.21】使用 CAST()函数，将字符串类型转换为 NUMBER 类型，对获得的两个转换结果进行求和运算。相关命令及执行结果如下：

```
SQL> SELECT CAST('12.345' AS NUMBER(10,2)) +
  2  CAST('12.345' AS NUMBER(10,2))
  3  FROM dual;

CAST('12.345'ASNUMBER(10,2))+CAST('12.345'ASNUMBER(10,2))
---------------------------------------------------------
                                                     24.7
```

从输出结果可以看出，字符串 12.345 被转换为数字 12.345，转换的过程中要求小数点后保留两位，12.345 经过四舍五入之后就是 12.35。两个 12.35 相加得到 24.7。

4.3.5 聚合函数

检索数据不仅仅是把现有的数据简单地从表中取出来，很多情况下，还需要对数据执行各种统计计算。在 Oracle 数据库中，执行统计计算需要使用聚合函数。常做的统计计算有：求平均值、求和、求最大值、求取最小值、求取数量等，与这些计算相对应的聚合函数如表 4-6 所示。

表 4-6 常用的聚合函数

函　　数	说　　明
AVG(x)	返回对一个数字列或计算列求取的平均值
SUM(x)	返回对一个数字列或计算列的汇总和
MAX(x)	返回一个数字列或计算列中的最大值
MIN(x)	返回一个数字列或计算列中的最小值
COUNT(x)	返回记录的统计数量
MEDIA(x)	返回 x 的中间值
VARIANCE(x)	返回 x 的方差
STDDEV(x)	返回 x 的标准差

注意 SELECT 语句的执行有特定的次序，首先执行 FROM 子句，然后是 WHERE 子句，最后才是 SELECT 子句。因此，在 SELECT 子句中使用 COUNT 等聚合函数时，统计的数据将是满足 WHERE 子句的记录。

【例 4.22】使用 AVG 和 SUM 函数查询 scott 用户的 emp 表，统计员工的平均工资和所有员工的工资总和。相关命令及执行结果如下：

```
SQL> SELECT AVG(sal) "平均工资" ,SUM(sal) "总工资"
  2* FROM emp

平均工资    总工资
---------- ----------
2073.21429    29025
```

【例 4.23】使用 COUNT 函数统计当前的员工人数，以及使用 MAX 统计雇佣员工的最早雇佣日期。相关命令及执行结果如下：

```
SQL>SELECT COUNT (*) "总人数" ,MAX(hiredate) "最近日期"
  2* FROM emp

总人数      最近日期        最早日期
---------- -------------- --------------
    14    23-5 月 -87    17-12 月-80
```

4.3.6　GROUP BY 子句

在前面的操作中，都是对表中的所有数据进行操作。在有些情况下，需要把一个表中的行分为多个组，然后将这个组作为一个整体，获得该组的一些信息。例如，前面使用 AVG 和 SUM 函数查询员工的平均工资和总工资，如果现在需要获取各部门的平均工资和总工资，又该如何计算呢？此时，就需要使用 GROUP BY 子句对表中的数据进行分组。

【例 4.24】查询 scott 用户的 emp 表中每个部门的员工人平均工资和总工资。相关命令及执行结果如下：

```
SQL> SELECT deptno AS "部门编号" , COUNT(*) AS "员工人数"
  2  FROM emp GROUP BY deptno;

部门编号    员工人数
---------- ----------
    30        6
    20        5
    10        3
```

使用 GROUP BY 子句，可以根据表中的某一列或某几列对表中的数据行进行分组，多个列之间使用逗号 "," 隔开。如果根据多个列进行分组，Oracle 会首先根据第一列进行分组，然后在分出来的组中再按照第二列进行分组，以此类推。

【例 4.25】使用 GROUP BY 子句，在 SELECT 子句中添加 job 列的查询，但是在 GROUP BY 子句中并没有包含该列，那么执行该语句时，将出现错误。执行情况如下：

```
SQL> SELECT deptno AS "部门编号" , COUNT(*) AS "员工人数" ,job AS "职位"
  2  FROM scott.emp GROUP BY deptno ;
SELECT deptno AS "部门编号" , COUNT(*) AS "员工人数" ,job AS "职位"
                                                          *
```

第 1 行出现错误:
ORA-00979: 不是 GROUP BY 表达式

下面在 GROUP BY 子句中添加 job 列，表示根据 deptno 列和 job 列进行分组。执行该语句，将会显示分组结果。相关命令及执行结果如下：

```
SQL> SELECT deptno AS "部门编号" , COUNT(*) AS "员工人数" , job AS "职位"
  2  FROM scott.emp
  3  GROUP BY deptno , job
  4  ORDER BY deptno;
```

部门编号	员工人数	职位
10	1	CLERK
10	1	MANAGER
10	1	PRESIDENT
20	2	ANALYST
20	2	CLERK
20	1	MANAGER
30	1	CLERK
30	1	MANAGER
30	4	SALESMAN

已选择 9 行。

在上述查询语句中，为了让查询结果显示得更清晰，这里使用 ORDER BY 子句对 deptno 列进行了排序。从结果中可以看出，当对 deptno 列和 job 列进行分组后，Oracle 首先按照 deptno 将数据分成三大组，然后再按照 job 列将这三大组细分成不同的小组。并且，由于在 GROUP BY 子句中使用了 job 列，所以在 SELECT 子句中允许出现 job 列。

4.3.7 HAVING 子句

HAVING 子句通常与 GROUP BY 子句一起使用，在完成对分组结果的统计后，可以使用 HAVING 子句对分组的结果进行进一步的筛选。

理解 HAVING 子句的最好方法就是记住 SELECT 语句中的子句的处理次序：WHERE 子句只能接收 FROM 子句输出的数据；而 HAVING 子句则可以接收来自 GROUP BY、WHERE 和 FROM 子句输出的数据。

【例 4.26】查询平均工资大于 2000 的职位信息。相关命令及执行结果如下：

```
SQL>SELECT job,ROUND(AVG(sal),2)
  2  FROM emp
  3  GROUP BY job
  4* HAVING AVG(sal)>2000
```

```
JOB           ROUND(AVG(SAL),2)
---------     -----------------
PRESIDENT                  5000
MANAGER                 2758.33
ANALYST                    3000
```

如果不使用 GROUP BY 子句，那么 HAVING 子句的功能与 WHERE 子句一样，都是定义搜索条件。但是 HAVING 子句的搜索条件与组有关，而不是与单个的行有关。

4.4 数据操纵语言(DML)

DML 表示数据操纵语言，主要用于对数据库表和视图进行操作。在一般的关系数据库系统中，DML 是指 INSERT、UPDATE 及 DELETE 语句等。

4.4.1 INSERT 语句

在 Oracle 数据库中，最常见的添加数据的方法是使用 INSERT 语句。与 SELECT 语句相比，INSERT 语句的语法形式要简单得多。INSERT 语句的语法如下：

```
INSERT INTO table_name [ ( column1_name [ , column2_name ] … ) ]
{ VALUES ( value1 [ , value2 … ] ) | SELECT query … } ;
```

在上述语法格式中，可以向表中一列或多列插入数据。关键字 VALUES 后是插入数据的值，这些值必须与指定的列一一对应。

下面向 scott 用户的 dept 表添加一行数据，即增加一行记录。

【例 4.27】向表 dept 添加数据。首先查看 dept 表中的所有数据，以及各个列的属性。相关命令及执行结果如下：

```
SQL> SELECT *
  2  FROM dept;

    DEPTNO    DNAME           LOC
---------- --------------- -------------
        10    ACCOUNTING      NEW YORK
        20    RESEARCH        DALLAS
        30    SALES           CHICAGO
        40    OPERATIONS      BOSTON

SQL> DESC dept;
 名称                                       是否为空?   类型
 ----------------------------------------- --------   -----------------

 DEPTNO                                     NOT NULL   NUMBER(2)
 DNAME                                                 VARCHAR2(14)
 LOC                                                   VARCHAR2(13)
```

列 deptno 为数字类型，并且不允许空值(NOT NULL)，列 dname 和 loc 为变长的字符串类型，可以为空值。

现在向表中添加一行数据。执行情况如下：

```
SQL> INSERT INTO dept(deptno,dname)
  2* VALUES (50,'Information Center')
VALUES (50,'Information Center')
         *
第 2 行出现错误：
ORA-12899: 列 "SCOTT"."DEPT"."DNAME" 的值太大 (实际值: 18, 最大值: 14)
```

从错误提示可知，提供的部门名称不符合列 dname 的要求，因此添加数据失败。修改部门名称后重新添加。具体情况如下：

```
SQL> INSERT INTO dept(deptno,dname)
  2* VALUES (50,'Infor Center')

已创建 1 行。
```

输入提示已经成功创建一行，可以再查询 dept 表验证结果。具体情况如下：

```
SQL> SELECT *
  2  FROM dept;

    DEPTNO     DNAME          LOC
---------- -------------- -------------
        50     Infor Center
        10     ACCOUNTING     NEW YORK
        20     RESEARCH       DALLAS
        30     SALES          CHICAGO
        40     OPERATIONS     BOSTON
```

向 dept 表中添加一行数据时，由于地址 LOC 还没有确定，所以只提供了部门号和部门名称。

如果向表中所有列插入一行数据，也可以不使用列名，但是需要用户清楚地知道该表中的列名和列属性。

【例 4.28】添加数据时省略列名。相关命令及执行结果如下：

```
SQL> INSERT INTO dept
  2* VALUES(60,'MARKETING','DALLAS')

已创建 1 行。

SQL> SELECT * FROM dept;

    DEPTNO     DNAME          LOC
---------- -------------- -------------
        50     Infor Center
        60     MARKETING      DALLAS
```

```
   10      ACCOUNTING    NEW YORK
   20      RESEARCH      DALLAS
   30      SALES         CHICAGO
   40      OPERATIONS    BOSTON
```

已选择 6 行。

在 INSERT 语句中可以使用 SELECT 查询语句，实现将查询结果批量添加到表中。

【例 4.29】创建一个销售员工表 sales_table，其结构与 emp 表一致，那么可以使用如下语句向 sales_table 表中一次插入多行数据。相关命令及执行结果如下：

```
SQL> CREATE TABLE sales_emp(
  2  EMPNO NUMBER(4),
  3  ENAME  VARCHAR2(10),
  4  JOB  VARCHAR2(9),
  5  MGR   NUMBER(4),
  6  HIREDATE  DATE,
  7  SAL NUMBER(7,2),
  8  COMM NUMBER(7,2),
  9  DEPTNO NUMBER(2)
 10  );
```

表已创建。

```
SQL> INSERT INTO sales_emp
  2  SELECT * FROM emp
  3  WHERE deptno=30;
```

已创建 6 行。

查询表 sales_table 可发现，该表保存了所有销售部的员工信息。

4.4.2 UPDATE 语句

UPDATE 语句用于更新表中的数据。例如在表 dept 中，先前添加的数据未指定地址，此时就可以使用 UPDATE 语句添加地址更新该行的记录。一般情况下，UPDATE 语句的语法如下：

```
UPDATE table_name
SET { column1_name = expression [ , column2_name = expression ] … |
( column1_name[ ,column2_name ] … ) = ( SELECT query ) }
[ WHERE condition ] ;
```

语法说明如下。

- table_name：表示需要更新的表名。
- SET：设置需要更新的列及列的新值。可以指定多个列，以便一次修改多个列的值。可以为需要更新的列分别指定一个表达式，表达式的值即为对应列的值。
- SELECT query：与 INSERT 语句中的 SELECT 子查询句一样，在 UPDATE 语句中也可以使用 SELECT 子语句获取相应的更新值。

● WHERE：限定只对满足条件的行进行更新。

【例 4.30】使用 UPDATE 语句更新 dept 表，添加地址信息。相关命令及执行结果如下：

```
SQL>UPDATE dept
  2   SET loc='NEW YORK'
  3   WHERE deptno=50;
```

已更新 1 行。

```
SQL> SELECT * FROM dept;

    DEPTNO      DNAME          LOC
---------- -------------- -------------
        50   Infor Center   NEW YORK
        60   MARKETING      DALLAS
        10   ACCOUNTING     NEW YORK
        20   RESEARCH       DALLAS
        30   SALES          CHICAGO
        40   OPERATIONS     BOSTON
```

已选择 6 行。

在 UPDATE 语句的 SET 子句中，可以使用 SELECT 子查询赋值。

【例 4.31】在 UPDATE 语句中使用 SELECT 子查询。相关命令及执行结果如下：

```
SQL>UPDATE dept
  2   SET LOC=(SELECT LOC FROM DEPT WHERE DEPTNO=20)
  3   WHERE DEPTNO=50;
```

已更新 1 行。

```
SQL> SELECT * FROM dept;

    DEPTNO  DNAME          LOC
---------- -------------- -------------
        50   Infor Center   DALLAS
        60   MARKETING      DALLAS
        10   ACCOUNTING     NEW YORK
        20   RESEARCH       DALLAS
        30   SALES          CHICAGO
        40   OPERATIONS     BOSTON
```

已选择 6 行。

在上述 UPDATE 语句中，将编号 50 部门和编号 20 部门的地址信息修改为同一个地址信息。

4.4.3　DELETE 语句

当不再需要表中的某些数据时，应该及时删除该数据，以释放该数据所占用的空间。在 Oracle 系统中，删除表中的数据可以使用 DELETE 语句。该语句的一般语法如下：

```
DELETE [ FROM ] [ schema. ] table_name [ WHERE condition ] ;
```

其中，DELETE FROM 子句用来指定将要删除数据所在的表；WHERE 子句用来指定将要删除的数据所要满足的条件，可以是表达式或子查询。如果不指定 WHERE 子句，则删除表中所有的行。

使用 DELETE 语句，只是从表中删除数据，不会删除表结构。如果要删除表结构，则应该使用 DROP TABLE 语句。

【例 4.32】删除 dept 表中编号为 60 的记录。相关命令及执行结果如下：

```
SQL> DELETE FROM dept
  2  WHERE deptno=60;

已删除 1 行。

SQL> SELECT * FROM dept;

    DEPTNO    DNAME           LOC
---------- --------------- -------------
        50    Infor Center    DALLAS
        10    ACCOUNTING      NEW YORK
        20    RESEARCH        DALLAS
        30    SALES           CHICAGO
        40    OPERATIONS      BOSTON
```

在数据库管理操作中，经常需要将某个表的所有记录删除而只保留表结构。如果使用 DELETE 语句进行删除，Oracle 系统会自动为该操作分配回滚段，则删除操作需要较长的时间才能完成。为了加快删除操作，可以使用 DDL 语句中的 TRUNCATE 语句，使用该语句可以快速地删除某个表中的所有记录。

4.5　事　务　处　理

事务(Transaction)是数据库领域中一个非常重要的概念。大家每天都会遇到许多现实生活中类似事务的示例，例如使用 ATM 转账，用户 A 向用户 B 转账 1000 元，ATM 就会把这个操作视为一个事务。首先从用户 A 的账户减少 1000 元，然后向用户 B 的账户增加 1000 元。这两个步骤必须都成功，如果有一个步骤失败，则整个过程必须取消。这就是事务的基本概念。

4.5.1　事务的概念和特性

数据库中的事务是工作中的一个逻辑单元，由一个或多个 SQL 语句组成。如果对事务执行提交，则该事务中进行的所有操作均会提交，成为数据库中的永久组成部分。如果事务遇到错误而被取消或回滚，则事务中的所有操作均被清除，数据恢复到事务执行前的状态。也就是说一个事务中的所有 SQL 语句要么全部被执行，要么全部没有执行。

一组 SQL 语句操作要成为事务，数据库管理系统必须保证这组操作符合事务的 4 个特性，具体如下。

1. 原子性(Atomicity)

事务必须是不可分割的原子工作单元；对于事务中的数据修改，要么全都执行，要么全都不执行。

2. 一致性(Consistency)

事务在完成时，必须使所有的数据都保持一致。例如，要删除 scott 用户中部门表 detp 中的一条记录，如果员工表 emp 中存有属于该部门的员工信息，那么数据库就应该拒绝这样的操作。

3. 隔离性(Isolation)

多个用户同时访问数据库的并发控制。隔离性要求一个事务修改的数据在未提交之前，其他事务看不到该事务所做的修改。

4. 持久性(Durability)

事务完成之后，它对于系统的影响是永久性的。在 Oracle 数据库中，提交后的数据会被立即写入数据文件。

上述这 4 个特性就是事务所具有的 ACID 特性。

4.5.2　事务处理

在 Oracle 数据库中，没有提供开始事务处理语句，所有的事务都是隐式开始的。Oracle

认为第一条修改数据库的语句，或者一些要求事务处理的场合都是事务隐式的开始。当用户需要终止一个事务处理时，必须显式地执行 COMMIT 语句或 ROLLBACK 语句表示提交事务或回滚事务。

1. 提交事务

提交事务就是表示该事务中对数据库所做的全部操作都将永久地记录在数据库中。提交事务时使用 COMMIT 语句，以标志一个成功的隐式事务或显式事务的结束。

【例 4.33】事务控制语句 COMMIT。首先查看表 emp 的内容。相关命令及执行结果如下：

```
SQL> SELECT empno,ename
  2 FROM EMP;

    EMPNO    ENAME
---------- ----------
     7369    SMITH
     7499    ALLEN
     7521    WARD
     7566    JONES
     7654    MARTIN

     7698    BLAKE
     7934    MILLER
```

已选择 14 行。

接下来我们开始一个事务，该事务的作用是删除编号 7369 的员工信息。相关命令及执行结果如下：

```
SQL> DELETE FROM emp
  2 WHERE empno=7369;
```

已删除 1 行。

此时，虽然提示已经删除了该记录，但是我们没有显式或隐式提交该事务。因此，其他用户不会看到该事务所做的修改，即其他用户仍然会看到编号 7369 的员工信息。启动另一个 SQL*Plus，以 system 用户登录数据库并查看 emp 表。相关命令及执行结果如下：

```
SQL> SELECT empno,ename
  2 FROM scott.emp;

    EMPNO    ENAME
---------- ----------
     7369    SMITH
```

可以看到，用户 system 仍然可以看到编号 7369 的员工信息。这也是 Oracle 实现事务隔离性的体现。现在在 scott 用户下提交事务。

```
SQL> COMMIT;
```

提交完成。

提交完成后，更改后的数据就被永久保存，其他用户就可以看到提交后的数据。

用户通过使用 COMMIT 语句提交事务，完成事务的持久性。在事务提交后 Oracle 会执行如下操作。

(1) 在回退段内的事务表中记录这个事务已经提交，并且生成一个唯一的系统改变号(SCN)，并将该 SCN 值保存到事务表中，用于唯一标识这个事务。

(2) 启动 LGWR 后台进程，将 SGA 区中缓存的重做记录写入到联机重做日志文件中，并且将该事务的 SCN 值也保存到日志文件中。

(3) Oracle 服务器进程释放事务处理所使用的资源。

(4) 通知用户事务已经成功提交。

Oracle 提供了一种自动提交机制，这样当用户执行另一个 DML 操作，如 UPDATE、DELETE 操作时，前面的事务就会自动提交。设置自动提交的方式如下：

```
SQL> SET AUTOCOMMIT ON;
SQL> SET AUTOCOMMIT OFF;
```

2. 回滚事务

回滚一个事务也就意味着该事务中对数据库进行的全部操作都将被取消。对事务执行回滚操作时使用 ROLLBACK 语句，表示将事务回滚到事务的起点或事务内的某个保存点。回滚整个事务，Oracle 将会执行如下操作。

(1) Oracle 通过回退段中的数据撤销事务中所有的 SQL 语句对数据库所做的任何操作。

(2) Oracle 服务器进程释放事务所使用的资源。

(3) 通知用户事务回滚成功。

【例 4.34】回滚事务控制语句 ROLLBACK。相关命令及执行结果如下：

```
SQL> INSERT INTO emp(empno,ename)
  2  VALUES(8000,'JACK');
```

已创建 1 行。

此时显示已经成功插入一行记录，查看也可以看到该行记录。如果此时用户要撤销刚才的操作，则可以直接输入 ROLLBACK 命令取消刚才的事务。

```
SQL> ROLLBACK;
```

回退已完成。

提示回退完成后，我们查看 emp 表，应该看不到新添加的记录，说明事务回退成功。

3. 保存点

在事务的处理过程中，如果发生了错误并且使用 ROLLBACK 进行了回滚，则在整个事务处理中对数据所做的修改都将被撤销。在一个庞大的事务中，这种操作将会浪费大量的资源，为此可以为该事务建立一个或多个保存点。使用保存点可以让用户将一个规模比较大的事务分割成一系列较小的部分。当回滚事务时，就可以回滚到指定的保存点。

在事务中建立保存点的方法非常简单，语法如下：

```
SAVEPOINT [ savepoint_name ];
```

其中，savepoint_name 表示为保存点指定一个名称。

在回滚事务时，如果没有为保存点指定名称，则回滚到上一个保存点。

4.6 习   题

一、填空题

1. 如果需要在 SELECT 子句中包括一个表的所有列，可以使用符号_____。

2. WHERE 子句可以接收 FROM 子句输出的数据；而 HAVING 子句可以接收来自 FROM、_____或_____子句输出的数据。

3. 在 SELECT 语句中，分组条件的子句是_____，对显示的数据进行排序的子句_____。

4. 在 DML 语句中，INSERT 语句可以实现插入记录，_____语句可以实现更新记录，_____语句可以实现删除记录。

5. 在 ORDER BY 子句中，_____关键字表示升序排列，_____关键字表示降序排列。

6. 如果定义与组有关的搜索条件，可以把_____子句添加到 SELECT 语句中。

7. 当进行模糊查询时，应使用关键字_____和通配符_____或百分号"%"。

二、选择题

1. 为了去除结果集中重复的行，可在 SELECT 语句中使用关键字(   )。
   A. ALL   B. DISTINCT   C. SPOOL   D. HAVING

2. 下列哪个关键字或子句用来限定查询结果集中的行？(   )
   A. SELECT   B. WHERE   C. UPDATE   D. INSERT

3. GROUP BY 子句作用是(   )。
   A. 查询结果的分组条件   B. 组的筛选条件
   C. 限定返回行的判断条件   D. 对结果集进行排序

4. HAVING 子句的作用是(   )。
   A. 查询结果的分组条件   B. 组的筛选条件
   C. 限定返回行的判断条件   D. 对结果集进行排序

5. (   )子句实现对一个结果集的分组和汇总。
   A. HAVING   B. ORDER BY   C. WHERE   D. GROUP BY

6. 查询一个表的总记录数，可以采用的统计函数是(   )。
   A. AVG(*)   B. SUM(*)   C. COUNT(*)   D. MAX(*)

7. 下列哪个聚合函数可以把一个列中的所有值相加求和？(   )
   A. MAX 函数   B. MIN 函数   C. COUNT 函数   D. SUM 函数

三、简答题

1. 如何使用 SELECT 语句统计 EMP 表中各部门的人数?
2. 列举几个在 WHERE 条件中可以使用的操作符。
3. 如果要按照降序对数据进行排序,应该在 ORDER BY 子句中使用哪个关键字?
4. 如何统计各部门的平均工资?

第5章 多表查询

本章导读

在检索数据库时，为了获取完整的信息，经常需要将多个表连接起来进行查询。多表查询主要有子查询、连接查询和集合查询等形式。其中子查询可以实现从另外一个表获取数据，从而限制当前查询语句的返回结果；连接查询可以指定多个表的连接方式；集合查询可以将两个或者多个查询返回的行组合起来。本章介绍子查询的不同实现方式，多个表的简单连接，连接查询的不同实现方式，以及集合查询的有关内容。

学习目标

- 掌握在 WHERE 子句中使用子查询。
- 掌握在 HAVING 子句中使用子查询。
- 熟练掌握使用 IN、ANY 和 ALL 操作符实现子查询。
- 熟练掌握关联子查询。
- 熟练掌握嵌套子查询。
- 掌握简单连接。
- 熟练掌握多个表之间的内连接。
- 熟练掌握多个表之间的外连接。
- 了解多个表之间的交叉连接。
- 掌握使用集合操作符实现集合查询。

5.1 子 查 询

在外部的 SELECT、UPDATE 或 DELETE 语句内部使用 SELECT 语句，这个内部 SELECT 语句称为子查询。子查询的主要作用是其查询结果作为外部主查询的查找条件。

按照返回的查询结果行数划分，可以把子查询分为两种类型：单行子查询和多行子查询。

(1) 单行子查询。向外部的 SQL 语句只返回一行数据，或者不返回任何内容。单行子查询可以放到 SELECT 语句的 WHERE 子句和 HAVING 子句中。

(2) 多行子查询。向外部的 SQL 语句返回多行。要处理返回多行记录的子查询，外部查询需要使用多行操作符。常用的多行操作符包括：ALL、ANY、IN、EXISTS 等。

5.1.1 在 WHERE 子句中使用子查询

在 SELECT 语句的 WHERE 子句中可以使用子查询，表示将子查询返回的结果作为外部的 WHERE 条件。

【例 5.1】查询 scott 用户的 emp 表中的数据，获取销售部的所有员工信息。相关命令及执行结果如下：

```
SQL>SELECT empno,ename,job,sal
  2  FROM emp
  3  WHERE deptno=(SELECT deptno FROM dept WHERE dname='SALES');

    EMPNO    ENAME      JOB            SAL
---------- ---------- ---------- ----------
      7499 ALLEN      SALESMAN       1600
      7521 WARD       SALESMAN       1250
      7654 MARTIN     SALESMAN       1250
      7698 BLAKE      MANAGER        2850
      7844 TURNER     SALESMAN       1500
      7900 JAMES      CLERK           950
```

已选择 6 行。

上述语句通过子查询获得销售部的编号，然后根据该部门编号查询该部门中所有员工的部分信息。上述语句相当于先执行如下语句：

```
SQL>SELECT deptno FROM dept WHERE dname='SALES';

    DEPTNO
----------
        30
```

然后执行如下语句：

```
SQL> SELECT empno , ename , sal  FROM emp
  2  WHERE deptno = 30 ;
```

在子查询的 SELECT 语句中，可以使用 FROM 子句、WHERE 子句、GROUP BY 子句、HAVING 子句等，但是有些情况下不能使用 ORDER BY 子句。例如，在 WHERE 子句中使用子查询时，子查询语句中就不能使用 ORDER BY 子句。

【例 5.2】在子查询语句中使用 ORDER BY 子句，想要将满足条件的数据行按照 deptno 列的值降序排列。相关命令及执行情况如下：

```
SQL> SELECT empno,ename,sal
  2  FROM emp
  3  WHERE deptno in
  4* (SELECT deptno FROM dept WHERE LOC = 'NEW YORK' ORDER BY deptno)
(SELECT deptno FROM dept WHERE LOC = 'NEW YORK' ORDER BY deptno)
                                                     *
第 4 行出现错误：
ORA-00907: 缺失右括号
```

这时，执行结果显示错误信息，表示上述语句的 ORDER BY 子句不符合要求。正确的做法应该是在外部查询语句中使用 ORDER BY 子句。相关命令及执行结果如下：

```
SQL>SELECT empno,ename,sal
  2  FROM emp
  3  WHERE deptno in
  4  (SELECT deptno FROM dept WHERE LOC = 'NEW YORK')
  5  ORDER BY deptno

     EMPNO     ENAME          SAL
---------- ---------- ----------
      7782    CLARK         2450
      7934    MILLER        1300
      7839    KING          5000
...
```

5.1.2   在 HAVING 子句中使用子查询

在 SELECT 语句中使用 HAVING 子句，可以实现对数据进行分组过滤。而在 HAVING 子句中如果使用子查询，那么就可以实现根据子查询返回的结果进行分组过滤。

【例 5.3】对 scott 用户的 emp 表进行查询，获取那些部门平均工资小于全体平均工资的部门。相关命令及执行结果如下：

```
SQL>SELECT deptno , AVG(sal)
  2  FROM emp
  3  GROUP BY deptno
  4  HAVING AVG(sal) <
  5  (SELECT AVG(sal) FROM emp )

    DEPTNO    AVG(SAL)
---------- ----------
        30 1566.66667
```

在上述语句中，子查询使用了聚合函数 AVG，以获得 emp 表中 sal 列的平均值，表示全体员工的平均工资。外部 SELECT 语句也使用了聚合函数 AVG，以获得每个部门员工的平均工资。

上述语句相当于先使用下面的 SELECT 语句获得 emp 表中 sal 列数据的平均值。相关命令及执行结果如下：

```
SQL> SELECT AVG(sal) FROM emp ;

   AVG(SAL)
-----------
  2626.5625
```

然后使用 SELECT … FROM … GROUP BY …语句，根据 deptno 列进行分组，获得每个组的员工平均工资。相关命令及执行结果如下：

```
SQL> SELECT deptno , AVG(sal) FROM emp GROUP BY deptno;

    DEPTNO     AVG(SAL)
---------- ------------
        30   1566.66667
```

```
       20          2645.83333
       10          2916.66667
```

从查询结果中可以看出，在 AVG(sal)列中，只有数据 1566.66667 小于前面的平均值 2626.5625，该数据对应的 deptno 值为 30，这个结果与前面通过在 HAVING 子句中使用子查询所得到的最终结果相同。

5.1.3 使用 IN 操作符处理多行子查询

多行子查询可以向外部的 SQL 语句返回多行记录。要处理返回多行记录的子查询，外部查询需要使用多行操作符。下面介绍多行操作符 IN 的使用方法。

1．使用 IN 操作符

使用 IN 操作符，用来检查在一个值列表中是否包含指定的值。这个值列表可以是子查询的返回结果。

【例 5.4】已经知道部门名称为 sales 和 accounting，现在需要获得属于这两个部门的所有员工信息。相关命令及执行结果如下：

```
SQL> SELECT empno , ename , sal , deptno FROM emp
  2  WHERE deptno IN(
  3      SELECT deptno FROM scott.dept
  4      WHERE dname IN ('ACCOUNTING' , 'SALES'));

    EMPNO ENAME          SAL        DEPTNO
---------- ------------- ------     ----------
     7782 CLARK          2450       10
     7839 KING           5000       10
     7934 MILLER         1300       10
     7521 WARD           1250       30
     7844 TURNER         1500       30
     7499 ALLEN          1600       30
     7900 JAMES          950        30
     7698 BLAKE          2850       30
     7654 MARTIN         1250       30
```

已选择 9 行。

在上述语句中，通过子查询语句获得部门名称为 sales 和 accounting 的部门编号(即 10 和 30)，返回的部门编号将作为外部查询的条件，从而检索部门编号为 10 或 30 的员工信息。

2．使用 NOT IN 操作符

NOT IN 操作符用来检查在一个值列表中是否不包含指定的值，NOT IN 执行的操作正好与 IN 在逻辑上相反。

【例 5.5】使用 NOT IN 操作符，查询不属于 sales 和 accounting 部门的员工信息。相关命令(含语句)及执行结果如下：

```
SQL> SELECT empno , ename , sal , deptno FROM emp
  2  WHERE deptno NOT IN (
  3      SELECT deptno FROM dept
  4      WHERE dname IN ('ACCOUNTING' , 'SALES'));
```

3．常见的操作错误

多行子查询可以返回多行记录，如果接收子查询结果的操作符是单行操作符，那么在执行语句时，可能会出现错误提示。

【例 5.6】使用不当的操作符处理多行子查询。相关命令及执行结果如下：

```
SQL> SELECT empno , ename , sal , deptno FROM emp
  2  WHERE deptno = (
  3      SELECT deptno FROM dept
  4      WHERE dname IN ('ACCOUNTING' , 'SALES'));
SELECT deptno FROM scott.dept
*
第 3 行出现错误:
ORA-01427: 单行子查询返回多个行
```

5.1.4　使用 ANY 操作符处理多行子查询

在进行多行子查询时，操作符 ANY 用来将一个值与一个列表中的所有值进行比较，这个值只需要匹配列表中的一个值即可，然后将满足条件的数据返回。其中，值列表可以是子查询的返回结果。

在使用 ANY 操作符之前，必须使用一个单行操作符，如=、>、<、<=等。

【例 5.7】对 scott 用户的 emp 表进行操作，获得工资大于任意一个部门的平均工资的员工信息。相关命令及执行结果如下：

```
SQL> SELECT empno , ename , sal , deptno FROM emp
  2  WHERE sal > ANY (
  3      SELECT AVG(sal) FROM emp GROUP BY deptno);

    EMPNO ENAME           SAL       DEPTNO
--------- ------------- ------    ----------
     7839 KING           5000       10
     7902 FORD           3000       20
     7788 SCOTT          3000       20
     7566 JONES          2975       20
     7698 BLAKE          2850       30
     7782 CLARK          2450       10
     7499 ALLEN          1600       30

已选择 7 行。
```

上述语句中的子查询返回多行平均工资，作为外部查询的 ANY 操作符的值列表。

5.1.5 使用 ALL 操作符处理多行子查询

在进行多行子查询时，使用 ALL 操作符，用来将一个值与一个列表中的所有值进行比较，这个值需要匹配列表中的所有值，然后将满足条件的数据返回。其中，值列表可以是子查询的返回结果。

与 ANY 操作符类似，在使用 ALL 操作符之前，也必须使用一个单行操作符，如=、>、<、<=等。

【例 5.8】对 scott 用户的 emp 表进行操作，获得工资大于所有部门的平均工资的员工信息。相关命令及执行结果如下：

```
SQL> SELECT empno , ename , sal , deptno FROM scott.emp
  2  WHERE sal > ALL (
  3    SELECT AVG(sal) FROM scott.emp GROUP BY deptno);

    EMPNO    ENAME          SAL    DEPTNO
---------- ------------- ------ ----------
     7839    KING          5000        10
     7902    FORD          3000        20
     7788    SCOTT         3000        20
     7566    JONES         2975        20
```

上述语句中的子查询返回多个部门的平均工资，以作为外部查询的 ALL 操作符的值列表。从前面的查询结果可以知道，部门平均工资分别为 1566.66667、2645.83333 和 2916.66667，所以上述外部查询的条件表示大于这 3 个值的最大值。如果外部 WHERE 条件中的操作符是小于号(<)，则表示小于这 3 个值的最小值。

5.1.6 实现多列子查询

单行子查询是指子查询只返回单行单列数据；多行子查询是指子查询返回多行单列数据，二者都是针对单列而言。所有前面的示例中，子查询都是只返回单个的列。

多列子查询则是指返回多列数据的子查询语句。当多列子查询返回单行数据时，在 WHERE 子句中可以使用单行操作符；返回多行数据时，在 WHERE 子句中必须使用多行操作符。

使用子查询比较多个列的数据时，可以使用下面两种方式。

(1) 成对比较：要求多个列的数据必须同时匹配。

(2) 非成对比较：通过指定连接关键字，如 AND 或 OR 等，指定多个列的数据是否必须同时匹配。如果使用 AND 关键字，表示必须同时匹配，这样就可以实现与成对比较同样的结果；如果使用 OR 关键字，表示不必同时匹配。

【例 5.9】查询 scott 用户的 emp 表，获得每个部门中工资最低的员工信息。相关命令及执行结果如下：

```
SQL> SELECT empno , ename , sal , deptno FROM emp
  2  WHERE (deptno , sal) IN (
```

```
3       SELECT deptno , MIN(sal) FROM  emp GROUP BY deptno ) ;

     EMPNO  ENAME           SAL       DEPTNO
---------- ------------  ------     ----------
      7900  JAMES          950        30
      7369  SMITH          800        20
      7934  MILLER        1300        10
```

【例 5.10】使用非成对比较的方式，并且指定 AND 关键字，获得每个部门中工资最低的员工信息。相关命令及执行结果如下：

```
SQL> SELECT empno,ename,sal,deptno FROM emp
  2  WHERE deptno IN (
  3       SELECT deptno FROM emp)
  4  AND sal IN(
  5       SELECT MIN(sal) FROM emp GROUP BY deptno);

     EMPNO  ENAME           SAL       DEPTNO
---------- ------------  ------     ----------
      7369  SMITH          800        20
      7900  JAMES          950        30
      7934  MILLER        1300        10
```

5.1.7   实现关联子查询

关联子查询会引用外部查询中的一列或多列，这种子查询之所以被称为关联子查询，是因为内部子查询与外部查询语句是相关的。具体实现时，外部查询中的每一行都传递给子查询，子查询依次读取传递过来的每一行的值，并将其应用到子查询上，直到外部查询中的所有行都处理完为止，然后返回子查询的结果。

【例 5.11】使用关联子查询获取工资低于其所在部门平均工资的员工信息。相关命令及执行结果如下：

```
SQL> SELECT empno , ename , sal , deptno FROM  emp outer
  2  WHERE sal < (
  3       SELECT AVG(sal) FROM emp inner
  4       WHERE inner.deptno = outer.deptno );

     EMPNO  ENAME           SAL        DEPTNO
---------- ----------  ----------   ----------
      7499  ALLEN          1600         30
      7566  JONES          2975         20
      7698  BLAKE          2850         30
      7788  SCOTT          3000         20
      7839  KING           5000         10
      7902  FORD           3000         20
```

已选择 6 行。

上述语句的执行过程为：首先从 emp 表中检索所有的行，将这些行分别传递给内部子查询。内部查询依次读取每一行数据,对内部查询中 deptno 列计算每个部门的平均工资,然后将小于该平均工资的员工信息输出。

在上述查询语句中,为 emp 表定义了两个别名,将一个表在逻辑上看作两个表。在外部查询语句中别名为 outer,在子查询语句中别名为 inner,通过这两个别名将外部查询的 deptno 列和内部查询的 deptno 列进行关联。

在关联子查询中可以使用 EXISTS 或 NOT EXISTS 操作符。其中,EXISTS 操作符用于检查子查询所返回的行是否存在,常用于关联子查询,但是它也可以用在非关联查询中。

【例 5.12】检索部门位于纽约的员工信息。相关命令及执行结果如下:

```
SQL>SELECT empno,ename,sal
  2  FROM emp
  3  WHERE EXISTS
  4  (SELECT * FROM dept
  5  WHERE emp.deptno=dept.deptno AND dept.loc='NEW YORK');

    EMPNO ENAME             SAL
---------- ---------- ----------
     7934 MILLER           1300
     7839 KING             5000
     7782 CLARK            2450
```

使用 EXISTS 操作符,只是检查子查询返回的数据是否存在。因此,在子查询语句中可以不返回一列,而返回一个常量值,这样可以提高查询的性能。如果使用常量 1 替代上述子查询语句返回列,查询结果是一样的。相关命令及执行结果如下:

```
SQL>SELECT empno,ename,sal
  2  FROM emp
  3  WHERE EXISTS
  4  (SELECT 1 FROM dept
  5  WHERE emp.deptno=dept.deptno AND dept.loc='NEW YORK')

    EMPNO    ENAME           SAL
---------- ---------- ----------
     7934    MILLER         1300
     7839    KING           5000
     7782    CLARK          2450
```

5.1.8 实现嵌套子查询

所谓嵌套子查询,是指在子查询内部使用其他子查询。在大多数情况下,嵌套子查询都在外层子查询的 WHERE 子句中。

【例 5.13】查询地址在 NEW YORK 和 CHICAGO 的两个部门中,高于最高平均工资的员工信息。

对于上述查询要求,通常情况下分为 3 步来完成。首先获得工作地点在 NEW YORK 和 CHICAGO 的部门编号。相关命令及执行结果如下:

```
SQL> SELECT deptno FROM dept WHERE loc IN ('NEW YORK' , 'CHICAGO');

    DEPTNO
----------
        10
        30
```

然后统计部门编号为 10 和 30 这两个部门的最高平均工资。相关命令及执行结果如下：

```
SQL> SELECT MAX(AVG(sal)) FROM emp
  2  WHERE deptno IN(10 , 30) GROUP BY deptno ;

MAX(AVG(SAL))
-------------
  2916.66667
```

最后查询工资高于这个标准的员工信息。相关命令及执行结果如下：

```
SQL>SELECT empno , ename , sal , deptno
  2  FROM emp
  3  WHERE sal > 2916.66667 AND deptno in (10,30)

    EMPNO   ENAME          SAL     DEPTNO
---------- ---------- ---------- ----------
     7839   KING          5000         10
```

嵌套子查询则是把这 3 个查询组合在一起。最终的语句及执行结果如下：

```
SQL>SELECT empno , ename , sal , deptno
  2  FROM scott.emp
  3  WHERE sal > (
  4      SELECT MAX(AVG(sal)) FROM emp WHERE deptno IN (
  5          SELECT deptno FROM dept WHERE loc in ('NEW YORK' ,'CHICAGO'))
  6      GROUP BY deptno
  7          )
  8    AND deptno in (
  9          SELECT deptno FROM dept WHERE loc in ('NEW YORK' , 'CHICAGO')
 10    )

    EMPNO   ENAME          SAL     DEPTNO
---------- ---------- ---------- ----------
     7839   KING          5000         10
```

在实际应用中，应该尽量少用或不要使用嵌套子查询技术，因为嵌套的层次越多，其查询性能越低。推荐使用表连接的方式。

5.2 连 接 查 询

检索数据时，通过各个表之间共同列的关联性，可以查询存放在多个表中的不同实体的信息。如果在查询时需要对多个表进行操作，并且指定多个表的连接关系，则该查询就称为连接查询。

5.2.1 使用等号(=)实现多个表的简单连接

在连接查询中,如果仅仅通过 SELECT 子句和 FROM 子句连接多个表,那么查询的结果将是一个通过笛卡尔积所生成的表。

 所谓笛卡尔积所生成的表,就是一个基本表中每一行与另一个基本表的每一行连接在一起所生成的表,查询结果的行数是两个基本表的行数的积。

【例 5.14】生成两个表连接的笛卡尔积。相关命令及执行结果如下:

```
SQL> SELECT empno , ename , sal ,emp.deptno ,
  2  dept.deptno , dname
  3  FROM emp ,dept ;
```

EMPNO	ENAME	SAL	DEPTNO	DEPTNO	DNAME
7369	SMITH	800	20	10	ACCOUNTING
7499	ALLEN	1600	30	10	ACCOUNTING
7782	CLARK	2450	10	10	ACCOUNTING
7788	SCOTT	3000	20	10	ACCOUNTING
7839	KING	5000	10	10	ACCOUNTING

...

已选择 56 行。

由于 scott.emp 表中有 14 行记录,scott.dept 表中有 4 行记录,所以笛卡尔积所生成的表一共有 56(14 × 4 = 56)行记录。

 在 FROM 子句中指定多个表时,表名之间使用英文逗号(,)进行分隔。

在笛卡尔积所生成的表中包含了大量冗余信息。在检索数据时,为了避免冗余信息的出现,可以使用 WHERE 子句限定检索条件。在 WHERE 子句中使用等号(=)可以实现表的简单连接,表示第一个表中的列与第二个表中相应列匹配后才会在结果集中显示。

【例 5.15】查询 scott 用户的员工及其所在部门的信息。相关命令及执行结果如下:

```
SQL> SELECT empno , ename , sal , emp.deptno ,dname
  2  FROM emp,dept
  3  WHERE emp.deptno=dept.deptno;
```

EMPNO	ENAME	SAL	DEPTNO	DNAME
7499	ALLEN	1600	30	SALES
7521	WARD	1250	30	SALES
7566	JONES	2975	20	RESEARCH
7654	MARTIN	1250	30	SALES

7698	BLAKE	2850	30	SALES
7782	CLARK	2450	10	ACCOUNTING
7788	SCOTT	3000	20	RESEARCH
7839	KING	5000	10	ACCOUNTING
7844	TURNER	1500	30	SALES
7876	ADAMS	1100	20	RESEARCH
7900	JAMES	950	30	SALES

...

在 dept 表中 deptno 列是作为主键存在的,而在 emp 表中该列则是一个外键,在 WHERE 子句中使用等号(=)进行外键连接进行查询,我们就可以获取一个实体的详细信息。

在多表查询时,如果多个表之间存在同名的列,则必须使用表名进行限定。例如上述查询中的 deptno 列,我们分别使用 emp.deptno 和 dept.deptno 方式限定。如果查询内容比较复杂,那么多次使用表名就会使语句变得烦琐,这时可以使用表别名的方式解决这个问题。设置表的别名,只需要在 FROM 子句中引用该表时,将表别名跟在表的实际名称后面即可。表别名和表的实际名称之间使用空格进行分隔。

【例 5.16】使用表的别名进行查询。相关命令及执行结果如下:

```
SQL>SELECT empno , ename , sal , t1.deptno ,dname
  2 FROM emp t1,dept t2
  3 WHERE t1.deptno=t2.deptno;

   EMPNO ENAME        SAL     DEPTNO   DNAME
---------- ---------- ---------- -------- ------------
    7499 ALLEN       1600      30     SALES
    7521 WARD        1250      30     SALES
    7566 JONES       2975      20     RESEARCH
```

在 FROM 子句中为表指定了别名,表的实际名称也就被覆盖,那么在所有子句(如 SELECT 子句、WHERE 子句等)中都必须使用表别名,而不允许再使用实际的表名。

5.2.2 使用 INNER JOIN 实现多个表的内连接

除了使用逗号间隔连接外,SQL 支持另一种使用关键字 JOIN 的连接。JOIN 连接又分为 3 种形式:内连接、外连接和交叉连接。内连接是最常用的连接查询方式,使用 INNER JOIN 关键字进行指定。如果只使用 JOIN 关键字,默认表示内连接。

内连接使用比较运算符,在连接表的某(些)列之间进行比较操作,并列出表中与连接条件相匹配的数据行。根据使用的比较方式不同,内连接又分为等值连接、不等连接和自然连接。

1. 等值连接

所谓等值连接,是指在连接条件中使用等于(=)运算符比较被连接的值,也就是通过相等的列值连接起来的查询。

【例 5.17】使用 INNER JOIN 连接两个不同的表 emp 和 dept,检索 accounting 部门的

员工信息。相关命令及执行结果如下：

```
SQL>SELECT empno , ename , sal , d.deptno , dname
  2  FROM emp e JOIN dept d ON e.deptno = d.deptno
  3  WHERE dname = 'ACCOUNTING';

    EMPNO    ENAME         SAL     DEPTNO    DNAME
---------- ---------- ---------- ---------- --------------
      7782 CLARK            2450         10 ACCOUNTING
      7839 KING             5000         10 ACCOUNTING
      7934 MILLER           1300         10 ACCOUNTING
```

在使用关键字 JOIN 连接时，关键字 ON 已经直接指定了连接的条件，这样就避免因忘记使用连接条件而产生无效的笛卡尔积。

2．不等连接

所谓不等连接，是指在连接条件中使用除等号(=)外的其他比较运算符，构成非等值连接查询。

【例 5.18】查询 scott 用户的 emp 表和 salgrade 表，查询员工的工资等级。使用BETWEEN 运算符建立不等连接。相关命令及执行结果如下：

```
SQL>SELECT empno , ename , sal , grade
  2  FROM emp e INNER JOIN salgrade s
  3  ON e.sal BETWEEN s.losal AND s.hisal;

    EMPNO    ENAME         SAL    GRADE
---------- ---------- ------ ----------
      7900 JAMES          950        1
      7876 ADAMS         1100        1
      7521 WARD          1250        2
      7654 MARTIN        1250        2
      7934 MILLER        1300        2
      7844 TURNER        1500        3
...
```

已选择 14 行。

在上述输出结果中，sal 列输出员工的工资值，grade 列输出工资对应的等级值。

3．自然连接

自然连接(NATURAL JOIN)是在两个表中寻找列名和数据类型都相同的字段,通过相同的字段将两个表连接在一起，并返回所有符合条件的结果。使用自然连接，需要指定NATURAL JOIN 连接关键字，但不需要指定连接条件。

【例 5.19】使用自然连接查询员工及其所在部门的详细信息。相关命令及其执行结果如下：

```
SQL>SELECT e.empno , e.ename , e.sal , deptno , d.dname
  2  FROM emp e NATURAL JOIN dept d
```

```
  3  WHERE  d.dname = 'ACCOUNTING';

     EMPNO      ENAME        SAL       DEPTNO      DNAME
---------- ---------- ---------- ---------- --------------
      7782    CLARK         2450         10       ACCOUNTING
      7839    KING          5000         10       ACCOUNTING
      7934    MILLER        1300         10       ACCOUNTING
```

由于 emp 表和 dept 表中都包含字段 deptno，该字段名称和数据类型完全相同。所以使用自然连接时，这两个表被自然地连接在一起。

使用自然连接时，需要注意以下几点。

(1) 如果自然连接的两个表中，有多个字段都满足名称和数据类型相同，那么它们都会被作为自然连接的条件。

(2) 如果自然连接的两个表中，仅仅是字段名称相同，而字段的数据类型不同，那么使用该字段进行连接将会返回一个错误。

(3) 由于 Oracle 支持自然连接，那么在设计表时，应该尽量在不同的表中，将具有相同含义的字段使用相同的名字和数据类型。如果总是对主键和外键使用相同的名字，那么就可以满足自然连接。

自然连接是根据两个表中同名的列进行连接的，当列不同名时，自然连接将失去意义。

4．使用 USING 关键字简化连接

SQL/92 标准可以使用 USING 关键字来简化连接查询，但是只有在查询满足下面两个条件时，才能使用 USING 关键字进行简化。

(1) 查询必须是等值连接。

(2) 等值连接中的列必须具有相同的名称和数据类型。

Oracle 语法的基础是 ANSI SQL/86 标准。目前 Oracle 数据库还实现了 ANSI SQL/92 标准的连接语法。为了使 SQL 语句兼容新的标准，应该在查询中使用 SQL/92 标准的语法。

【例 5.20】使用 USING 关键字查询员工及其所在部门的详细信息。相关命令及执行结果如下：

```
SQL> SELECT empno , ename , sal , deptno , dname
  2  FROM emp e INNER JOIN dept d
  3  USING (deptno)
  4  WHERE dname = 'ACCOUNTING';

     EMPNO      ENAME        SAL       DEPTNO      DNAME
---------- ---------- ---------- ---------- --------------
      7782    CLARK         2450         10       ACCOUNTING
      7839    KING          5000         10       ACCOUNTING
      7934    MILLER        1300         10       ACCOUNTING
```

使用 USING 关键字简化连接时，需要注意以下几点。

(1)　使用 emp 表和 dept 表中的 deptno 列进行连接时，在 USING 子句和 SELECT 子句中，都不能为 deptno 列指定表名或表别名。

(2)　如果在连接查询时使用了两个表中相同的多个列，那么就可以在 USING 子句中指定多个列名。形式如下：

```
SELECT … FROM table1 INNER JOIN table2
   USING ( column1 , column2 )
```

上述语句相当于下面的语句：

```
SELECT … FROM table1 INNER JOIN table2
   ON table1.column1 = table2.column1
   AND table1.column2 = table2.column2 ;
```

(3)　如果对多个表进行检索，那么就必须多次使用 USING 关键字进行指定。形式如下：

```
SELECT … FROM table1 INNER JOIN table2 USING ( column1 )
   INNER JOIN table3 USING ( column2 );
```

上述语句相当于下面的语句：

```
SELECT … FROM table1 , table2 , table3
   WHERE table1.column1 = table2.column1
   AND table2.column2 = table3.column2 ;
```

5.2.3　使用 OUTER JOIN 实现多个表的外连接

对于外连接，Oracle 中可以使用加号(+)来表示，也可以使用 LEFT、RIGHT 和 FULL OUTER JOIN 关键字。

外连接可以分为如下 3 类。

(1)　左外连接(LEFT OUTER JOIN 或 LEFT JOIN)。

(2)　右外连接(RIGHT OUTER JOIN 或 RIGHT JOIN)。

(3)　全外连接(FULL OUTER JOIN 或 FULL JOIN)。

使用外连接，列出与连接条件相匹配的行，并且列出左表(左外连接时)、右表(右外连接时)或两个表(全外连接时)中，所有符合检索条件的数据行。

1．左外连接

左外连接是在检索结果中除了显示满足连接条件的行外，还显示 JOIN 关键字左侧表中所有满足检索条件的行。

【例 5.21】使用左外连接，检索 emp 表和 salgrade 表，获得员工的工资等级。

为了观察左外连接的执行效果，首先使用 INSERT 语句向 emp 表中添加一些记录，其中 sal 列的值需要小于 700 或者大于 9999，也就是不在工资的等级值范围内。相关命令及执行结果如下：

```
SQL> INSERT INTO emp(empno,ename,sal)
  2  VALUES(7937,'Candy',500);
```

已创建 1 行。

下面是使用左外连接的查询结果：

```
SQL>SELECT e.empno , e.ename , e.sal , d.grade
  2  FROM emp e LEFT OUTER JOIN salgrade d
  3  ON e.sal BETWEEN d.losal AND d.hisal;

     EMPNO      ENAME        SAL      GRADE
---------- ---------- ---------- ----------
      7937     Candy        500
      7900     JAMES        950          1
      7876     ADAMS       1100          1
      7521     WARD        1250          2
      7654     MARTIN      1250          2
...
```

从输出结果可以看出，如果 sal 值在工资等级范围内，那么在 grade 列显示了工资等级。但是 empno 列为 7937 的员工的工资值小于 700，则该工资值不属于任何等级，对应的 grade 值为空。也就是说，执行左外连接，将 emp 表中的记录行全部显示，而不管 grade 表中是否有对应值。

2．右外连接

右外连接是在结果中除了显示满足连接条件的行外，还显示 JOIN 右侧表中所有满足检索条件的行。

【例 5.22】使用右外连接，查询 emp 表和 dept 表中所包含的部门编号。相关命令及执行结果如下：

```
SQL>SELECT empno , ename ,d.deptno,dname
  2  FROM emp e RIGHT OUTER JOIN dept d
  3  ON e.deptno=d.deptno;

     EMPNO      ENAME     DEPTNO     DNAME
---------- ---------- ---------- --------------
      7499     ALLEN         30     SALES
      7521     WARD          30     SALES
        ...
      7934     MILLER        10     ACCOUNTING
                             50     Infor Center
                             40     OPERATIONS
                             60     MARKETING
```

已选择 16 行。

从输出结果可以看出，使用右外连接查询，不但输出员工信息，还输出了未包含员工的部门信息。

3. 全外连接

全外连接是在结果中除了显示满足连接条件的行外，还显示 JOIN 两侧表中所有满足检索条件的行。

【例 5.23】使用全外连接，检索 emp 表和 dept 表中所包含的部门编号。相关命令及执行结果如下：

```
SQL> SELECT empno , ename ,d.deptno,dname
  2  FROM emp e FULL OUTER JOIN dept d
  3  ON e.deptno=d.deptno;

    EMPNO    ENAME      DEPTNO       DNAME
---------- ---------- ---------- --------------
     7937   Candy
     7499   ALLEN        30          SALES
     7521   WARD         30          SALES
      ...
                         50          Infor Center
                         40          OPERATIONS
                         60          MARKETING
```

已选择 17 行。

5.2.4　使用 CROSS JOIN 实现交叉连接

使用 CROSS JOIN 关键字，可以实现两个表的交叉连接，所得到的结果将是这两个表中各行数据的所有组合，即这两个表所有数据行的笛卡尔积。在交叉连接中不需要使用关键字 ON 限定连接条件，但是可以在 WHERE 子句中设置连接条件。

【例 5.24】使用交叉连接，查询 emp 表和 dept 表中，部门编号为 10 的员工信息和部门信息。相关命令及执行结果如下：

```
SQL>SELECT empno , ename , sal , e.deptno , dname
  2  FROM emp e CROSS JOIN dept d
  3  WHERE e.deptno = 10 AND dname = 'ACCOUNTING';

    EMPNO    ENAME         SAL     DEPTNO       DNAME
---------- ---------- ---------- ---------- --------------
     7782   CLARK        2450       10         ACCOUNTING
     7839   KING         5000       10         ACCOUNTING
     7934   MILLER       1300       10         ACCOUNTING
```

5.3　集　合　查　询

集合操作就是将两个或多个 SQL 查询结果组合，以完成复杂的任务需求。集合操作主要包括并、交和差，对应的操作符为 UNION、INTERSECT 和 MINUS。

5.3.1 使用 UNION 操作符获取两个结果集的并集

使用 UNION 操作符可以将两个或者多个查询返回的结果集组合起来。UNION 操作符的图示如图 5-1 所示。

图 5-1 UNION 操作符所得到的集合

【例 5.25】使用 UNION 操作符，对 scott 用户的 emp 表进行操作，获取工资大于 3000 或者所在部门编号为 10 的员工信息。相关命令及执行结果如下：

```
SQL>SELECT empno , ename , sal , deptno FROM emp
  2  WHERE sal> 3000
  3  UNION
  4  SELECT empno , ename , sal , deptno FROM emp
  5  WHERE deptno = 10;

    EMPNO    ENAME        SAL      DEPTNO
---------- ---------- ---------- ----------
     7782    CLARK       2450         10
     7839    KING        5000         10
     7934    MILLER      1300         10
```

执行上述语句，将两个 SELECT 语句的查询结果合并在一起。

5.3.2 使用 INTERSECT 操作符获取两个结果集的交集

使用 INTERSECT 操作符，可以获取结果集的交集。INTERSECT 操作符的图示如图 5-2 所示。

【例 5.26】使用 INTERSECT 运算符，获得工资大于 3000 并且所在部门编号为 10 的员工信息。相关命令及执行结果如下：

图 5-2 INTERSECT 操作符
所得到的集合

```
SQL> SELECT empno , ename , sal , deptno FROM emp
  2  WHERE sal> 3000
  3  INTERSECT
  4  SELECT empno , ename , sal , deptno FROM emp
  5  WHERE deptno = 10;

    EMPNO    ENAME        SAL      DEPTNO
---------- ---------- ---------- ----------
     7839    KING        5000         10
```

5.3.3 使用 MINUS 操作符获取两个结果集的差集

SQL 语言中的 MINUS 集合运算，表示获得给定集合之间的差异，也就意味着所得到的结果集中，其中的元素仅存在于前一个集合中，而不存在于另一个集合中。MINUS 操作符的图示如图 5-3 所示。

MINUS集合

图 5-3 MINUS 操作符
所得到的集合

【例 5.27】使用 MINUS 操作符，获得员工编号大于 7800，并且不是指定部门的员工信息。相关命令及执行结果如下：

```
SQL>SELECT empno , ename , sal , deptno FROM emp
  2  WHERE empno > 7800
  3  MINUS
  4  SELECT empno , ename , sal , deptno FROM emp
  5  WHERE deptno = 10;

    EMPNO  ENAME          SAL      DEPTNO
---------- ---------- ---------- ----------
     7844  TURNER        1500          30
     7876  ADAMS         1100          20
     7900  JAMES          950          30
     7902  FORD          3000          20
```

从输出结果可以看出，员工编号 empno 列的数据都大于 7800，而且 deptno 列为 10 的数据不再输出显示。

5.4 习　　题

一、填空题

1. 在 SELECT 语句的 WHERE 子句中可以使用子查询，表示将_____作为外部的 WHERE 条件。

2. 在单行子查询中，由于内查询只返回_____值，因此可以把其作为常量来对待。

3. 多行比较运算符包括_____、_____和_____。

4. 在关联子查询中可以使用_____或_____关键字。

5. 常用的表的连接类型有_____(内连接)、_____(外连接)和_____(交叉连接)。

6. 集合运算符_____实现了集合的并运算；集合运算符 INTERSECT 实现了对集合的交运算；而集合运算符_____则实现了集合的减运算。

二、选择题

1. (　　)语句在执行时不会返回错误信息，而显示检索结果。

　　A. SELECT empno , ename FROM scott.emp WHERE deptno =

(SELECT deptno FROM scott.dept WHERE dname NOT IN ('SALES'));

    B. SELECT empno , ename FROM scott.emp WHERE deptno =
        (SELECT deptno FROM scott.dept WHERE dname IN ('SALES'));

    C. SELECT empno , e.deptno , dname FROM scott.emp e, scott.dept d;

    D. SELECT empno , deptno , dname FROM scott.emp , scott.dept;

2. 使用关键字进行子查询时，(　　)关键字只注重子查询是否返回行。如果子查询返回一个或多个行，那么将返回真，否则为假。

    A. IN   B. ANY   C. ALL   D. EXISTS

3. 使用简单连接查询两个表，其中一个表有 5 行记录，另一个表有 28 行记录。如果未使用 WHERE 子句，则将返回(　　)行。

    A. 33   B. 23   C. 28   D. 140

4. 下列有关子查询的描述，正确的是(　　)。

    A. 子查询只允许在 SELECT 语句中使用

    B. 子查询没有必要使用括号括起来

    C. 子查询不允许嵌套

    D. 子查询允许嵌套

5. 在下列有关 ANY 运算符的描述中，正确的是(　　)。

    A. <any 表示小于最小值   B. <any 表示小于最大值

    C. >any 表示大于最大值   D. 都不对

三、简答题

1. 简述多表查询的方式。

2. 编写一个查询语句，要求获得 EMP 表中每个部门中工资最高的员工信息。

3. 外连接(OUTER JOIN)可以分为哪 3 种类型？

4. 可以使用哪两种方式查询 EMP 表中销售和会计两个部门的员工信息？

第 6 章　PL/SQL 基础

本章导读

PL/SQL 是 Oracle 对标准数据库语言 SQL 的过程化扩充，将 SQL 的数据操纵功能与过程化语言数据处理功能结合起来。PL/SQL 支持高级语言的块操作、条件判断、循环、嵌套等语句，这就使得 SQL 成为一种高级程序语言。本章介绍 PL/SQL 的基础知识，包括常量与变量、条件选择语句、循环语句、游标和异常等。

学习目标

- 了解 PL/SQL 程序块的结构。
- 熟悉常量与变量的用法。
- 掌握%TYPE、%ROWTYPE 以及记录类型与表类型的使用。
- 熟练掌握条件选择语句的使用。
- 熟练掌握循环语句的使用。
- 理解并掌握游标。
- 掌握异常的处理。

6.1　PL/SQL

本节介绍 PL/SQL 块的基本结构，声明与使用常量和变量的方法，常量与变量的各种数据类型，以及 PL/SQL 的程序注释。

6.1.1　PL/SQL 程序块的基本结构

PL/SQL 程序块由 4 个基本部分组成：块头、声明单元、执行单元、异常处理单元。具体代码结构如下：

```
[ DECLARE declaration_statements ; ]
BEGIN
    executable_statements ;
[ EXCEPTION exception_handling_statements ; ]
END ;
/
```

结构说明如下。

1) **DECLARE declaration_statements**

用于声明变量。PL/SQL 程序块中需要使用的变量一般在 DECLARE 块中声明。

2)　　BEGIN … END

PL/SQL 程序块的主体部分。其中，还可以嵌套其他 PL/SQL 块。

3)　　executable_statements

PL/SQL 块中的可执行语句。

4)　　EXCEPTION exception_handling_statements

用于处理 PL/SQL 块运行过程中可能出现的任何可执行错误。

5)　　正斜杠(/)

PL/SQL 块需要使用正斜杠(/)结尾，才能被执行。

> PL/SQL 块中的语句都要用分号(;)结尾，也正因为如此，分号不会被 Oracle 解析器作为执行 PL/SQL 程序块的符号，因此需要使用正斜杠执行 PL/SQL 程序块。

6.1.2　常量和变量

在 PL/SQL 程序块中，经常会使用常量与变量。常量用于声明一个不可更改的值，而变量则可以在程序中根据需要存储不同的值。

定义常量与变量时，名称必须符合 Oracle 标识符的规定，具体如下。

(1)　名称必须以字母开头。

(2)　名称长度不能超过 30 个字符。

(3)　名称中不能包含减号(-)和空格。

(4)　不能是 SQL 保留字。

> 如果想要了解 Oracle 中的 SQL 保留字，可以使用命令: HELP reserved words，或者使用 DBA 身份查询数据字典 v$reserved_words。

1. PL/SQL 数据类型

对于常量与变量的数据类型，除了可以使用与 SQL 相同的数据类型以外，Oracle 还专门为 PL/SQL 程序块提供了如表 6-1 所示的特定类型。

表 6-1　PL/SQL 数据类型

类　型	说　明
BOOLEAN	布尔型。取值为 TRUE、FALSE 或 NULL
BINARY_INTEGER	带符号整数，取值范围为-231～231
NATURAL	BINARY_INTEGER 的子类型，表示非负整数
NATURALN	BINARY_INTEGER 的子类型，表示不为 NULL 的非负整数
POSITIVE	BINARY_INTEGER 的子类型，表示正整数
POSITIVEN	BINARY_INTEGER 的子类型，表示不为 NULL 的正整数
SIGNTYPE	BINARY_INTEGER 的子类型，取值为-1、0 或 1

类　型	说　明
PLS_INTEGER	带符号整数，取值范围为-231~231。它与 BINARY_INTEGER 类似，都比 NUMBER 类型表示的范围小，因此占用更少的内存。当使用 PLS_INTEGER 值时，如果算法发生溢出，会触发异常
SIMPLE_INTEGER	Oracle Database 11g 的新增类型。它是 BINARY_INTEGER 的子类型，其取值范围与 BINARY_INTEGER 相同，但不能存储 NULL 值。当使用 SIMPLE_INTEGER 值时，如果算法发生溢出，不会触发异常，只会简单地截断结果
STRING	与 VARCHAR2 相同
RECORD	一组其他类型的组合
REF CURSOR	指向一个行集的指针

2. 常量

声明常量时需要使用 CONSTANT 关键字，并且必须在声明时就为该常量赋值，而且在程序其他部分不能修改该常量的值。

定义常量的语法如下：

```
constant_name CONSTANT data_type { := | DEFAULT } value ;
```

语法说明如下。

- constant_name：表示常量名。
- data_type：表示常量的数据类型。
- := | DEFAULT：:=为赋值操作符。在初始化常量或变量值时还可以使用 DEFAULT 关键字代替。
- value：表示为常量赋的值。

 PL/SQL 程序块中的赋值符号是冒号等号(:=)，而不是常见的等号(=)，并且在书写时不要将冒号与等号分开，也就是说两者之间不能存在空格。

3. 变量

声明变量时不需要使用 CONSTANT 关键字，而且可以不为其赋初始值，其值可以在程序其他部分被修改。定义变量的语法如下：

```
variable_name data_type [ [ NOT NULL ] { := | DEFAULT } value ] ;
```

语法说明如下。

- variable_name：表示变量名。
- NOT NULL：表示可以对变量定义非空约束。如果使用了此选项，则必须为变量赋非空的初始值，而且不允许在程序其他部分将其值修改为 NULL。

4. 在 PL/SQL 中使用常量与变量

下面举例介绍在 PL/SQL 程序块中使用常量与变量的效果。

【例 6.1】使用 PL/SQL 程序块查询 scott 用户的 emp 表。相关命令及执行结果如下：

```
SQL> SET SERVEROUTPUT ON
SQL> DECLARE
  2     emp_number CONSTANT NUMBER(4) := 7900 ;
  3     emp_name VARCHAR2(10) ;
  4     emp_job VARCHAR2(9) ;
  5     emp_sal NUMBER(7 , 2) ;
  6  BEGIN
  7     SELECT ename , job , sal
  8     INTO emp_name , emp_job , emp_sal
  9     FROM emp WHERE empno = emp_number ;
 10     DBMS_OUTPUT.PUT_LINE('查询的员工的编号为: ' || emp_number) ;
 11     DBMS_OUTPUT.PUT_LINE('该员工的姓名为: ' || emp_name) ;
 12     DBMS_OUTPUT.PUT_LINE('该员工的职位为: ' || emp_job) ;
 13     DBMS_OUTPUT.PUT_LINE('该员工的工资为: ' || emp_sal) ;
 14  END ;
 15  /
查询的员工的编号为: 7900
该员工的姓名为: JAMES
该员工的职位为: CLERK
该员工的工资为: 950

PL/SQL 过程已成功完成。
```

在上述示例中，在 DECLARE 块中定义了一个常量和三个变量，并为常量赋初始值为 7900。然后在程序体中，使用 SELECT … INTO 语句为三个变量赋值，值分别为 emp 表中 empno 为 7900 的员工的 ename、job 和 sal 列的值。最后调用 DBMS_OUTPUT.PUT_LINE 系统过程输出上述常量与变量的值。

> 想要在 SQL*Plus 中显示 DBMS_OUTPUT.PUT_LINE 过程的输出内容，需要使用 SET SERVEROUTPUT ON 命令打开服务器输出。另外，Oracle 中可以使用双竖线(||)连接两个字符串。

6.1.3　%TYPE 类型和%ROWTYPE 类型

在 PL/SQL 中，除了可以使用 SQL 数据类型，以及 PL/SQL 中特定的数据类型以外，还可以在声明变量时使用%TYPE 和%ROWTYPE 类型。%TYPE 类型的变量是专门为存储从数据库列中检索到的值而创建的。对于使用%TYPE 创建的变量，其数据类型是由系统根据检索的数据库列的数据类型决定的。而对于%ROWTYPE 类型的变量而言，它可以一次存储从数据库检索的一行数据。

1. %TYPE 类型

在上一节示例中，单独定义了 emp_name、emp_job 和 emp_sal 等变量，这种情况下需要事先了解变量所对应的列的数据类型，否则用户无法确定变量的数据类型。而使用%TYPE 类型就可以解决这类问题，%TYPE 类型用于隐式地将变量的数据类型指定为对应列的数据类型。使用%TYPE 定义变量的形式如下：

```
variable_name table_name.column_name%TYPE
    [ [ NOT NULL ] { := | DEFAULT } value ] ;
```

【例 6.2】使用%TYPE 类型定义变量并查询 emp 表。相关命令及执行结果如下：

```
SQL> SET SERVEROUTPUT ON
SQL> DECLARE
  2    emp_number CONSTANT NUMBER :=7900;
  3    emp_name emp.ename%TYPE;
  4    emp_job emp.job%TYPE;
  5    emp_sal emp.sal%TYPE;
  6  BEGIN
  7  SELECT ename ,job,sal INTO emp_name,emp_job,emp_sal
  8  FROM emp
  9  WHERE empno=emp_number;
 10  DBMS_OUTPUT.PUT_LINE('工号： '|| emp_number);
 11  DBMS_OUTPUT.PUT_LINE('姓名： '|| emp_name);
 12  DBMS_OUTPUT.PUT_LINE('职位： '|| emp_job);
 13  DBMS_OUTPUT.PUT_LINE('工资： '|| emp_sal);
 14* END;
工号： 7900
姓名： JAMES
职位： CLERK
工资： 950

PL/SQL 过程已成功完成。
```

2. %ROWTYPE 类型

%TYPE 类型只是针对表中的某一列，而%ROWTYPE 类型则是针对表中的一行，使用%ROWTYPE 类型定义的变量则可以存储表中的一行数据。使用%ROWTYPE 定义变量的形式如下：

```
variable_name  table_name%ROWTYPE ;
```

【例 6.3】使用%ROWTYPE 类型定义变量。相关命令及执行结果如下：

```
SQL> SET SERVEROUTPUT ON
SQL> DECLARE
  2    emp_number CONSTANT emp.empno%TYPE := 7900 ;
  3    one_emp emp%ROWTYPE ;
  4  BEGIN
  5    SELECT *
  6    INTO one_emp
  7    FROM emp WHERE empno = emp_number ;
  8    DBMS_OUTPUT.PUT_LINE('工号： ' || emp_number) ;
  9    DBMS_OUTPUT.PUT_LINE('姓名： ' || one_emp.ename) ;
 10    DBMS_OUTPUT.PUT_LINE('职位： ' || one_emp.job) ;
 11    DBMS_OUTPUT.PUT_LINE('工资： ' || one_emp.sal) ;
```

```
 12  END ;
SQL> /
工号：7900
姓名：JAMES
职位：CLERK
工资：950
```

PL/SQL 过程已成功完成。

在上述示例中，使用%ROWTYPE 类型定义了一个变量 one_emp，其类型为 emp 表的一行，向该变量赋予一行数据后，使用 one_emp.ename 的形式读取该行数据中的 ename 列值。

6.1.4　PL/SQL 记录类型和表类型

PL/SQL 记录类型和表类型都是用户自定义的复合数据类型，其中记录类型可以存储多个字段值，类似于表中的一行数据；表类型则可以存储多行数据。

1．记录类型

记录类型与数据库中表的行结构非常相似，使用记录类型定义的变量可以存储由一个或多个字段组成的一行数据。创建记录类型需要使用 TYPE 语句，其语法如下：

```
TYPE record_name IS RECORD (
    field_name data_type [ [ NOT NULL ] { := | DEFAULT } value ]
    [ , … ]
) ;
```

语法说明如下。

- record_name：创建的记录类型名称。
- IS RECORD：表示创建的是记录类型(区别于后面的表类型)。
- field_name：记录类型中的字段名。

　　一般来说，表是一个实体集，表中的每一行都表示一个实体，因此对记录类型的最好的理解方式是将它看成一个实体，其字段表示该实体的属性。

【例 6.4】在 PL/SQL 中创建一个记录类型，然后使用该类型定义一个变量，并为这个变量赋值。相关命令及执行结果如下：

```
SQL> SET SERVEROUTPUT ON
SQL> DECLARE
  2    TYPE emp_type IS RECORD (
  3          empno NUMBER(4) ,
  4          ename VARCHAR2(10) ,
  5          job VARCHAR2(9) ,
  6          sal NUMBER(7 , 2)
  7    ) ;
  8    one_emp emp_type ;
  9  BEGIN
```

```
10     SELECT empno , ename , job , sal
11     INTO one_emp
12     FROM emp WHERE empno = 7900 ;
13     DBMS_OUTPUT.PUT_LINE('员工编号为: ' || one_emp.empno) ;
14     DBMS_OUTPUT.PUT_LINE('员工姓名为: ' || one_emp.ename) ;
15     DBMS_OUTPUT.PUT_LINE('员工职位为: ' || one_emp.job) ;
16     DBMS_OUTPUT.PUT_LINE('员工工资为: ' || one_emp.sal) ;
17  END ;
SQL> /
员工编号为: 7900
员工姓名为: JAMES
员工职位为: CLERK
员工工资为: 950

PL/SQL 过程已成功完成。
```

在上述示例中，定义了一个名为 emp_type 的记录类型，该类型有 4 个字段。然后使用该类型定义了一个 one_emp 变量，并在程序体中向该变量赋予编号为 7900 的员工的 empno、ename、job 和 sal 列的值。

2. 表类型

使用记录类型变量只能保存一行数据，这限制了 SELECT 语句的返回行数，如果 SELECT 语句返回多行就会出错。而 Oracle 提供了另一种自定义类型，也就是表类型，它是对记录类型的扩展，允许处理多行数据，类似于表。创建表类型的语法如下：

```
TYPE table_name IS TABLE OF data_type [ NOT NULL ]
INDEX BY BINARY_INTEGER ;
```

语法说明如下。

- table_name：创建的表类型名称。
- IS TABLE：表示创建的是表类型。
- data_type：可以是任何合法的 PL/SQL 数据类型。
- INDEX BY BINARY_INTEGER：指定系统创建一个主键索引，用于引用表类型变量中的特定行。

【例 6.5】创建表类型，并使用该类型声明变量，然后为该变量赋值，最后输出变量中的值。相关命令及执行结果如下：

```
SQL> SET SERVEROUTPUT ON
SQL> DECLARE
  2     TYPE my_emp IS TABLE OF emp%ROWTYPE
  3     INDEX BY BINARY_INTEGER ;
  4     new_emp my_emp ;
  5  BEGIN
  6     new_emp (1).empno := 6800 ;
  7     new_emp (1).ename := 'TRACY' ;
  8     new_emp (1).job := 'CLERK' ;
  9     new_emp (1).sal := 2500 ;
 10     new_emp (2).empno := 6900 ;
```

```
11      new_emp (2).ename := 'LUCY' ;
12      new_emp (2).job := 'MANAGER' ;
13      new_emp (2).sal := 4000 ;
14      DBMS_OUTPUT.PUT_LINE (new_emp (1).empno || ',' ||
15                           new_emp (1).ename || ',' ||
16                           new_emp (1).job || ',' ||
17                           new_emp (1).sal) ;
18      DBMS_OUTPUT.PUT_LINE (new_emp (2).empno || ',' ||
19                           new_emp (2).ename || ',' ||
20                           new_emp (2).job || ',' ||
21                           new_emp (2).sal) ;
22  END ;
SQL> /
6800,TRACY,CLERK,2500
6900,LUCY,MANAGER,4000

PL/SQL 过程已成功完成。
```

从上述示例中可以发现，通过表类型变量存取值时使用的是索引值，如 new_emp (1)和 new_emp (2)，分别表示该表类型变量 new_emp 中的第一行数据与第二行数据。

如果要删除表类型变量中的记录可以使用 DELETE 方法。语法如下：

```
variable_name DELETE [ ( index_number ) ] ;
```

其中，variable_name 表示变量名，index_number 表示索引值，如果不指定索引值，则表示删除变量中的所有记录。

对表类型变量进行操作时，除了可以使用 DELETE 方法之外，还可以使用如下方法。

- COUNT：返回表类型变量中的记录数。
- FIRST：返回表类型变量的第一行索引。
- LAST：返回表类型变量的最后一行索引。
- NEXT：返回表类型变量的下一行索引。

6.1.5 PL/SQL 程序注释

PL/SQL 程序块的内容一般会较长且较为复杂，所以在 PL/SQL 块中添加适当的注释会提高代码的可读性。

PL/SQL 中可以使用如下两种注释符号添加注释文本。

1) 双减号(--)

使用双减号(--)可以添加单行注释，其注释范围从双减号开始，到该行的末尾。

2) 正斜杠-星号字符对(/* ... */)

使用正斜杠-星号字符对(/* ... */)可以添加一行或多行注释，这种形式的注释可以位于可执行代码中间，系统只将字符对之间的文本内容作为注释。

【例 6.6】在 PL/SQL 程序块中使用上述两种形式的注释符号添加注释，相关命令及执行结果如下：

```
SQL> DECLARE
```

```
2   stuname VARCHAR2(8) ; --定义学生姓名变量
3   /* 下面是程序体
4       在程序体中，将 student 表中 sno 为 1 的学生
5       的 sname 列的值赋值给 stuname 变量 */
6   BEGIN
7     SELECT sname FROM student WHERE sno = 2 ;
8   END ;
```

6.2   条件选择语句

Oracle 提供了两种条件选择语句来对程序进行逻辑控制，分别是 IF 条件语句和 CASE 表达式。

6.2.1   IF 条件语句

IF 语句具有多种形式，最简单的形式就是 IF...END IF 语句。其语法如下：

```
IF <expression1> THEN
      PL/SQL_statement1;
END IF;
```

在该语句中，如果判断条件 EXPRESSION1 为 TRUE，就会执行 IF 下面的 PL/SQL_STATEMENT1，程序执行到 END IF 结尾。如果判断条件为 FALSE，则跳过 IF 下面的语句直接执行 END IF 后面的语句。

【例 6.7】在 PL/SQL 中，使用 IF 条件语句判断数字是否为偶数。相关命令及执行结果如下。

```
SQL> SET SERVEROUTPUT ON
SQL>DECLARE
2     num number:=8;
3   BEGIN
4     IF MOD(num,2)=0 THEN
5     DBMS_OUTPUT.PUT_LINE(num || '为偶数') ;
6     end if;
7   END;
S  /
8 偶数

PL/ 过程已成功完成。
```

IF 语句另一种形式就是与 ELSE 语句结合使用，形成 IF...ELSE...END IF 语句。该语句的语法如下：

```
IF <expression1> THEN
          PL/SQL_statement1;
   ELSE
          PL/SQL_statement2;
   END IF;
```

在 IF...ELSE...END IF 语句中，如果判断条件 EXPRESSION1 为 TRUE，则首先执行 IF 下面的语句 PL/SQL_STATEMENT1，当语句执行完后直接跳到结尾 END IF 语句，并不会执行 ELSE 下面的语句 PL/SQL_STATEMENT2。如果判断条件 EXPRESSION1 为 FALSE 时，则会执行 ELSE 下面的语句 PL/SQL_STATEMENT2。

【例 6.8】在 PL/SQL 中，使用 IF 条件语句判断数字是否大于 20。

```
SQL> SET SERVEROUTPUT ON
SQL> DECLARE
  2   a number:=100;
  3  BEGIN
  4   IF a<20 THEN
  5    DBMS_OUTPUT.PUT_LINE('a is less than 20');
  6   ELSE
  7    DBMS_OUTPUT.PUT_LINE('a is not less than 20');
  8   END IF;
  9   DBMS_OUTPUT.PUT_LINE('value of a is :' || a);
 10  END;
SQL> /
a is not less than 20
value of a is :100

PL/SQL 过程已成功完成。
```

上述的 IF 语句一次只能判断一个条件，而语句 IF...ELSIF...ELSE...END IF 则可以判定两个以上的判断条件。该语句的语法如下：

```
IF < expression1> THEN
      PL/SQL_statement1;
ELSIF < expression2> THEN
      PL/SQL_statement2;
...
ELSE
      PL/SQL_statementn;
END IF;
```

在上述语句中，判断条件将依次被评估，直到一个判断条件为 TRUE，则执行该语句下的代码；如果所有的 ELSIF 判断条件都为 FALSE，则执行 ELSE 语句。

【例 6.9】在 PL/SQL 中，使用 IF 条件语句判断某年是否为闰年。闰年的判断条件为：年号能被 4 整除但不能被 100 整除，或者能被 400 整除。相关命令及执行结果如下：

```
SQL> SET SERVEROUTPUT ON
SQL>DECLARE
  2     year_date number;
  3     leap Boolean;
  4   BEGIN
  5     year_date:=2017;
  6     IF mod(year_date,4)<>0  THEN
  7        leap:=false;
  8     ELSIF mod(year_date,100)<>0 THEN
```

```
 9        leap:=true;
10      ELSIF mod(Year_date,400)<>0 THEN
11         leap:=false;
12      ELSE
13         Leap:=true;
14      END IF;
15      IF leap then
16        DBMS_OUTPUT.PUT_LINE (year_date || '是闰年');
17      ELSE
18        DBMS_OUTPUT.PUT_LINE (year_date || '是平年');
19      END IF;
20  END;
21  /
```

2017 是平年

PL/SQL 过程已成功完成。

6.2.2 CASE 表达式

从功能上来讲，CASE 表达式基本上可以实现 IF…ELSIF…ELSE…END IF 条件语句能实现的所有功能，而从代码结构上来讲，CASE 表达式具有更好的可读性。因此，建议读者尽量使用 CASE 表达式。

Oracle 中的 CASE 表达式分为以下两种类型。

(1) 简单 CASE 表达式。使用表达式确定返回值。

(2) 搜索 CASE 表达式。使用条件确定返回值。

简单 CASE 表达式使用嵌入式的表达式来确定返回值，其语法如下：

```
CASE search_expression
    WHEN expression1 THEN result1 ;
    WHEN expression2 THEN result2 ;
     …
    WHEN expressionN THEN resultN ;
    [ ELSE default_result ; ]
END CASE ;
```

语法说明如下。

1) search_expression
待求值的表达式。

2) WHEN expression1 THEN result1
其中，expression1 表示要与 search_expression 进行比较的表达式。如果二者的值相等，则返回 result1。

3) ELSE default_result
如果所有的 WHEN 子句中的表达式的值都与 search_expression 不匹配，则返回 default_result，也就是默认值。如果不设置此选项，而又没有找到匹配的表达式，则 Oracle 将报错。

【例 6.10】在 PL/SQL 中，使用简单 CASE 表达式判断数字对应的星期。相关命令及执行结果如下：

```
SQL> SET SERVEROUTPUT ON
SQL> DECLARE
  2    day number:=3;
  3  BEGIN
  4    CASE day
  5    WHEN 1 THEN DBMS_OUTPUT.PUT_LINE('Monday');
  6    WHEN 2 THEN DBMS_OUTPUT.PUT_LINE('Tuesday');
  7    WHEN 3 THEN DBMS_OUTPUT.PUT_LINE('Wednesday');
  8    WHEN 4 THEN DBMS_OUTPUT.PUT_LINE('Thursday');
  9    WHEN 5 THEN DBMS_OUTPUT.PUT_LINE('Friday');
 10    WHEN 6 THEN DBMS_OUTPUT.PUT_LINE('Saturday');
 11    WHEN 7 THEN DBMS_OUTPUT.PUT_LINE('Sunday');
 12    ELSE DBMS_OUTPUT.PUT_LINE('Error');
 13    END CASE;
 14  END;
 15  /

Wednesday
```

PL/SQL 过程已成功完成。

如果上述示例中没有 ELSE 子句，而 day 变量的值又与任何 WHEN 子句中的表达式都不匹配时，Oracle 会返回错误信息。

在搜索 CASE 表达式，WHEN 子句使用判断条件来确定返回值，其语法如下：

```
CASE
WHEN condition1 THEN result1 ;
WHEN condition2 THEN result2 ;
 …
WHEN conditionN THEN resultN ;
[ ELSE default_result ; ]
END CASE ;
```

与简单 CASE 表达式相比较，可以发现 CASE 关键字后面不再跟随待求表达式，而 WHEN 子句中的表达式也换成了条件语句(condition)，其实搜索 CASE 表达式就是将待求表达式放在条件语句中进行范围比较，而不再像简单 CASE 表达式那样只能与单个的值进行比较。

【例 6.11】在 PL/SQL 中，使用搜索 CASE 表达式实现对学分进行分级。相关命令及执行结果如下：

```
SQL> SET SERVEROUTPUT ON
SQL> DECLARE
  2   score BINARY_INTEGER := 61 ;
  3  BEGIN
  4     CASE
  5     WHEN score >= 90 THEN DBMS_OUTPUT.PUT_LINE('优秀') ;
```

```
    6       WHEN score >= 80 THEN DBMS_OUTPUT.PUT_LINE('良好') ;
    7       WHEN score >= 60 THEN DBMS_OUTPUT.PUT_LINE('及格') ;
    8       ELSE DBMS_OUTPUT.PUT_LINE('不及格') ;
    9       END CASE ;
   10   END ;
SQL> /
及格

PL/SQL 过程已成功完成。
```

6.3   循 环 语 句

对于程序中有些具有规律性的重复操作，就需要使用循环语句来完成。循环语句一般由循环体和循环结束条件组成。循环体是指被重复执行的语句集，而循环结束条件则用于终止循环。如果没有循环结束条件，或循环结束条件永远返回 FALSE，则循环将陷入死循环。

6.3.1   LOOP 循环语句

LOOP 循环语句是最简单的循环语句，其语法如下：

```
LOOP
statements ;
EXIT [ WHEN conditon ] ;
END LOOP ;
```

其中，statements 是 LOOP 循环体中的语句块。要想退出 LOOP 循环，必须在语句块中显式地使用 EXIT 关键字，否则循环会一直执行下去，即陷入死循环。WHEN 子句可以实现有条件退出；如果不使用 WHEN 子句，则会无条件退出循环。

【例 6.12】使用 LOOP 循环语句输出 10 的阶乘。相关命令及执行结果如下：

```
SQL> SET SERVEROUTPUT ON
SQL>DECLARE
    2    i BINARY_INTEGER :=2;
    3    n BINARY_INTEGER :=1;
    4  BEGIN
    5    LOOP
    6      n:=n*i;
    7      i:=i+1;
    8      EXIT WHEN i>10;
    9    END LOOP;
   10    DBMS_OUTPUT.PUT_LINE('n!='|| n) ;
   11  END;
   15  /
n!=3628800
```

也可以使用 IF 语句和 EXIT 语句替代上面的 EXIT WHEN 语句，这样由 IF 语句判断退出条件是否为 TRUE，然后执行 EXIT 语句退出循环。

6.3.2　WHILE 循环语句

WHILE 循环是在 LOOP 循环的基础上添加循环条件，也就是说，只有满足 WHILE 条件后，才会执行循环体中的内容。WHILE 循环语句的语法如下：

```
WHILE condition
LOOP
    statements ;
END LOOP ;
```

如果 condition 条件语句永远返回 TRUE，则 WHILE 循环将陷入死循环；如果 condition 条件语句永远返回 FALSE，则循环一次也不会执行。

【例 6.13】使用 WHILE 循环语句输出 10 的阶乘。相关命令及执行结果如下：

```
SQL> SET SERVEROUTPUT ON
SQL> DECLARE
  2    i BINARY_INTEGER :=2;
  3    n BINARY_INTEGER :=1;
  4  BEGIN
  5    WHILE i<=10
  6    LOOP
  7      n:=n*i;
  8      i:=i+1;
  9    END LOOP;
 10    DBMS_OUTPUT.PUT_LINE('n!='|| n) ;
 11  END;
n!=3628800

PL/SQL 过程已成功完成。
```

6.3.3　FOR 循环语句

在 WHILE 循环中，为了防止出现死循环，需要在循环内不断修改判断条件。而 FOR 循环则通过指定一个数字范围，以确切地指出循环应该执行多少次。FOR 循环的语法如下：

```
FOR loop_variable IN [ REVERSE ] lower_bound .. upper_bound
LOOP
    statements ;
END LOOP ;
```

在 FOR 循环中，下限值和上限值决定了循环的运行次数。在默认情况下，循环控制变量从下限值开始，每运行一次循环计数器的值就会自动加 1，当循环控制变量到上限值时，FOR 循环结束。

【例 6.14】使用 FOR 循环语句输出 20 以内能被 3 整除的数。相关命令及执行结果如下：

```
SQL> SET SERVEROUTPUT ON
SQL>BEGIN
```

```
2    FOR i IN 1..20 LOOP
3      IF MOD(i,3)=0 THEN
4        DBMS_OUTPUT.PUT_LINE(i);
5      END IF;
6    END LOOP;
7 END;
3
6
9
12
15
18
```

由于 FOR 循环中的循环变量可以由循环语句自动创建并赋值，并且循环变量的值在循环过程中会自动递增或递减，所以使用 FOR 循环语句时，不需要再使用 DECLARE 语句定义循环变量，也不需要在循环体中手动控制循环变量的值。

 当使用关键字 REVERSE 时，循环控制变量将自动减 1，并强制循环控制变量的值从上限值到下限值。

FOR 循环是众多循环中最灵活的，在循环的下限和上限还可以使用变量，使得循环的次数可根据其他循环的执行情况而变化。另外，LOOP、WHILE 和 FOR 循环内的语句也可以是另外一个循环，这样就构成了嵌套循环。使用嵌套循环可以实现一些复杂的控制。

【例 6.15】使用 FOR 循环打印 9*9 乘法口诀表。相关命令及执行结果如下：

```
SQL>BEGIN
2    FOR i in 1..9 LOOP
3      FOR j in i..9 LOOP
4        DBMS_OUTPUT.PUT(i || '*'|| j ||'='|| i*j || '   ');
5      END LOOP;
6      DBMS_OUTPUT.PUT_LINE('');
7    END LOOP;
8  END;
9  /

1*1=1  1*2=2  1*3=3  1*4=4  1*5=5  1*6=6  1*7=7  1*8=8  1*9=9
2*2=4  2*3=6  2*4=8  2*5=10  2*6=12  2*7=14  2*8=16  2*9=18
3*3=9  3*4=12  3*5=15  3*6=18  3*7=21  3*8=24  3*9=27
4*4=16  4*5=20  4*6=24  4*7=28  4*8=32  4*9=36
5*5=25  5*6=30  5*7=35  5*8=40  5*9=45
6*6=36  6*7=42  6*8=48  6*9=54
7*7=49  7*8=56  7*9=63
8*8=64  8*9=72
9*9=81

PL/SQL 过程已成功完成。
```

6.4　游　　标

使用 SELECT 语句可以返回一个结果集，这对程序设计语言而言，并不能够处理以集合形式返回的数据，为此，SQL 提供了游标机制。在 Oracle 中，可以使用显式和隐式两种游标。对于在 PL/SQL 程序中所有发出的 DML 和 SELECT 语句，Oracle 都会自动声明"隐式游标"。为了处理由 SELECT 语句返回的一组记录，需要在 PL/SQL 程序中声明和处理"显式游标"。

6.4.1　显式游标

显式游标是在 PL/SQL 程序中使用包含 SELECT 语句来声明的游标。如果需要处理从数据库中检索的一组记录，则可以使用显式游标。使用显式游标主要遵循 4 个步骤：声明游标、打开游标、检索游标和关闭游标。

1．声明游标

声明游标就是通过定义游标名称、游标特征，以及打开游标后就可用来调用的查询语句。声明游标的语法格式如下：

```
CURSOR cursor_name[(parameter[, parameter]…)]
[RETURN return_type] IS select_statement;
```

其中，**parameter** 作为游标的输入参数，它可以让用户在打开游标时，向游标传递值；让用户规定查询运行时的约束。parameter 参数的形式如下：

```
parameter_name [IN] datatype [{:= | DEFAULT} expression]
```

例如，在下面的示例中，声明一个游标并规定其输入参数，以限定其中 SELECT 语句返回的结果。

```
CURSOR emp_info (dept_no NUMBER := 20) --声明一个带参数的游标
    IS
    SELECT empno , ename , job , sal
    FROM emp WHERE deptno = dept_no ;
```

在上面的程序中，定义了一个名为 emp_info 的游标，并为其规定了输入参数，该参数为一个数字类型，其默认值为 20。

2．打开和关闭游标

游标必须声明后才能打开，打开游标也就是调用游标中的 SELECT 语句。打开游标的语法格式如下：

```
OPEN cursor_name[(value[,value]…)];
```

例如，要打开上面声明的游标 emp_info，可以使用如下的代码：

```
OPEN emp_info;
```

如果执行该语句，其输入参数将使用其默认值。也可以传递一个参数，如下：

```
OPEN emp_info (10) ;
```

使用完游标后就应该关闭游标，释放 SELECT 语句的查询结果。例如，关闭上面定义的游标 emp_info，可以用如下的语句：

```
CLOSE emp_info;
```

3．检索数据

检索数据就是从结果集中获取数据，并保存到变量中以便在程序中进行处理。使用 FETCH 语句从结果集中检索数据的语法如下：

```
FETCH cursor_name INTO {variable_list | record_variable };
```

其中，变量用于存储检索的数据。例如，将上面游标 emp_info 中的数据存入记录变量 emp_record 中：

```
FETCH emp_info INTO emp_record;
```

在游标中包含一个指针，每执行一个 FETCH 语句时，该指针将自动移动到结果集的下一行。如果在循环中使用 FETCH 语句，这样每一次循环都会从表中读取一行数据，从而遍历游标中的每行数据。

【例 6.16】使用 LOOP 循环语句循环读取 emp_info 游标中的记录。相关命令及执行结果如下：

```
SQL> SET SERVEROUTPUT ON
   SQL> DECLARE
  2    CURSOR emp_info (dept_no NUMBER := 20) --声明一个带参数的游标
  3    IS
  4    SELECT empno , ename , job , sal
  5    FROM emp WHERE deptno = dept_no ;
  6    TYPE emp_type IS RECORD (
  7              empno NUMBER(4) ,
  8              ename VARCHAR2(10) ,
  9              job VARCHAR2(9) ,
 10              sal NUMBER(7, 2)
 11      ) ;
 12    emp_record emp_type ;
 13
 14  BEGIN
 15      OPEN emp_info (10) ;   --打开游标时传入参数
 16      LOOP
 17        FETCH emp_info INTO emp_record ;
 18          DBMS_OUTPUT.PUT('行号' || emp_info%ROWCOUNT) ;
 19          DBMS_OUTPUT.PUT(',' || emp_record .empno);
 20          DBMS_OUTPUT.PUT(',' || emp_record .ename);
 21          DBMS_OUTPUT.PUT(',' || emp_record.job);
 22          DBMS_OUTPUT.PUT_LINE(',' || emp_record .sal) ;
 23          EXIT WHEN emp_info%NOTFOUND;
```

```
24        END LOOP ;
25        CLOSE emp_info ;
26 END;
27 /
```

行号 1,7782,CLARK,MANAGER,2450
行号 2,7839,KING,PRESIDENT,5000
行号 3,7934,MILLER,CLERK,1300
行号 3,7934,MILLER,CLERK,1300

PL/SQL 过程已成功完成。

在使用游标的时候，需要了解游标的几个属性，具体说明如下。
- %FOUND：返回布尔类型的值。用于判断最近一次读取记录时是否有数据行返回，如果有则返回 TRUE，否则返回 FALSE。
- %NOTFOUND：返回布尔类型的值，与%FOUND 相反。
- %ISOPEN：返回布尔类型的值。用于判断游标是否已经打开，如果已经打开则返回 TRUE，否则返回 FALSE。
- %ROWCOUNT：返回数字类型的值。用于返回已经从游标中读取的记录数。

6.4.2　隐式游标

隐式游标就是指非 PL/SQL 程序中定义的而且是在 PL/SQL 中使用 UPDATE、DELETE 语句时，Oracle 系统自动分配的游标。因为修改和删除也得逐条进行，所以它们的操作与我们定义的显式游标类似。

与显式游标不同，隐式游标在 PL/SQL 中不需要打开，也不需要关闭，即在执行 UPDATE、DELETE 语句时自动打开和关闭。当使用隐式游标的属性时，需要在属性前加上 SQL，因为 Oracle 在创建隐式游标时，默认的游标名为 SQL。

【例 6.17】使用隐式游标。相关命令及执行结果如下：

```
SQL> SET SERVEROUTPUT ON
SQL> DECLARE
  2    var_rows number;
  3  BEGIN
  4    UPDATE emp
  5    SET sal=sal+10
  6    WHERE deptno=10;
  7    var_rows :=SQL%ROWCOUNT;
  8    DBMS_OUTPUT.PUT_LINE('修改' || var_rows ||'条记录');
  9  END;
 10  /
修改 3 条记录
```

PL/SQL 过程已成功完成。

6.4.3 游标 FOR 循环

使用 FOR 语句也可以控制游标的循环操作。在这种情况下，不需要手动打开和关闭游标，也不需要手动判断游标是否还有返回记录，而且在 FOR 语句中设置的循环变量本身就存储了当前检索记录的所有列值，因此也不再需要定义变量接收记录值。

使用 FOR 循环时，不能对游标进行 OPEN、FETCH 和 CLOSE 操作。如果游标有输入参数，则只能使用该参数的默认值。

【例 6.18】使用游标 FOR 循环访问 emp 表。相关命令及执行结果如下：

```
SQL> SET SERVEROUTPUT ON
SQL> DECLARE
  2    CURSOR emp_info (dept_no NUMBER := 20)
  3    IS
  4    SELECT empno , ename , job , sal
  5    FROM emp WHERE deptno = dept_no ;
  6    TYPE emp_type IS RECORD (
  7              empno NUMBER(4) ,
  8              ename VARCHAR2(10) ,
  9              job VARCHAR2(9) ,
 10              sal NUMBER(7, 2)
 11    ) ;
 12  BEGIN
 13    FOR current_row IN emp_info
 14    LOOP
 15    DBMS_OUTPUT.PUT_LINE('行号' || emp_info%ROWCOUNT ||
current_row.ename);

 16    END LOOP ;
 17  END;
 18  /
行号 1JONES
行号 2SCOTT
行号 3ADAMS
行号 4FORD

PL/SQL 过程已成功完成。
```

6.4.4 使用游标更新数据

使用游标还可以更新表中的数据，其更新操作针对当前游标所指向的数据行。要使用游标更新数据，首先需要在声明游标时使用 FOR UPDATE 子句，然后就可以在 UPDATE 和 DELETE 语句使用 WHERE CURRENT OF 子句，修改或删除游标结果集中当前行对应的表中的数据行。

【例 6.19】使用带 FOR UPDATE 子句的 CURSOR 语句创建游标，并通过游标更新 mp 表中的数据。相关命令及执行结果如下：

```
SQL> SET SERVEROUTPUT ON
SQL> DECLARE
  2    emp_record EMP%ROWTYPE;
  3    CURSOR emp_cursor
  4    IS
  5    SELECT *
  6    FROM emp FOR UPDATE;
  7  BEGIN
  8    OPEN emp_cursor;
  9    LOOP
 10      EXIT WHEN emp_cursor%NOTFOUND;
 11      FETCH emp_cursor INTO emp_record;
 12      IF emp_record.empno='7499' THEN
 13        UPDATE emp SET comm=1500 WHERE CURRENT OF emp_cursor;
 14      END IF;
 15    END LOOP;
 16    COMMIT;
 17    CLOSE emp_cursor;
 18  END;
 19  /

PL/SQL 过程已成功完成。
```

6.5　异　　常

异常是指 PL/SQL 程序块在执行时出现的错误。在实际应用中，导致 PL/SQL 块出现异常的原因有很多，如程序本身出现逻辑错误，或者程序人员根据业务需要，自定义部分异常错误等。下面介绍 Oracle 中的异常及其处理方式。

6.5.1　异常处理

当产生异常时，如果程序中没有对该异常进行处理，则整个程序将停止运行。因此，程序员应该对可能出现的异常进行控制，也就是进行异常处理。Oracle 异常处理机制由 EXCEPTION 关键字组成，其具体语法如下：

```
EXCEPTION
    WHEN exception1 THEN
        statements1 ;
    WHEN exception2 THEN
        statements2 ;
    [ … ]
    WHEN OTHERS THEN
        statementsN ;
```

其中 exception<n>为可能出现的异常名称。WHEN OTHERS 类似于 ELSE，该子句需要放在 EXCEPTION 语句块的最后。

6.5.2 预定义异常

预定义异常，是指 Oracle 系统为一些常见错误定义好的异常，如表中的主键值重复、除数为 0 等。Oracle 中的预定义异常如表 6-2 所示。

表 6-2　Oracle 预定义异常

异常名称	错误代码	错误号	含　义
ACCESS_INTO_NULL	ORA-06530	-6530	试图给未初始化对象的属性赋值
CASE_NOT_FOUND	ORA-06592	-6592	CASE 语句中未找到匹配的 WHEN 子句，也没有默认的 ELSE 子句
CURSOR_ALREADY_OPEN	ORA-06511	-6511	试图打开一个已经打开的游标
DUP_VAL_ON_INDEX	ORA-00001	-1	试图向具有唯一约束的列中插入重复值
INVALID_CURSOR	ORA-01001	-1001	试图进行非法游标操作,如关闭一个尚未打开的游标等
INVALID_NUMBER	ORA-01722	-1722	试图将一个无法代表有效数字的字符串转换成数字。如果是在 PL/SQL 中，则引发的异常是 INVALID_NUMBER，而不是 VALUE_ERROR
LOGIN_DENIED	ORA-01017	-1017	试图用错误的用户名或密码连接数据库
NO_DATA_FOUND	ORA-01403	+100	数据不存在
NOT_LOGGED_ON	ORA-01012	-1012	试图在连接数据库之前访问数据库中的数据
PROGRAM_ERROR	ORA-06501	-6501	PL/SQL 内部错误
ROWTYPE_MISMATCH	ORA-06504	-6504	宿主游标变量与 PL/SQL 游标变量返回类型不兼容
SELF_IS_NULL	ORA-30625	-30625	试图在空对象中调用 MEMBER 方法
STORAGE_ERROR	ORA-06500	-6500	内存出现错误，或已用完
SUBSCRIPT_BEYOND_COUNT	ORA-06533	-6533	试图通过大于集合元素个数的索引值引用嵌套表或变长数组元素
SUBSCRIPT_OUTSIDE_LIMIT	ORA-06532	-6532	试图通过合法范围之外的索引值引用嵌套表或变长数组元素
SYS_INVALID_ROWID	ORA-01410	-1410	将字符串转换成通用记录号 rowid 的操作失败
TIMEOUT_ON_RESOURCE	ORA-00051	-51	等待资源时发生超时
TOO_MANY_ROWS	ORA-01422	-1422	SELECT INTO 语句返回多条记录
VALUE_ERROR	ORA-06502	-6502	发生算术、转换、截断或大小约束错误
ZERO_DIVIDE	ORA-01476	-1476	试图将 0 作为除数

SQLCODE 函数可以获取异常错误号，SQLERRM 函数则可以获取异常的具体描述信息。

【例 6.20】在 PL/SQL 中处理预定义异常。相关命令及执行结果如下：

```
SQL> SET SERVEROUTPUT ON
SQL> DECLARE
 2     var_num1 number;
 3     var_num2 number;
 4  BEGIN
 5    var_num1:=9;
 6    var_num2:=0;
 7    DBMS_OUTPUT.PUT_LINE('var_num1=' || var_num1) ;
 8    DBMS_OUTPUT.PUT_LINE('var_num2=' || var_num2) ;
 9    DBMS_OUTPUT.PUT_LINE(var_num1 || '/' || var_num2 || '='
10    || var_num1/var_num2);
11  END ;
12  /
DECLARE
*
第 1 行出现错误：
ORA-01476：除数为 0
ORA-06512：在 line 9
```

从执行结果可以看到，Oracle 抛出 ORA-01476 异常——"除数为 0"错误。在抛出异常后，由于程序中没有处理该异常的代码，因此程序终止执行。知道了异常的错误代码 ORA-01476，该错误对应的名称为 ZERO_DIVIDE。添加对该异常处理后的代码及执行结果如下：

```
SQL> SET SERVEROUTPUT ON
SQL> DECLARE
 2     var_num1 number;
 3     var_num2 number;
 4  BEGIN
 5    var_num1:=9;
 6    var_num2:=0;
 7    DBMS_OUTPUT.PUT_LINE('var_num1=' || var_num1) ;
 8    DBMS_OUTPUT.PUT_LINE('var_num2=' || var_num2) ;
 9    DBMS_OUTPUT.PUT_LINE(var_num1 || '/' || var_num2 || '='
10    || var_num1/var_num2);
11  EXCEPTION
12    WHEN ZERO_DIVIDE THEN
13      DBMS_OUTPUT.PUT_LINE('输入错误，除数不能为 0');
14  END ;
15  /
var_num1=9
var_num2=0
```

输入错误,除数不能为 0

PL/SQL 过程已成功完成。

从修改后的 PL/SQL 块执行结果可以发现,异常被处理后,Oracle 不再提示异常信息,并且往下执行处理异常之后的内容。

6.5.3　非预定义异常

除了 Oracle 预定义好的异常以外,还有一些其他异常也属于程序本身的逻辑错误,如违反表的外键约束、检查约束等。Oracle 只为这些异常提供了错误代码,而这些异常同样需要处理,只不过需要在 PL/SQL 块中使用 PRAGMA EXCEPTION_INIT 语句为该异常设置名称。其语法如下:

```
PRAGMA EXCEPTION_INIT ( exception_name , oracle_error_number ) ;
```

其中,exception_name 为设置的异常名称,该名称需要事先使用 EXCEPTION 类型进行定义。oracle_error_number 是 Oracle 的错误号,该错误号与错误代码相关联。例如,错误代码为 ORA-06530,则错误号为-6530。这里说的错误代码是由 Oracle 提供的。

【例 6.21】向 scott 用户的 emp 表添加一行记录,由于该表定义了外键约束,使得添加数据时提供的部门号必须存在于 dept 表中。相关命令及执行情况如下:

```
SQL> INSERT INTO emp(empno,ename,job,deptno)
  2  VALUES(8900,'TOM','CLERK',70);
INSERT INTO emp(empno,ename,job,deptno)
*
第 1 行出现错误:
ORA-02291: 违反完整约束条件 (SCOTT.FK_DEPTNO) - 未找到父项关键字
```

Oracle 提示错误代码为 ORA-02291,该错误代码对应的处理内容在 Oracle 预定义异常中不存在。因此,要想处理此异常,就需要为该错误代码对应的错误号设置一个异常名称,然后再使用该名称进行异常处理。相关命令及执行结果如下:

```
SQL> SET SERVEROUTPUT ON
SQL> DECLARE
  2    ForeignException EXCEPTION ;
  3    PRAGMA EXCEPTION_INIT(ForeignException , -02291) ;
  4  BEGIN
  5    INSERT INTO emp(empno,ename,job,deptno)
  6    VALUES(8900,'TOM','CLERK',70);
  7    EXCEPTION
  8        WHEN ForeignException THEN
  9        DBMS_OUTPUT.PUT_LINE('提供的部门编号不存! ') ;
 10  END ;
 11  /
提供的部门编号不存!

PL/SQL 过程已成功完成。
```

6.5.4 自定义异常

前面提到的异常主要是程序本身的逻辑错误，在实际的程序开发中，为了实施具体的业务逻辑规则，程序开发人员往往会根据这些逻辑规则自定义一些异常。当用户进行操用违反了这些规则后，就引发一个自定义异常，从而中断程序的正常执行，并转到自定义异常处理部分。

用户自定义异常是通过使用 RAISE 语句来触发的。当引发一个异常时，程序的执行流程就转到 EXCEPTION 异常处理部分，执行异常处理语句。

【例 6.22】引发自定义异常。相关命令及执行结果如下：

```
SQL> SET SERVEROUTPUT ON
  SQL> DECLARE
   2    NO_RECORD EXCEPTION;
   3  BEGIN
   4    UPDATE emp
   5    SET comm=comm+100
   6    WHERE empno='8900';
   7
   8    IF SQL%NOTFOUND  THEN
   9      RAISE NO_RECORD;
  10    END IF;
  11
  12  EXCEPTION
  13    WHEN NO_RECORD THEN
  14      DBMS_OUTPUT.PUT_LINE('未更新任何记录');
  15  END;
  16  /
未更新任何记录

PL/SQL 过程已成功完成。
```

从输出结果可见，当未更新任何记录时，程序抛出一个自定义异常，并在程序中处理该异常，提示用户未更新记录。

6.6 习   题

一、填空题

1. PL/SQL 程序块一般包括 DECLARE 部分、BEGIN ... END 部分和_____部分。
2. PL/SQL 程序块中的赋值符号为_____。
3. 在声明常量时需要使用_____关键字，并且必须为常量赋初始值。
4. 使用游标一般分为声明游标、_____、_____和关闭游标这几个步骤。
5. 下列程序计算由 0 到 9 之间的任意 3 个不相同的数字组成的三位数共有多少种不同的组合方式。完成下列程序，使其能够正确运行。

```
DECLARE
  counter number:=0;
BEGIN
  FOR i IN 1..9 LOOP
    FOR j IN 0..9 LOOP
      IF _____THEN
        FOR k IN 0..9 LOOP
          IF_____THEN
            counter:=counter+1;
          END IF;
        END LOOP;
      END IF;
    END LOOP;
  END LOOP;
  DBMS_OUTPUT.put_line(counter);
END;
```

二、选择题

1. 下列哪个语句允许检查 UPDATE 语句所影响的行数？（   ）

    A. SQL%FOUND   B. SQL%ROWCOUNT

    C. SQL%COUNTD   D. SQL%NOTFOUND

2. 如何终止 LOOP 循环，防止其出现死循环？（   ）

    A. 在 LOOP 语句中的条件为 FALSE 时停止。

    B. 这种循环限定的循环次数，它会自动终止循环。

    C. EXIT WHEN 语句中的条件为 TRUE。

    D. EXIT WHEN 语句中的条件为 FALSE。

3. 有如下 PL/SQL 程序块：

```
SQL> DECLARE
  2  a NUMBER := 10 ;
  3  b NUMBER := 0 ;
  4  BEGIN
  5    IF a > 2 THEN
  6        b := 1 ;
  7    ELSIF a > 4 THEN
  8        b := 2 ;
  9    ELSE
 10        b := 3 ;
 11    END IF ;
 12    DBMS_OUTPUT.PUT_LINE(b) ;
 13  END ;
```

执行上述 PL/SQL 块后的输出结果为(   )。

    A. 0   B. 1   C. 2   D. 3

4. 有如下 PL/SQL 程序块：

```
SQL> DECLARE
```

```
2  i BINARY_INTEGER := 1 ;
3  BEGIN
4     WHILE i >= 1
5     LOOP
6            i := i+1 ;
7            DBMS_OUTPUT.PUT_LINE(i) ;
8     END LOOP ;
9  END ;
```

执行上述 PL/SQL 块，结果为(   )。

    A. 输出从 1 开始，每次递增 1 的数

    B. 输出从 2 开始，每次递增 1 的数

    C. 输出 2

    D. 该循环将陷入死循环

三、简答题

1. 简述常量与变量在创建与使用时的区别。

2. 简述如何处理用户自定义异常。

3. 描述游标的各个属性。

4. 简述使用游标 FOR 循环对游标的处理？

第 7 章 存储过程、函数、触发器和包

本章导读

在上一章中介绍了 PL/SQL 程序块的使用，不过这些 PL/SQL 程序块都是匿名块，也就是说它们都没有名字。当需要再次使用这些程序块时，只能再次编写程序块的内容，然后由 Oracle 重新编译并执行。为了提高系统的应用性能，Oracle 提供了一系列"命名程序块"，也称为"子程序"，主要包括存储过程、函数、触发器和程序包。这些命名程序块在创建时由 Oracle 系统编译并保存，需要时可以通过名字调用它们，并且不再需要编译。本章具体介绍存储过程、函数、触发器和程序包的创建与使用。

学习目标

- 掌握存储过程的创建。
- 熟练掌握带参数的存储过程的使用。
- 掌握存储过程的管理。
- 掌握函数的创建与使用。
- 了解触发器的类型。
- 理解触发器的作用。
- 熟练掌握各种类型的触发器。
- 了解程序包的创建与使用。

7.1 存 储 过 程

存储过程是一种命名 PL/SQL 程序块，它可以被赋予参数，存储在数据库中，可以被用户调用。由于存储过程是已经编译好的代码，所以在调用时不必再次进行编译，从而提高了程序的运行效率。

7.1.1 创建与调用存储过程

创建存储过程需要使用 CREATE PROCEDURE 语句，其语法如下：

```
CREATE [ OR REPLACE ] PROCEDURE procedure_name
[
    ( parameter [ IN | OUT | IN OUT ] data_type )
    [ , … ]
]
{ IS | AS }
    [ declaration_section ; ]
BEGIN
```

```
        procedure_body ;
END [ procedure_name ] ;
```

语法说明如下。

- OR REPLACE：表示如果存储过程已经存在，则替换已有存储过程。
- procedure_name：创建的存储过程名称。
- parameter：参数。可以为存储过程设置多个参数，参数定义之间使用逗号(,)隔开。
- IN | OUT | IN OUT：指定参数的模式。IN 表示输入参数，在调用存储过程时需要为输入参数赋值，而且其值不能在过程体中修改；OUT 表示输出参数，存储过程通过输出参数返回值；IN OUT 则表示输入/输出参数，这种类型的参数既接收传递值，也允许在过程体中修改其值，并可以返回。
- data_type：参数的数据类型。不能指定精确数据类型，例如，只能使用 NUMBER，不能使用 NUMBER(2)等。
- declaration_section：声明变量。在此处声明变量不能使用 DECLARE 语句，这些变量主要用于过程体中。
- procedure_body：过程体。
- END [procedure_name]：在 END 关键字后面添加过程名，可以提高程序的可读性，不是必需的。

【例 7.1】创建存储过程。相关命令及执行结果如下：

```
SQL> CREATE PROCEDURE update_emp AS
  2  BEGIN
  3    UPDATE emp SET comm =1500
  4    WHERE empno = '7900';
  5  END update_emp ;
  6  /
```

过程已创建。

过程创建好后，过程体中的内容并没有执行，仅仅只是被编译后保存在数据库中。执行过程中的内容还需要调用该过程。调用存储过程有以下两种方式。

(1) 在 PL/SQL 匿名程序块中调用存储过程。

【例 7.2】在 PL/SQL 匿名程序块中调用存储过程。相关命令及执行结果如下：

```
SQL> BEGIN
  2    update_emp;
  3  END;
  4  /
```

PL/SQL 过程已成功完成。

查询 emp 表验证执行结果。相关命令及执行结果如下：

```
SQL> SELECT empno,ename,comm
  2  FROM emp
  3  WHERE empno='7900';

    EMPNO   ENAME           COMM
---------- ----------    ----------
```

```
        7900    JAMES              1500
```

(2) 在 SQL*Plus 中直接使用 CALL 或 EXECUTE 调用存储过程。执行情况如下：

```
SQL> CALL update_emp();
调用完成。
```

或者：

```
SQL> EXECUTE update_emp();
PL/SQL 过程已成功完成。
```

7.1.2 带参数的存储过程

上一节创建了一个很简单的存储过程 update_emp，每次调用该过程都会更新指定行的 COMM 列。这种存储过程在实际应用中的作用不大。事实上，存储过程通常应该具有一定的交互性。例如，按用户要求修改指定员工的 comm 列为指定值，这就需要创建带参数的存储过程。

1．IN 参数的使用

IN 表示参数为输入类型，由存储过程的调用者为其赋值(也可以使用默认值)。如果不为参数指定模式，则其模式默认为 IN。

【例 7.3】创建带 IN 参数的存储过程 update_emp，为该过程设置两个 IN 参数，分别用于接收用户提供的 empno 与 comm 值。相关命令及执行结果如下：

```
SQL> CREATE OR REPLACE PROCEDURE update_emp
  2  ( emp_num IN NUMBER , emp_comm IN NUMBER ) AS
  3  BEGIN
  4    UPDATE emp SET comm = emp_comm
  5    WHERE empno = emp_num ;
  6  END update_emp ;
  7  /
```

过程已创建。

在调用上述存储过程 update_emp 时，就需要为该过程的两个输入参数赋值，赋值的形式主要有如下两种。

1) 不指定参数名

不指定参数名，是指调用过程时只提供参数值，而不指定该值赋予哪个参数，Oracle 会自动根据参数的先后顺序为参数赋值，如果值的个数(或数据类型)与参数的个数(或数据类型)不匹配，则会返回错误。

【例 7.4】传递参数调用 update_emp 过程。相关命令及执行结果如下：

```
SQL> CALL update_emp(7844,2500);

调用完成。
查询 emp 表验证结果。
SQL> SELECT empno,ename,comm
```

```
2   FROM emp
3   WHERE empno='7844';

    EMPNO      ENAME       COMM
---------- ---------- ----------
    7844      TURNER       2500。
```

使用这种赋值形式，要求用户了解过程的参数顺序和数据类型。

2)　指定参数名

指定参数名，是指在调用过程时不仅提供参数值，还指定该值所赋予的参数。在这种情况下，可以不按参数顺序赋值。指定参数名的赋值形式为：parameter_name => value。

【例 7.5】使用指定参数名的形式调用 update_emp2 过程，相关命令及执行结果如下：

```
SQL> EXEC update_emp(emp_comm=>3000,emp_num=>7844);
PL/SQL 过程已成功完成。
```

使用这种赋值形式，要求用户了解过程的参数名称。相对不指定参数名的赋值形式而言，指定参数名使得程序更具有可读性，不过同时也增加了赋值语句的内容长度。

2．OUT 参数使用

OUT 表示参数为输出类型，由存储过程中的语句为其赋值，并返回给用户。使用这种模式的参数，必须在参数后面添加 OUT 关键字。

【例 7.6】创建存储过程 select_emp，为该过程设置 1 个 IN 参数和 1 个 OUT 参数，其中 IN 参数接收用户提供的 empno 值，然后在过程体中将该 empno 对应的 ename 值传递给 OUT 参数。相关命令及执行结果如下：

```
SQL> CREATE OR REPLACE PROCEDURE select_emp
  2 ( emp_num IN NUMBER , emp_name OUT VARCHAR2 ) AS
  3 BEGIN
  4   SELECT ename INTO emp_name
  5   FROM emp WHERE empno = emp_num ;
  6 END select_emp ;
  7 /
```

过程已创建。

因为这个过程要通过 OUT 参数返回值，这意味着在调用它时必须提供能够接收返回值的变量。因此，在编写 PL/SQL 匿名程序块时，需要定义一个变量接收返回值；而在使用 SQL*Plus 直接调用过程时，需要使用 VARIABLE 命令绑定参数值。

【例 7.7】在 SQL*Plus 中直接调用存储过程 select_emp。相关命令及执行结果如下：

```
SQL> VARIABLE emp_name varchar2(10);
SQL> EXEC select_emp(7844,:emp_name);

PL/SQL 过程已成功完成。
```

然后，需要使用 PRINT 命令查看变量 employee_name 中的值。如下：

```
SQL> PRINT emp_name;

EMP_NAME
---------------------------------
TURNER
```

也可以使用 SELECT 语句查看变量 emp_name 中的值。语句如下：

```
SQL> SELECT : emp_name FROM dual ;
```

 在 EXECUTE 语句中绑定变量时，需要在变量名前添加冒号(:)。

3. IN OUT 参数的使用

IN OUT 表示该参数同时拥有 IN 与 OUT 类型的特性，它既接收用户的传值，又允许在过程中修改其值，并可以将值返回。使用这种模式的参数，需要在参数后面添加 IN OUT 关键字。IN OUT 参数不接收常量值，只能使用变量为其传值。

【例 7.8】创建存储过程 swap，实现对两个参数排序。相关命令及执行结果如下：

```
SQL> CREATE OR REPLACE PROCEDURE swap
  2  ( value1 IN OUT NUMBER , value2 IN OUT NUMBER )AS
  3  temp NUMBER ;
  4  BEGIN
  5    temp := value1;
  6    value1 := value2;
  7    value2 := temp;
  8  END swap ;
  9  /

过程已创建。
```

存储过程 swap 完成了两个数之间的交换，它需要同时传入两个参数，在交换完成后需要同时返回两个数值。下面将编写匿名程序块调用这个存储过程：

```
SQL> DECLARE
  2    var_value1 number:=20;
  3    var_value2 number:=36;
  4  BEGIN
  5    IF var_value1<var_value2 THEN
  6      swap(var_value1,var_value2);
  7    END IF;
  8    DBMS_OUTPUT.PUT_LINE('var_value1=' || var_value1);
  9    DBMS_OUTPUT.PUT_LINE('var_value2=' || var_value2);
 10  END;
 11  /
var_value1=36
var_value2=20

PL/SQL 过程已成功完成。
```

7.1.3　修改与删除存储过程

修改存储过程是在 CREATE PROCEDURE 语句中添加 OR REPLACE 关键字，其他内容与创建存储过程一样，其实质是删除原有过程，然后创建一个全新的过程，只不过前后两个过程的名称相同而已。

删除存储过程需要使用 DROP PROCEDURE 语句，其语法如下：

```
DROP PROCEDURE procedure_name ;
```

7.1.4　查询存储过程的定义信息

对于已经创建好的存储过程，如果想要了解其定义信息，则可以查询数据字典 user_source。

【例 7.9】通过数据字典 user_source 查询存储过程 select_emp 的定义信息。相关命令及执行结果如下：

```
SQL> COLUMN text FORMAT A30;
SQL> COLUMN name FORMAT A20;
SQL> SELECT * FROM user_source WHERE name = 'SELECT_EMP' ;

NAME              TYPE         LINE       TEXT
--------------    -----------  ---------- ----------------------------
SELECT_EMP        PROCEDURE    1          PROCEDURE select_emp
SELECT_EMP        PROCEDURE    2          ( emp_num IN NUMBER , emp_name
                                          OUT VARCHAR2 ) AS

SELECT_EMP        PROCEDURE    3          BEGIN
SELECT_EMP        PROCEDURE    4          SELECT ename INTO emp_name
SELECT_EMP        PROCEDURE    5          FROM emp WHERE empno = emp_n
                                          um ;

SELECT_EMP        PROCEDURE    6          END select_emp ;
```

已选择 6 行。

其中，name 表示对象名称；type 表示对象类型；line 表示定义信息中文本所在的行数；text 表示对应行的文本信息。

7.2　函　　数

函数与存储过程很相似，它们都可以接收用户传递的值，并向用户返回值。不同之处在于，函数必须返回一个值，并且只能作为一个表达式的一部分，不可以作为一个完整的语句使用。

创建函数需要使用 CREATE FUNCTION 语句，其语法如下：

```
CREATE [ OR REPLACE ] FUNCTION function_name
[
    ( parameter [ IN | OUT | IN OUT ] data_type )
    [ , … ]
]
RETURN data_type
{ IS | AS }
    [ declaration_section ; ]
BEGIN
    function_body ;
END [ function_name ] ;
```

从语法上也可以发现，函数与存储过程大致相同。不同的是函数中需要有 RETURN 子句，该子句指定返回值的数据类型(不能指定确定精度)，而在函数体中也需要使用 RETURN 语句返回对应数据类型的值，该值可以是一个常量，也可以是一个变量。

【例 7.10】创建一个函数 get_dept，该函数实现根据部门编号获取部门信息。相关命令及执行结果如下：

```
SQL> CREATE OR REPLACE FUNCTION
  2  get_dept(dept_no IN NUMBER)
  3  RETURN VARCHAR2
  4  AS
  5    deptname dept.dname%type;
  6  BEGIN
  7    SELECT dname INTO deptname
  8    FROM dept
  9    WHERE deptno =dept_no;
 10    RETURN deptname;
 11  EXCEPTION
 12    WHEN no_data_found THEN
 13      DBMS_OUTPUT.PUT_LINE('当前部门不存在！');
 14  END;
 15  /
```

函数已创建。

在 PL/SQL 匿名程序块需要定义一个变量来接收返回的值。相关命令及执行结果如下：

```
SQL> SET SERVEROUTPUT ON
SQL> DECLARE
  2  dept_name VARCHAR2(20);
  3  BEGIN
  4    dept_name := get_dept(10);
  5    DBMS_OUTPUT.PUT_LINE('当前部门名：' || dept_name);
  6  END;
  7  /
当前部门名：ACCOUNTING
```

PL/SQL 过程已成功完成。

也可以在 SQL*PLUS 中直接使用 SELECT 语句调用函数。

```
SQL> SELECT get_dept(20) FROM dual;

GET_DEPT(20)
------------------------------------
RESEARCH
```

7.3　触　发　器

触发器是一种特殊的存储过程，它不是由用户调用的，而是在发生某种数据库事件时由 Oracle 系统自动触发的。触发器通常用于加强数据的完整性约束和业务规则等。

7.3.1　认识触发器

触发器包含如下 4 个主要组成部分。
(1)　触发器名称。
(2)　触发条件。
(3)　触发器限制。
(4)　触发器主体。

触发器作为数据库中的一种命名程序块。用户在创建触发器时必须为触发器指定一个唯一的名称。触发条件就是那些可以导致触发器执行的事件，如执行 INSERT、UPDATE 和 DELETE 语句。当触发事件发生时触发器的主体操作并不一定会执行，这还要取决于触发器的限制。

【例 7.11】创建一个触发器，实现检查用户输入数据的合法性。相关命令及执行结果如下：

```
SQL> CREATE OR REPLACE TRIGGER update_sal_trigger
  2  BEFORE UPDATE
  3  ON emp
  4  FOR EACH ROW
  5  BEGIN
  6    IF :new.sal<1280 THEN
  7      raise_application_error(-20010,'员工工资不能低于规定值！');
  8    END IF;
  9  END update_sal_trigger ;
 10  /
```

触发器已创建

创建该触发器后，如果更新的 sal 列值小于规定值，则该触发器主体就会调用 raise_application_error 函数抛出异常。相关命令及执行情况如下：

```
SQL> UPDATE emp SET sal=1200
  2  WHERE empno=7844;
UPDATE emp SET sal=1200
```

*

第 1 行出现错误：
ORA-20010：员工工资不能低于规定值！
ORA-06512：在 "SCOTT.UPDATE_SAL_TRIGGER", line 3
ORA-04088：触发器 'SCOTT.UPDATE_SAL_TRIGGER' 执行过程中出错

　　根据触发事件不同，Oracle 中触发器的类型主要有 DML 触发器、INSTEAD OF 触发器、系统事件触发器和 DDL 触发器。

　　1)　DML 触发器

　　DML 触发器由 DML 语句触发，如执行 INSERT、UPDATE 和 DELETE 语句，上面的示例就是一个 DML 触发器。针对所有的 DML 事件，按触发的时间可以将 DML 触发器分为 BEFORE 触发器与 AFTER 触发器，分别表示在 DML 事件发生之前与发生之后采取行动。另外，DML 触发器也可以分为语句级触发器与行级触发器。其中，语句级触发器针对某一条语句触发一次，而行级触发器则针对语句所影响的每一行都触发一次。例如，某条 UPDATE 语句修改了表中的 100 行数据，那么针对该 UPDATE 事件的语句级触发器将被触发一次，而行级触发器将被触发 100 次。

　　2)　INSTEAD OF 触发器

　　INSTEAD OF 触发器又称替代触发器，用于执行一个替代操作来代替触发事件的操作。例如，针对 INSERT 事件的 INSTEAD OF 触发器，它由 INSERT 语句触发，当出现 INSERT 语句时，该语句不会被执行，而是执行 INSTEAD OF 触发器中定义的语句。

　　3)　系统事件触发器

　　系统事件触发器在发生如数据库启动或关闭等系统事件时触发。

　　4)　DDL 触发器

　　DDL 触发器由 DDL 语句触发，如 CREATE、ALTER 和 DROP 语句。DDL 触发器同样可以分为 BEFORE 触发器与 AFTER 触发器。

7.3.2　DML 触发器

　　创建 DML 触发器的语法如下：

```
CREATE [OR REPLACE] TRIGGER trigger_name
{BEFORE | AFTER }
{INSERT | DELETE | UPDATE [OF column [, column …]]}
ON {[schema.] table_name | [schema.] view_name}
[REFERENCING {OLD [AS] old | NEW [AS] new| PARENT as parent}]
[FOR EACH ROW ]
[WHEN condition]
Trigger body;
```

　　其中：BEFORE 和 AFTER 指出触发器的触发时间，分别为 DML 操作前触发和 DML 操作后触发。INSERT、UPDATE 和 DELETE 说明了触发的 DML 语句。在创建 UPDATE 触发器时，还可以将触发器应用到一列或多个列。如果指定多个列，则列之间必须使用逗号分隔。

关于 DML 触发器的说明如下。

(1) DML 操作主要包括 INSERT、DELETE 和 UPDATE 操作，通常根据触发器所针对的具体事件将 DML 触发器分为 INSERT 触发器、UPDATE 触发器和 DELETE 触发器。

(2) 可以将 DML 操作细化到列，即针对某列进行 DML 操作时激活触发器。

(3) 任何 DML 触发器都可以按触发时间分为 BEFORE 触发器与 AFTER 触发器。

(4) 在行级触发器中，为了获取某列在 DML 操作前后的数据，Oracle 提供了两种特殊的标识符：:OLD 和:NEW，通过:OLD.column_name 的形式可以获取该列的旧数据，而通过:NEW.column_name 则可以获取该列的新数据。INSERT 触发器只能使用:NEW，DELETE 触发器只能使用:OLD，而 UPDATE 触发器则两种都可以使用。

如果在创建 DML 触发器时不使用 FOR EACH ROW 子句，则表示创建的是语句级触发器。语句级触发器对所有受影响的数据行只触发一次，因此无法使用:NEW 与:OLD 标识符获取某列的新旧数据。

【例 7.12】创建触发器记录用户对 emp 表的操作。首先建立称为 emp_log 的日志信息表，用于存储用户对表的操作。相关命令及执行结果如下：

```
SQL> CREATE TABLE emp_log(
  2   who varchar2(30),
  3   oper_date date
  4  );
```

表已创建。

然后在 emp 表上创建语句级触发器，它会在用户对 emp 表操作时触发，并向 emp_log 表添加操作的用户名和日期。相关命令及执行结果如下：

```
SQL> CREATE OR REPLACE TRIGGER emp_delete_trig
  2    AFTER DELETE
  3    ON emp
  4  BEGIN
  5    INSERT INTO emp_log(who,oper_date)
  6    values(user,sysdate);
  7  END emp_trig;
  8  /
```

触发器已创建

为测试该触发器是否正常运行，现在删除 emp 表中的记录，并查询日志信息表 emp_log。相关命令及执行结果如下：

```
SQL> DELETE FROM emp WHERE deptno=10;
```

已删除 3 行。

```
SQL> SELECT * FROM emp_log;

WHO                            OPER_DATE
------------------------------ --------------
SCOTT                          31-3 月 -17
```

从查询结果中可看出，虽然使用 DELETE 操作删除了表中 3 行记录，但是触发器只被激活了一次，即只向日志信息表中添加了一行记录，由此可以看出语句级触发器的特点。

 在创建触发器时，还可以为触发器指定多个触发条件，实现在一个单独的触发器中分别处理不同的触发事件。

多条件触发器的语法如下：

```
CREATE OR REPLACE TRIGGER
BEFORE INSERT OR UPDATE OR DELETE
BEGIN
  NULL
END;
```

在处理多条件触发器时，需要考虑一个问题，即如何确定哪个语句导致了触发器的激活？这就需要使用条件谓词。条件谓词由一个关键字 IF 和谓词 INSERTING、UPDATING 和 DELETING 构成。

【例 7.13】创建多条件触发器，该触发器实现记录用户对表进行的操作类型。首先修改日志信息表 emp_log，为其添加一个字段以记录用户进行的操作。相关命令及执行结果如下：

```
SQL> ALTER TABLE emp_log
  2 ADD(Operation VARCHAR2(20));
```

表已更改。

然后修改触发器为多条件触发器。相关命令及执行结果如下：

```
SQL> CREATE OR REPLACE TRIGGER emp_monitor_trigger
  2    BEFORE INSERT OR UPDATE OR DELETE
  3    ON emp
  4  DECLARE
  5    action emp_log.operation%type;
  6  BEGIN
  7    IF INSERTING THEN
  8       action:='INSERT';
  9    END IF;
 10    IF UPDATING THEN
 11       action:='UPDATE';
 12    END IF;
 13    IF DELETING THEN
 14       action:='DELETE';
 15    END IF;
 16    INSERT INTO emp_LOG(who,oper_date,operation)
 17    VALUES(USER,SYSDATE,action);
 18  END;
 19  /
```

触发器已创建

如果现在对表 emp 进行插入、更新、删除操作，则触发器就会触发，并记录用户的操作。

另外，在使用 UPDATING 条件谓词时，还可以具体到一个特定的列。例如，如果想要 UPDATE 操作修改了 sal 列时触发，则可以使用如下语句：

```
IF UPDATING('sal') THEN
--do something
END IF;
```

条件谓词的使用可以让触发器的编写者更加有力地控制触发器中代码的执行。

 使用 DROP TRIGGER 语句可以删除触发器，另外使用 CREATE OR REPLACE 命令可以修改或创建触发器。

7.3.3　INSTEAD OF 触发器

INSTEAD OF 触发器用于执行一个替代操作来代替触发事件的操作，而触发事件本身最终不会被执行。如果是 DML 触发器，则无论是 BEFORE 触发器还是 AFTER 触发器，触发事件最终都会被执行。

使用替代触发器的一个常用情形是对视图的操作。如果一个视图是由多个表进行连接而组成，则该视图不允许进行 INSERT、UPDATE 和 DELETE 这样的 DML 操作。当在视图上编写替代触发器后，用户对视图的 DML 操作不会执行，而是执行触发器中的 PL/SQL 语句块。这样就可以通过在替代触发器中编写适当的代码，完成对组成视图的各个表进行操作。

【例 7.14】创建替代触发器，完成对视图的操作。首先创建描述员工及其部门视图。相关命令及执行结果如下：

```
SQL> connect system/password
已连接。
SQL> grant create view to scott;
授权成功。

SQL> connect scott/tiger
已连接。
SQL> CREATE OR REPLACE VIEW emp_detail_view
  2  AS
  3  SELECT empno,ename,job,mgr,hiredate,sal,
  4        dept.deptno deptno,dname,loc
  5  FROM emp JOIN dept ON emp.deptno=dept.deptno;
```

视图已创建。

由于 scott 用户权限不足，所以这里首先以 system 用户登录，并向 scott 用户授予创建视图的权限。由于创建的视图是由 emp 和 dept 表合成的，所以当用户试图对该视图进行 DML 操作时，Oracle 会提示出错。执行情况如下：

```
SQL> INSERT INTO emp_detail_view(empno,ename,job,mgr,
  2            hiredate,sal,deptno,dname,loc)
  3  VALUES (8900,'TOM','SALESMAN',7689,
  4
to_date('2007-12-20','YYYY-MM-DD'),1500,30,'SALES','CHICAGO');
          hiredate,sal,deptno,dname,loc)
                    *
第 2 行出现错误:
ORA-01776: 无法通过连接视图修改多个基表
```

如果想通过视图向 emp 表添加新记录，则需要使用 INSTEAD OF INSERT 触发器。触发器创建如下：

```
SQL> CREATE OR REPLACE TRIGGER insert_emp_detail_view_trigger
  2  INSTEAD OF INSERT
  3  ON emp_detail_view
  4  FOR EACH ROW
  5  DECLARE
  6   var_deptno dept.deptno%type;
  7  BEGIN
  8    INSERT INTO emp (empno,ename,job,mgr,hiredate,sal,deptno)
  9    VALUES(:NEW.empno ,:NEW.ename,:NEW.job,:NEW.mgr,
 10                 :NEW.hiredate,:NEW.sal,:NEW.deptno);
 11  END insert_emp_detail_view_trigger;
 12  /
```

触发器已创建

再次使用 INSERT 语句向 student_view 视图中添加记录。如下：

```
SQL> INSERT INTO emp_detail_view(empno,ename,job,mgr,
  2            hiredate,sal,deptno,dname,loc)
  3  VALUES (8900,'TOM','SALESMAN',7689,
  4       to_date('2007-12-20','YYYY-MM-DD'),1500,30,'SALES','CHICAGO');
```

已创建 1 行。

从结果可以看出，INSERT 操作成功执行，已经成功通过 `emp_detail_view` 视图向 emp 表中添加了一条记录。

7.3.4 系统事件触发器

系统事件触发器是指由数据库系统事件触发的触发器，其所支持的系统事件如表 7-1 所示。

表7-1 系统事件触发器所支持的系统事件

系统事件	说　明
LOGOFF	用户从数据库注销

续表

系统事件	说　明
LOGON	用户登录数据库
SERVERERROR	服务器发生错误
SHUTDOWN	关闭数据库实例
STARTUP	打开数据库实例

其中，对于 LOGOFF 和 SHUTDOWN 事件只能创建 BEFORE 触发器；对于 LOGON、SERVERERROR 和 STARTUP 事件只能创建 AFTER 触发器。

创建系统事件触发器需要使用 ON DATABASE 子句，即表示创建的触发器是数据库级触发器。创建系统事件触发器需要用户具有 DBA 权限。

【例 7.15】以 system 用户登录，并创建一个系统事件触发器，该触发器由 LOGON 事件触发，记录登录用户的用户名(USER)与登录时间。相关命令及执行结果如下：

```
SQL> CONNECT system/password
已连接。
SQL> CREATE TRIGGER logon_trigger
  2  AFTER LOGON
  3  ON DATABASE
  4  BEGIN
  5    INSERT INTO logon_log VALUES ( USER , SYSDATE ) ;
  6  END logon_trigger ;
  7  /

触发器已创建
```

上述语句中的 logon_log 表需要事先创建，本示例中省略了其创建内容。

7.3.5 DDL 触发器

DDL 触发器由 DDL 语句触发，按触发时间可以分为 BEFORE 触发器与 AFTER 触发器，其所针对的事件包括 CREATE、ALTER、DROP、ANALYZE、GRANT、COMMENT、REVOKE、RENAME、TRUNCATE、AUDIT、NOTAUDIT、ASSOCIATE STATISTICS 和 DISASSOCIATE STATISTICS。

创建 DDL 触发器需要用户具有 DBA 权限。

【例 7.16】在 system 用户下创建一个 DDL 触发器，该触发器由 CREATE 事件触发，记录执行该操作的用户(USER)，以及创建的对象名(SYS.DICTIONARY_OBJ_NAME)、对象类型(SYS.DICTIONARY_OBJ_TYPE)和创建时间。相关命令及执行结果如下：

```
SQL> CONNECT system/password
已连接。
SQL> CREATE OR REPLACE TRIGGER create_trigger
  2  AFTER CREATE
```

```
3  ON DATABASE
4  BEGIN
5    INSERT INTO create_log VALUES
6    (USER , SYS.DICTIONARY_OBJ_NAME ,SYS.DICTIONARY_OBJ_TYPE ,SYSDATE);
7  END create_trigger ;
8  /
```

触发器已创建

 上述语句中的 create_log 表需要事先创建，本示例中省略了其创建内容。

7.3.6　禁用与启用触发器

ALTER TRIGGER 语句用来重新编译、启用或禁用触发器。如果在触发器内调用了函数或过程，则当这些函数或过程被删除或修改后，触发器的状态将被标识为无效 INVALID。当触发一个无效触发器时，Oracle 将重新编译触发器代码，如果重新编译时发现错误，这将导致 DML 语句执行失败。在 PL/SQL 程序中可以调用 ALTER TRIGGER 语句重新编译已经创建的触发器。重新编译触发器的语句如下：

```
ALTER TRIGGER [schema.] trigger_name COMPILE;
```

ALTER TRIGGER 语句的另一种用法是禁用或启用触发器。禁用触发器就是将它挂起，它仍然存储在数据库中，但是不会被触发，就好像根本没有触发器一样。禁用触发器常常用在当 DBA 有大量的记录要导入到数据库中时，且 DBA 知道这些数据是安全和可靠的。当将大量的数据导入到数据库后，被禁用的触发器就应该再启用。禁用和启用触发器的语法如下：

```
ALTER TRIGGER [schema.] trigger_name DISABLE | ENABLE;
```

如果想要启用或禁用一个表的所有触发器，那么可以使用如下的 ALTER TABLE 语句：

```
ALTER TABLE Table_name DISABLE | ENABLE  ALL  TRIGGERS;
```

7.3.7　修改与删除触发器

修改触发器只需要在 CREATE TRIGGER 语句中添加 OR REPLACE 关键字。
删除触发器需要使用 DROP TRIGGER 语句，其语法如下：

```
DROP TRIGGER trigger_name ;
```

7.4　程　序　包

使用程序包主要是为了实现程序模块化。程序包可以将相关的存储过程、函数、变量、常量、游标等 PL/SQL 程序组合在一起，通过这种方式可以构建供程序人员重用的代码库。另外，当首次调用程序包中的存储过程或函数等元素时，Oracle 会将整个程序包调入内存，在下次调用包中的元素时，Oracle 就可以直接从内存中读取，从而提高程序的运行效率。

7.4.1　创建程序包

程序包主要分为两个部分：包规范和包体。其中，包规范用于列出包中可用的存储过程、函数、游标等元素条目(不包含这些元素的实际代码)，这些条目属于公有项目，可以供所有的数据库用户访问；而包体中则包含了元素的实际代码，同时，也可以在包体中创建规范中没有提到的项目，那么这些项目都属于私有项目，只能在包体中使用。

1. 创建包规范

创建包规范需要使用 CREATE PACKAGE 语句，其简要语法如下：

```
CREATE  [OR REPLACE]  PACKAGE  package_name
   AUTHID {CURRENT_USER | DEFINER}]
{AS|IS}
   [public_variable_declarations…]
   [public_type_declarations…]
   [public_exception_declarations…]
   [public_cursor_declarations…]
   [function_declarations…]
   [procedure_specifications…]
END [package_name]
```

由上面的语法规则可以看出，程序包规范可以包含过程、函数、变量、异常、游标和类型的声明。过程和函数的声明包含其头部信息，而不包含过程和函数体。过程和函数体被包含在程序包主体中。

【例 7.17】创建包 scott_emp_pkg，在该包的规范中列出两个存储过程。相关命令及执行结果如下：

```
SQL> CREATE OR REPLACE PACKAGE scott_emp_pkg IS
  2    PROCEDURE print_name(p_no NUMBER);
  3    PROCEDURE print_sal(p_no NUMBER);
  4  END scott_emp_pkg;
  5  /
```

程序包已创建。

在上述语句中，程序包规范中没有提供任何实现代码，只是简单定义了过程的名称和参数，过程和函数体都被排除在外。规范仅是显示程序包中包括了哪些内容，而具体的实现则包含在程序包的主体部分。

2. 创建包体

程序包主体包含了在规范中声明的过程和函数的实现代码。程序包主体的名称必须与规范的名称相同，这个相同的名称将规范与主体结合在一起。此外，程序包主体中定义的过程和函数的名称、参数和返回值则必须与规范中声明的完全匹配。创建程序包主体使用的 CREATE PACKAGE BODY 语句如下：

```
CREATE [OR REPLACE] PACKAGE BODY package_name
{AS|IS}
private_variable_declarations |
private_type_declarations |
private_exception_declarations |
private_cursor_declarations |
function_declarations |
procedure_specifications
END [package_name]
```

【例 7.18】创建 SCOTT_EMP_PKG 包主体。相关命令及执行结果如下：

```
SQL> CREATE OR REPLACE PACKAGE BODY scott_emp_pkg IS
  2
  3    PROCEDURE print_name(p_no number) is
  4     var_name emp.ename%type;
  5    BEGIN
  6     SELECT ename
  7     INTO var_name
  8     FROM emp
  9     WHERE empno=p_no;
 10     DBMS_OUTPUT.PUT_LINE(var_name);
 11    EXCEPTION
 12     WHEN NO_DATA_FOUND THEN
 13       DBMS_OUTPUT.PUT_LINE('无效的工号');
 14    END print_name;
 15
 16    PROCEDURE print_sal(p_no number)is
 17     salary emp.sal%type;
 18    BEGIN
 19     SELECT sal
 20     INTO   salary
 21     FROM   emp
 22     WHERE  empno=p_no;
 23     dbms_output.put_line(salary);
 24    EXCEPTION
 25     WHEN NO_DATA_FOUND then
 26       dbms_output.put_line('无效的工号');
 27    END print_sal;
 28
 29  END scott_emp_pkg;
 30  /
```

程序包体已创建。

如果在 emp 表中未找到匹配行，则会抛出异常 NO_DATA_FOUND，因此在存储过程中我们处理了该异常。

7.4.2 调用程序包中的元素

在前面讲解的 PL/SQL 块中，多次使用 DBMS_OUTPUT.PUT_LINE 语句输出结果，实际上，DBMS_OUTPUT 是系统定义的程序包，而 PUT_LINE 是该包中的存储过程。可见调用程序包中的元素时，是使用如下形式：

```
package_name.[ element_name ] ;
```

其中，element_name 表示元素名称，可以是存储过程名、函数名、变量名、常量名等。

在程序包中可以定义公有常量与变量。

【例 7.19】调用 SCOTT_EMP_PKG 包中的存储过程。相关命令及执行结果如下：

```
SQL> SET SERVEROUT ON
SQL> EXEC scott_emp_pkg.print_name(7499);
ALLEN

PL/SQL 过程已成功完成。

SQL> EXEC scott_emp_pkg.print_sal(7499);
1600

PL/SQL 过程已成功完成。
```

7.4.3 删除程序包

删除程序包需要使用 DROP PACKAGE 语句。如果程序包被删除，则其包体也将被自动删除。删除程序包的语法如下：

```
DROP PACKAGE package_name ;
```

7.5 习　　题

一、填空题

1. 在下面程序的空白处填写适当的代码，使该函数可以获取指定编号的员工薪金。

```
CREATE OR REPLACE FUNCTION get_sal (empno varchar2)
_____
is
  v_sal number;
begin
  select sal
  _____
  from emp where empno=_____;
  return v_sal;
exception
  when no_data_found then
    dbms_output.put_line('未找到该编号的员工!');
  when others then
```

```
        dbms_output.put_line('发生其他错误!');
end get_sal;
```

2. 如果要创建行级触发器,则应该在创建触发器的语句中使用_____子句。

3. 存储过程中有 3 种参数模式,分别为 IN、_____和_____。

二、选择题

1. ( )语句可以在 SQL*Plus 中直接调用一个过程。

    A. RETURN   B. CALL   C. SET   D. EXEC

2. 下面对 BEFORE 触发器与 INSTEAD OF 触发器叙述正确的是( )。

    A. BEFORE 触发器在触发事件执行之前被触发,触发事件本身将不会被执行

    B. BEFORE 触发器在触发事件执行之前被触发,触发事件本身仍然执行

    C. INSTEAD OF 触发器在触发事件执行之后被触发,触发事件本身将不会再执行

    D. INSTEAD OF 触发器在触发事件发生时被触发,触发事件本身仍然执行

3. 下面关于:NEW 与:OLD 的理解正确的是( )。

    A. :NEW 与:OLD 可分别用于获取新的数据与旧的数据

    B. :NEW 与:OLD 可以用于 INSERT 触发器、UPDATE 触发器和 DELETE 触发器中

    C. INSERT 触发器中可以使用:NEW 和:OLD

    D. UPDATE 触发器中只能使用:NEW

4. 如果创建了一个名为 USERPKG 的程序包,并在程序包中包含了名为 test 的过程,则( )是对这个过程的合法调用。

    A. test(10);   B. USERPKG.test(10);

    C. TEST.USERPKG(10);   D. TEST(10).USERPKG;

5. 对于下面的函数,下列哪项可以成功地调用?( )

```
CREATE OR REPLACE FUNCTION Calc_Sum
(p_x number,p_y number)
return number
is
sum number;
begin
sum := p_x+p_y;
return sum;
end;
```

    A. Calc_Sum;   B. EXECUTE Calc_Sum(45);

    C. EXECUTE Calc_Sum(23,12);   D. Sum:=Calc_Sum(23,12);

三、简答题

1. 简述带参数的存储过程的使用,并概括在创建与调用时都应该注意哪些问题。

2. 简述存储过程与函数的区别。

3. 简述 INSTEAD OF 触发器的作用。

第 8 章　管理控制文件和日志文件

本章导读

　　在 Oracle 数据库的启动过程中，首先会打开控制文件。控制文件中记录了 Oracle 系统需要的其他文件的存储位置和相关的状态信息。Oracle 系统利用控制文件打开物理文件、重做日志文件等，从而最终打开数据库。而当数据库遇到故障需要恢复时，则需要重做日志文件的帮助。由于这两种文件的重要性，本章将重点介绍如何管理控制文件和重做日志文件。在本章最后，还将介绍如何管理归档日志文件。

学习目标

- 了解控制文件的作用。
- 掌握创建控制文件的步骤。
- 了解控制文件的备份与恢复。
- 掌握如何移动与删除控制文件。
- 了解日志文件的作用。
- 掌握日志文件组及其成员的创建与管理。
- 理解数据库的运行模式。
- 了解归档模式与非归档模式的区别。
- 掌握如何设置数据库归档模式和归档目标。

8.1　管理控制文件

　　控制文件对 Oracle 数据库系统来说相当重要，它存放有数据库中数据文件和日志文件的信息。在创建数据库时，Oracle 会自动创建控制文件。在实际应用中，由于各种原因可能会导致控制文件受损，所以数据库管理员需要掌握如何管理控制文件，包括创建、备份、恢复、移动、删除控制文件等。

8.1.1　查看控制文件

　　在数据库的启动过程中，控制文件的位置是从参数文件中获得的。为了方便查看当前的控制文件信息，Oracle 提供了视图 v$parameter。

　　【例 8.1】查看控制文件的位置。相关命令及执行结果如下：

```
SQL> SELECT value
  2  FROM v$parameter
  3  WHERE name='control_files';
```

```
VALUE
--------------------------------------------

D:\APP\ADMINISTRATOR\ORADATA\ORCL\CONTROL01.CTL,
D:\APP\ADMINISTRATOR\FLASH_RECOVERY_AREA\ORCL\CONTROL02.CTL
```

也可以使用如下方式查看当前控制文件的位置:

```
SQL> show parameter control_files;
```

由于控制文件是二进制文件,并且该文件由 Oracle 数据库服务器自动维护,我们不能直接使用文本编辑器打开查看。Oracle 提供了一个动态视图 v$controlfile_record_section,该视图记录了控制文件里包含的信息,以及各个项目的当前使用情况

【例 8.2】查看控制文件的内容。相关命令及执行结果如下:

```
SQL> SELECT type,record_size,records_total,records_used
  2  FROM v$controlfile_record_section;
```

TYPE	RECORD_SIZE	RECORDS_TOTAL	RECORDS_USED
DATABASE	316	1	1
CKPT PROGRESS	8180	11	0
REDO THREAD	256	8	1
REDO LOG	72	16	3
DATAFILE	520	100	5
FILENAME	524	2298	9
TABLESPACE	68	100	6
TEMPORARY FILENAME	56	100	1
RMAN CONFIGURATION	1108	50	0
LOG HISTORY	56	292	33
OFFLINE RANGE	200	163	0
...			
ACM OPERATION	104	64	6
FOREIGN ARCHIVED LOG	604	1002	0

已选择 37 行。

以数据文件 DATAFILE 为例,从查询结果可以看出,该数据库最多可以创建 100 个数据文件,当前已经创建了 5 个数据文件。

8.1.2 控制文件的多路复用

正是由于控制文件的重要性,所以为了提高数据库的可靠性,至少要为数据库建立两个控制文件,并且分别保存在不同的磁盘中。Oracle 数据库会同时维护多个完全相同的控制文件,这也称为多路复用。

在默认情况下,控制文件、数据文件和日志文件位于同一个存储目录下。很显然,我们应该将控制文件存储在不同的磁盘上进行多路复用。

【例 8.3】使用 SPFILE 文件移动控制文件。

(1)　因为 Oracle 是通过该初始化参数 CONTROL_FILES 定位并打开控制文件的，所以为了多路复用控制文件，需要使用 ALTER SYSTEM SET 语句修改该初始化参数，以便添加新的控制文件。相关命令及执行结果如下：

```
SQL> ALTER SYSTEM SET CONTROL_FILES=
  2  'D:\APP\ADMINISTRATOR\ORADATA\ORCL\CONTROL01.CTL',
  3  'E:\ORACLEBACKUP\ORCL\CONTROL02.CTL'
  4  SCOPE=SPFILE;
```

系统已更改。

(2)　关闭数据库。相关命令及执行结果如下：

```
SQL> connect system/password as sysdba
已连接。
SQL> shutdown immediate
数据库已经关闭。
已经卸载数据库。
ORACLE 例程已经关闭。
```

(3)　将控制文件复制到更改的目录下，即将 CONTROL02.CTL 复制到目录 E:\ORACLEBACKUP\ ORCL 下。

(4)　重新启动数据库。相关命令及执行结果如下：

```
SQL> startup
ORACLE 例程已经启动。

Total System Global Area  778387456 bytes
Fixed Size                  1374808 bytes
Variable Size             276825512 bytes
Database Buffers          486539264 bytes
Redo Buffers               13647872 bytes
数据库装载完毕。
```

(5)　验证控制文件的多路复用是否成功。相关命令及执行结果如下：

```
SQL> show parameter control_files;

NAME                 TYPE        VALUE
-------------------- ----------- -------------------------------
control_files        string      D:\APP\ADMINISTRATOR\ORADATA\O
                                 RCL\CONTROL01.CTL,
                                 E:\ORACLEBACKUP\ORCL\CONTROL02.CTL
```

从上述查询结果可见，我们已经将控制文件 CONTROL02.CTL 移动到了新的位置。

8.1.3　创建控制文件

一般而言，如果使用了复合控制文件，并且将各个控制文件分别存储在不同的磁盘中，则丢失全部控制文件的可能性将非常小。但是，如果数据库的所有控制文件全部丢失，这时唯一的补救方法就是使用 CREATE CONTROLFILE 命令重新创建一个新的控制文件。

另外，如果数据库管理员 DBA 需要设置一些永久性的参数，如数据库的名字等，这种情况下也需要使用 CREATE CONTROLFILE 命令重新创建一个新的控制文件。

【例 8.4】为当前数据库 orcl 创建新的控制文件。

(1) 重建控制文件首先需要了解当前日志文件和数据文件信息。相关命令及执行结果如下：

```
SQL> COLUMN member FORMAT A50
SQL> SELECT group# , member FROM v$logfile ;

    GROUP#    MEMBER
---------- --------------------------------------------------
         3    D:\APP\ADMINISTRATOR\ORADATA\ORCL\REDO03.LOG
         2    D:\APP\ADMINISTRATOR\ORADATA\ORCL\REDO02.LOG
         1    D:\APP\ADMINISTRATOR\ORADATA\ORCL\REDO01.LOG

SQL> SELECT name FROM v$datafile ;

NAME
--------------------------------------------------------

D:\APP\ADMINISTRATOR\ORADATA\ORCL\SYSTEM01.DBF
D:\APP\ADMINISTRATOR\ORADATA\ORCL\SYSAUX01.DBF
D:\APP\ADMINISTRATOR\ORADATA\ORCL\UNDOTBS01.DBF
D:\APP\ADMINISTRATOR\ORADATA\ORCL\USERS01.DBF
D:\APP\ADMINISTRATOR\ORADATA\ORCL\EXAMPLE01.DBF
```

(2) 关闭数据库。相关命令及执行结果如下：

```
SQL> CONNECT / AS SYSDBA
已连接。
SQL> shutdown immediate
数据库已经关闭。
已经卸载数据库。
ORACLE 例程已经关闭。
```

(3) 为了确保数据库数据的安全，应该在操作系统中对数据库的日志文件与数据文件进行备份。在使用 CREATE CONTROLFILE 语句创建新的控制文件时，如果操作不当可能会损坏数据文件和日志文件，因此，需要先对其进行备份。

(4) 使用 STARTUP NOMOUNT 命令启动数据库，此时仅仅只是启动数据库实例，而不会加载数据库文件，也不会打开数据库。相关命令及执行结果如下：

```
SQL> startup nomount
ORACLE 例程已经启动。

Total System Global Area  778387456 bytes
Fixed Size                  1374808 bytes
Variable Size             276825512 bytes
```

```
Database Buffers            486539264 bytes
Redo Buffers                13647872 bytes
```

这里有必要介绍一下 Oracle 数据库启动过程中涉及的几种状态。当数据库启动时，首先进入 NOMOUNT 状态，此时 Oracle 只是读取参数文件，并打开数据库实例。然后会进行到 MOUNT 状态，此时会打开数据库实例，并读取控制文件。最后数据库进入到 OPEN 状态，此时 Oracle 打开了数据文件、日志文件等必需的数据库文件。

(5) 使用 CREATE CONTROLFILE 语句创建新的控制文件，在创建时需要使用 LOGFILE 子句指定与数据库实例 orcl 相关的日志文件，使用 DATAFILE 子句指定与数据库 orcl 相关的数据文件。相关命令及执行结果如下：

```
SQL> CREATE CONTROLFILE
  2  REUSE DATABASE "orcl"
  3  NORESETLOGS
  4  NOARCHIVELOG
  5  MAXLOGFILES 50
  6  MAXLOGMEMBERS 3
  7  MAXDATAFILES 50
  8  MAXINSTANCES 5
  9  MAXLOGHISTORY 449
 10  LOGFILE
 11    GROUP 1 'D:\APP\ADMINISTRATOR\ORADATA\ORCL\REDO01.LOG',
 12    GROUP 2 'D:\APP\ADMINISTRATOR\ORADATA\ORCL\REDO02.LOG',
 13    GROUP 3 'D:\APP\ADMINISTRATOR\ORADATA\ORCL\REDO03.LOG'
 14  DATAFILE
 15    'D:\APP\ADMINISTRATOR\ORADATA\ORCL\SYSTEM01.DBF',
 16    'D:\APP\ADMINISTRATOR\ORADATA\ORCL\SYSAUX01.DBF',
 17    'D:\APP\ADMINISTRATOR\ORADATA\ORCL\UNDOTBS01.DBF',
 18    'D:\APP\ADMINISTRATOR\ORADATA\ORCL\USERS01.DBF',
 19    'D:\APP\ADMINISTRATOR\ORADATA\ORCL\EXAMPLE01.DBF';
```

控制文件已创建。

(6) 新的控制文件创建好后，还需要设置 SPFILE 中的 CONTROL_FILES 参数，使其指向新建的控制文件。通过查询数据字典 v$controlfile 可以获得新创建控制文件的位置信息。相关命令及执行结果如下：

```
SQL> SELECT name FROM v$controlfile ;

NAME
--------------------------------------------------------
D:\APP\ADMINISTRATOR\ORADATA\ORCL\CONTROL01.CTL
E:\ORACLEBACKUP\ORCL\CONTROL02.CTL
```

使用 ALTER SYSTEM 语句修改 CONTROL_FILES 参数。

```
SQL> ALTER SYSTEM SET CONTROL_FILES=
  2  'D:\APP\ADMINISTRATOR\ORADATA\ORCL\CONTROL01.CTL',
  3  'E:\ORACLEBACKUP\ORCL\CONTROL02.CTL'
  4  SCOPE=SPFILE;
```

系统已更改。

如果在控制文件中修改了数据库的名称，还需要修改 DB_NAME 参数来指定新的数据库名称。

(7) 打开数据库到 OPEN 状态。相关命令及执行结果如下：

```
SQL> alter database open;
```

数据库已更改。

如果数据库的某个联机重做日志文件同控制文件一起丢失，或者在创建控制文件时改变了数据库的名称，必须在 CREATE CONTROLFILE 语句中使用 RESETLOGS 子句，重置数据库的联机重做日志文件的内容，并在打开数据库时使用 RESETLOGS 子句。相关命令如下：

```
SQL> alter database open resetlogs;
```

8.1.4 备份控制文件

为了提高数据库的可靠性，降低由于丢失控制文件而造成灾难性后果的可能性，DBA需要经常对控制文件进行备份。特别是当修改了数据库结构之后，需要立即对控制文件进行备份。备份控制文件有两种方式：备份为二进制文件、备份为脚本文件。

1. 备份为二进制文件

备份为二进制文件，实际上就是复制控制文件。

【例 8.5】将 orcl 数据库的控制文件备份为二进制文件。

```
SQL> ALTER DATABASE BACKUP CONTROLFILE  TO
  2  'E:\ORACLEBACKUP\ORCL\ backup_controlfile_20170406.bkp';
```

数据库已更改。

执行完上述命令后，Oracle 会自动在该目录下创建一个备份文件。

2. 备份为脚本文件

备份为脚本文件，实际上也就是生成创建控制文件的 SQL 脚本。

【例 8.6】将 orcl 数据库的控制文件备份为脚本文件。

```
SQL> ALTER DATABASE BACKUP CONTROLFILE TO TRACE ;
```

数据库已更改。

生成的脚本文件将自动存放到系统定义的目录中，并由系统自动命名。该目录由参数user_dump_dest 指定，可以使用 SHOW PARAMETER 语句查询该参数的值。如下：

```
SQL> SHOW PARAMETER user_dump_dest ;
```

NAME	TYPE	VALUE
user_dump_dest	string	d:\app\administrator\diag\rdbms\orcl\orcl\trace

打开该存储目录，按照时间顺序对该目录下的文件进行排序，打开最近建立的脚本文件(.trc)，可以发现生成的脚本与先前手动创建控制文件的脚本相同。

8.1.5　恢复控制文件

根据数据库控制文件的损坏情况，可以采取不同的恢复策略。如果部分控制文件损坏，则应立即关闭数据库，再将完好的控制文件复制到损坏控制文件的位置，并修改控制文件的名称。

【例 8.7】恢复部分损坏的控制文件。

(1)　关闭数据库。相关命令如下：

```
SQL> connect as sysdba
SQL> shutdown immediate;
```

(2)　通过操作系统命令使用一个完好的镜像副本覆盖掉被损坏的控制文件。

(3)　重新启动数据库。相关命令如下：

```
SQL> startup
```

如果控制文件全部损坏，此时就需要使用备份的控制文件来重建新的控制文件。

【例 8.8】使用二进制备份恢复控制文件。

(1)　关闭数据库。相关命令如下：

```
SQL> shutdown immediate;
```

(2)　将备份的控制文件复制到原控制文件所在目录，并更改备份控制文件命名为原控制文件名。

(3)　打开数据库到 MOUNT。相关命令及执行结果如下：

```
SQL> startup mount
ORACLE 例程已经启动。

Total System Global Area  778387456 bytes
Fixed Size                  1374808 bytes
Variable Size             276825512 bytes
Database Buffers          486539264 bytes
Redo Buffers               13647872 bytes
```

(4)　使用备份控制文件恢复数据库。相关命令及执行结果如下：

```
SQL> recover database using backup controlfile;
ORA-00279: 更改 1865559 (在 04/06/2017 15:00:46 生成) 对于线程 1 是必需的
ORA-00289: 建议:
D:\APP\ADMINISTRATOR\FLASH_RECOVERY_AREA\ORCL\ARCHIVELOG\2017_04_06\O1_M
F_1_37_%
```

```
U_.ARC
ORA-00280: 更改 1865559 (用于线程 1) 在序列 #37 中
```

```
指定日志: {<RET>=suggested | filename | AUTO | CANCEL}
D:\APP\ADMINISTRATOR\ORADATA\ORCL\REDO01.LOG
已应用的日志。
完成介质恢复。
```

(5) 打开数据库。相关命令及执行结果如下：

```
SQL> alter database open resetlogs;
数据库已更改。
```

8.1.6 删除控制文件

如果不再需要某个控制文件时，可以将它从数据库中删除。注意，数据库必须拥有至少 2 个控制文件。

【例 8.9】删除控制文件。

(1) 关闭数据库。相关命令如下：

```
SQL> shutdown immediate;
```

(2) 编辑初始化参数 CONTROL_FILES，使其中不再包含要删除的控制文件的名称。

(3) 重新启动数据库。

需要注意，该操作并不能从磁盘中物理地删除控制文件。物理删除控制文件可以在从数据库中删除控制文件后，使用操作系统命令来删除不需要的控制文件。

8.2 管理重做日志文件

重做日志文件主要记录了数据库中的修改信息，它对数据库的恢复至关重要。一般情况下，Oracle 数据库实例创建完成后就会自动创建日志文件。数据库管理员可以根据需要向数据库中添加更多的日志文件组。下面介绍如何管理数据库中的重做日志文件。

8.2.1 获取重做日志文件信息

对数据库管理员 DBA 而言，可能经常要查询日志文件，以了解其使用的情况，为此 Oracle 提供两个动态数据字典视图 v$log 和 v$logfile。

数据字典视图 v$log 记录了当前数据库的日志组号、日志序列号、每个日志文件的大小、日志组的成员和日志组的当前状态。

【例 8.10】使用 v$log 查看重做日志信息。相关命令及执行结果如下：

```
SQL> SELECT group#,sequence#,bytes,members,archived,status
  2  FROM v$log;
```

```
   GROUP#   SEQUENCE#      BYTES   MEMBERS   ARC   STATUS
---------- ---------- ---------- ---------- ---- --------------
        1          1   52428800          1   NO   CURRENT
        2          0   52428800          1   YES  UNUSED
        3          0   52428800          1   YES  UNUSED
```

数据字典视图 v$logfile 则记录了当前日志组号、日志组的类型和成员信息。

【例 8.11】使用 v$logfile 查看重做日志信息。相关命令及执行结果如下：

```
SQL> SELECT group#,type,member
  2 FROM v$logfile;
```

```
   GROUP#   TYPE       MEMBER
---------- ---------- -----------------------------------------------
        2   ONLINE     D:\APP\ADMINISTRATOR\ORADATA\ORCL\REDO02.LOG
        1   ONLINE     D:\APP\ADMINISTRATOR\ORADATA\ORCL\REDO01.LOG
        3   ONLINE     D:\APP\ADMINISTRATOR\ORADATA\ORCL\REDO03.LOG
```

8.2.2　增加日志组及其成员

在创建日志文件组时需要为该组创建日志文件成员，也可以向已存在的日志文件组中添加日志文件成员。

1．创建日志文件组

向当前数据库添加一个新日志组的语法如下：

```
ALTER DATABASE ADD LOGFILE [ GROUP group_number ]
( file_name [ , … ] ) SIZE number K | M [ REUSE ] ;
```

其中，file_name 为日志组成员的文件名。参数 group_number 可以省略，Oracle 会自动生成一个日志组号。

【例 8.12】创建一个新的日志文件组。相关命令及执行结果如下：

```
SQL> ALTER DATABASE ADD LOGFILE GROUP 4
  2  (
  3      'E:\ORACLEBACKUP\ORCL\REDO04a.LOG' ,
  4      'E:\ORACLEBACKUP\ORCL\REDO04b.LOG'
  5  )
  6  SIZE 5M ;
```

数据库已更改。

上述示例为当前数据库创建了日志文件组 4，在该组中创建了两个日志文件成员，大小为 5MB。可以查询视图 v$logfile 验证添加的日志组。相关命令及执行结果如下：

```
SQL> COLUMN member FORMAT A50
SQL> SELECT group#,type,member
  2 FROM v$logfile;
```

```
     GROUP#   TYPE      MEMBER
---------- -------   ---------------------------------------------------
         2   ONLINE    D:\APP\ADMINISTRATOR\ORADATA\ORCL\REDO02.LOG
         1   ONLINE    D:\APP\ADMINISTRATOR\ORADATA\ORCL\REDO01.LOG
         3   ONLINE    D:\APP\ADMINISTRATOR\ORADATA\ORCL\REDO03.LOG
         4   ONLINE    E:\ORACLEBACKUP\ORCL\REDO04A.LOG
         4   ONLINE    E:\ORACLEBACKUP\ORCL\REDO04B.LOG
```

2. 添加日志文件成员

向一个重做日志组添加日志成员的语法如下：

```
ALTER DATABASE ADD LOGFILE MEMBER
file_name TO GROUP group_number
[ , … ] ;
```

新添加的日志文件成员的大小默认与组中的成员大小一致。

【例 8.13】向重做日志组 1、2、3 添加一个重做日志成员。相关命令及执行结果如下：

```
SQL> ALTER DATABASE ADD LOGFILE MEMBER
  2  'D:\APP\ADMINISTRATOR\ORADATA\ORCL\REDO01b.LOG ' TO GROUP 1 ,
  3  'D:\APP\ADMINISTRATOR\ORADATA\ORCL\REDO02b.LOG ' TO GROUP 2 ,
  4  'D:\APP\ADMINISTRATOR\ORADATA\ORCL\REDO03b.LOG ' TO GROUP 3;
```

数据库已更改。

查询数据字典 v$logfile，观察日志文件组是否创建成功，以及日志文件组中是否添加了新的日志文件成员。相关命令及执行结果如下：

```
SQL> COLUMN member FORMAT A50
SQL> SELECT group# , member FROM v$logfile
  2  ORDER BY group#;

     GROUP#   MEMBER
---------- ---------------------------------------------------
         1   D:\APP\ADMINISTRATOR\ORADATA\ORCL\REDO01.LOG
         1   D:\APP\ADMINISTRATOR\ORADATA\ORCL\REDO01B.LOG
         2   D:\APP\ADMINISTRATOR\ORADATA\ORCL\REDO02B.LOG
         2   D:\APP\ADMINISTRATOR\ORADATA\ORCL\REDO02.LOG
         3   D:\APP\ADMINISTRATOR\ORADATA\ORCL\REDO03.LOG
         3   D:\APP\ADMINISTRATOR\ORADATA\ORCL\REDO03B.LOG
         4   E:\ORACLEBACKUP\ORCL\REDO04B.LOG
         4   E:\ORACLEBACKUP\ORCL\REDO04A.LOG
```

已选择 8 行。

8.2.3　修改重做日志的位置或名称

在重做日志文件创建后，有时还需要改变它们的名称和位置。例如，原来系统中只有一个磁盘，因此重做日志组中的所有成员都存放在同一个磁盘上；而后来为系统新增了一个磁盘，这时就可以将重做日志组中的一部分成员移动到新的物理磁盘中。

修改重做日志文件的名称(包含路径)，这需要使用 ALTER DATABASE RENAME FILE 语句，其语法如下：

```
ALTER DATABASE RENAME FILE file_name TO new_file_name ;
```

【例 8.14】修改重做日志文件组，使日志文件位于不同的磁盘。

(1)　关闭数据库。相关命令及执行结果如下：

```
SQL> connect / as sysdba
已连接。
SQL> shutdown immediate
```

(2)　启动数据库到 MOUNT 状态。相关命令及执行结果如下：

```
SQL> startup mount
```

(3)　在操作系统中修改日志文件组中重做日志文件的路径或名称。

(4)　使用 ALTER DATABASE RENAME FILE 语句修改日志文件。相关命令及执行结果如下：

```
SQL> alter database rename file
  2  'D:\app\Administrator\oradata\orcl\redo03b.log',
  3  'D:\app\Administrator\oradata\orcl\redo02b.log',
  4  'D:\app\Administrator\oradata\orcl\redo01b.log'
  5  to
  6  'E:\ORACLEBACKUP\ORCL\redo03b.log',
  7  'E:\ORACLEBACKUP\ORCL\redo02b.log',
  8  'E:\ORACLEBACKUP\ORCL\redo01b.log';

数据库已更改。
```

(5)　使用 ALTER DATABASE OPEN 命令打开数据库，并验证当前日志文件的状态。执行情况如下：

```
SQL> alter database open;
SQL> SELECT group# , member FROM v$logfile
  2  ORDER BY group#;

    GROUP#  MEMBER
---------- --------------------------------------------------
         1  D:\APP\ADMINISTRATOR\ORADATA\ORCL\REDO01.LOG
         1  E:\ORACLEBACKUP\ORCL\REDO01B.LOG
         2  E:\ORACLEBACKUP\ORCL\REDO02B.LOG
         2  D:\APP\ADMINISTRATOR\ORADATA\ORCL\REDO02.LOG
         3  D:\APP\ADMINISTRATOR\ORADATA\ORCL\REDO03.LOG
         3  E:\ORACLEBACKUP\ORCL\REDO03B.LOG
         4  E:\ORACLEBACKUP\ORCL\REDO04B.LOG
         4  E:\ORACLEBACKUP\ORCL\REDO04A.LOG

已选择 8 行。
```

通过上述步骤，修改了日志文件组中日志文件的位置，使其位于不同的磁盘中，实现了多路复用。

8.2.4　删除重做日志组及其成员

如果日志文件组中的日志文件受损，无法再使用，数据库管理员 DBA 可以删除该文件；如果整个日志文件组都不需要再使用，也可以删除整个日志文件组。

1. 删除日志文件

删除日志文件的语法如下：

```
ALTER DATABASE DROP LOGFILE MEMBER logfile_name ;
```

【例 8.15】删除日志文件组中的一个成员。相关命令及执行结果如下：

```
SQL> alter database drop logfile member
  2  'E:\ORACLEBACKUP\ORCL\REDO04B.LOG';

数据库已更改。
SQL> SELECT group# , member FROM v$logfile
  2  ORDER BY group#;

   GROUP#  MEMBER
---------- --------------------------------------------------
        1  D:\APP\ADMINISTRATOR\ORADATA\ORCL\REDO01.LOG
        1  E:\ORACLEBACKUP\ORCL\REDO01B.LOG
        2  D:\APP\ADMINISTRATOR\ORADATA\ORCL\REDO02.LOG
        2  E:\ORACLEBACKUP\ORCL\REDO02B.LOG
        3  D:\APP\ADMINISTRATOR\ORADATA\ORCL\REDO03.LOG
        3  E:\ORACLEBACKUP\ORCL\REDO03B.LOG
        4  E:\ORACLEBACKUP\ORCL\REDO04A.LOG
```

已选择 7 行。

从查询结果中可见，已经成功删除了日志组 4 中的一个成员。但是在操作系统中该文件还存在，这就需要手动删除该文件。

在删除日志成员时，并不是所有的成员都可以删除，Oracle 中有以下一些限制。

(1) 该日志文件所在的日志文件组不能处于 CURRENT 状态。

(2) 该日志文件所在的日志文件组中必须还包含有其他日志成员。

(3) 如果数据库运行在归档模式下，则应该在删除日志文件之前，确定它所在的日志文件组已经被归档，否则会导致数据丢失。

2. 删除日志文件组

删除日志文件组的语法如下：

```
ALTER DATABASE DROP LOGFILE GROUP group_number ;
```

删除日志文件组需要注意如下几点。

(1)　一个数据库至少需要 2 个日志文件组。

(2)　日志文件组不能处于 CURRENT 状态。

(3)　如果数据库运行在归档模式下，应该确定该日志文件组已经被归档。

【例 8.16】删除日志文件组 4。相关命令及执行结果如下：

```
SQL> ALTER DATABASE DROP LOGFILE GROUP 4 ;
```

数据库已更改。

同样，当删除重做日志组后，作为重做日志组成员的操作系统文件还存在，所以必须在操作系统中手动删除这些垃圾文件。

8.2.5　切换日志文件组

日志文件组是循环使用的，当一组日志文件被写满时，Oracle 系统会自动切换到下一组日志文件。在必要的时候，数据库管理员也可以手动切换日志文件组。手动切换日志文件组的语句如下：

```
ALTER SYSTEM SWITCH LOGFILE ;
```

【例 8.17】手动切换当前数据库的日志文件组。在切换之前，先通过数据字典 v$log 查询当前数据库正在使用哪个日志文件组。相关命令及执行结果如下：

```
SQL> SELECT group# , status FROM v$log ;

    GROUP#  STATUS
---------- ----------------
         1  CURRENT
         2  INACTIVE
         3  INACTIVE
```

其中，status 表示日志文件组的当前使用状态，其值可为 ACTIVE(活动状态，归档未完成)、CURRENT(正在使用)、INACTIVE(非活动状态)和 UNUSED(从未使用)。从查询结果中可以看出，数据库当前正在使用日志文件组 1。

切换日志文件组，再次查看当前的日志组状态。相关命令及执行结果如下：

```
SQL> ALTER SYSTEM SWITCH LOGFILE ;
系统已更改。

SQL> SELECT group# , status FROM v$log ;
    GROUP#  STATUS
---------- ----------------
         1  ACTIVE
         2  CURRENT
         3  INACTIVE
```

8.2.6　清空日志文件组

如果日志文件组中的日志文件受损，将导致数据库无法将受损的日志文件进行归档，这会最终导致数据库停止运行。此时，在不关闭数据库的情况下，可以选择清空日志文件组中的内容。

清空日志文件组需要使用 ALTER DATABASE 语句，其语法如下：

```
ALTER DATABASE CLEAR LOGFILE GROUP group_number ;
```

另外，清空日志文件组需要注意如下两点。

(1)　被清空的日志文件组不能处于 CURRENT 状态，也就是说不能清空数据库当前正在使用的日志文件组。

(2)　当数据库中只有两个日志文件组时，不能清空日志文件组。

【例 8.18】清空日志文件组 3。

```
SQL> ALTER DATABASE CLEAR LOGFILE GROUP 3 ;
```

数据库已更改。

如果日志文件组正处于 ACTIVE 状态，则说明该日志文件组尚未归档，此时如果想清空该日志文件组，应该在清空语句中添加 UNARCHIVED 关键字，语句形式如下：

```
ALTER DATABASE CLEAR UNARCHIVED LOGFILE GROUP group_number ;
```

8.3　管理归档日志文件

Oracle 数据库有两种工作模式：非归档日志模式(NOARCHIVELOG)和归档日志模式(ARCHIVELOG)。在非归档日志模式下，如果发生日志切换，则日志文件中原有内容将被新的内容覆盖；在归档日志模式下，如果发生日志切换，数据库的归档进程 ARCH 会将日志文件中的数据移动到指定的地方，这个过程叫"归档"，复制保存下来的日志文件叫"归档日志"，然后才允许向文件中写入新的日志内容。

8.3.1　数据库工作模式

在安装 Oracle 数据库时，默认情况下数据库运行在非归档模式下，这样可以避免对创建数据库的过程中生成的日志进行归档，从而缩短数据库的创建时间。在数据库成功运行后，数据库管理员可以根据需要修改数据库的运行模式。下面查看当前数据库是否处于归档模式下。

【例 8.19】查看数据库的工作模式。相关命令及执行结果如下：

```
SQL> archive log list;
数据库日志模式           非存档模式
自动存档                禁用
存档终点                USE_DB_RECOVERY_FILE_DEST
```

| 最早的联机日志序列 | 3 |
| 当前日志序列 | 6 |

从查询结果中可以看出，当前数据库运行在非归档模式下。除了这些信息外，查询结果还指出了归档目录，这由参数 USE_DB_RECOVERY_FILE_DEST 指定。

【例 8.20】查看数据库的归档目录。相关命令及执行结果如下：

```
SQL> show parameter db_recovery_file_dest;

NAME                          TYPE         VALUE
----------------------------- -----------  ------------------------------
db_recovery_file_dest         string       D:\app\Administrator\flash_rec
                                           overy_area
db_recovery_file_dest_size                 big integer 3852M
```

如果要修改数据库的运行模式，可以使用如下语句：

```
ALTER DATABASE ARCHIVELOG | NOARCHIVELOG ;
```

其中，ARCHIVELOG 表示归档模式；NOARCHIVELOG 表示非归档模式。

【例 8.21】修改数据库的工作模式为归档模式。

(1) 以管理员身份登录数据库，并重启数据库到 mount 状态。相关命令及执行结果如下：

```
SQL> shutdown immediate;
数据库已经关闭。
已经卸载数据库。
ORACLE 例程已经关闭。
SQL> startup mount;
ORACLE 例程已经启动。

Total System Global Area  778387456 bytes
Fixed Size                  1374808 bytes
Variable Size             276825512 bytes
Database Buffers          486539264 bytes
Redo Buffers               13647872 bytes
数据库装载完毕。
```

(2) 修改数据库的工作方式为归档模式。相关命令及执行结果如下：

```
SQL> alter database archivelog;

数据库已更改。

SQL> archive log list;
数据库日志模式              存档模式
自动存档             启用
存档终点             USE_DB_RECOVERY_FILE_DEST
最早的联机日志序列      3
下一个存档日志序列      6
当前日志序列           6
```

（3）使用 ALTER DATABASE OPEN 命令打开数据库。相关命令及执行结果如下：

```
SQL> alter database open;
```

数据库已更改。

当设置数据库为归档模式后，数据库会自动启动归档进程。

8.3.2　设置归档目录

当归档重做日志时，要确定归档日志文件的保存位置，即归档目标。在默认情况下，归档日志存放在初始化参数 DB_RECOVERY_FILE_DEST 指定的闪回恢复区。可以通过设置 LOG_ARCHIVE_DEST 参数指定归档日志存放的路径，该路径只能是本地磁盘。

【例 8.22】查询归档目标参数。相关命令及执行结果如下：

```
SQL> show parameter log_archive_dest

NAME                        TYPE          VALUE
----------------------      -----------   --------------------
log_archive_dest            string
log_archive_dest_1          string
log_archive_dest_10         string
log_archive_dest_11         string
log_archive_dest_12         string
log_archive_dest_13         string
log_archive_dest_14         string

        …..
log_archive_dest_state_12   string        enable
log_archive_dest_state_13   string        enable
log_archive_dest_state_14   string        enable
log_archive_dest_state_15   string        enable
log_archive_dest_state_16   string        enable
log_archive_dest_state_17   string        enable
log_archive_dest_state_18   string        enable
log_archive_dest_state_19   string        enable
log_archive_dest_state_2    string        enable
```

数据库管理员也可以为数据库设置多个归档目标。不同的归档目标最好存放在不同的磁盘中。Oracle 提供了 30 个归档目标来冗余归档日志备份。通过设置初始化参数 LOG_ARCHIVE_DEST_n，可以为数据库指定多个归档目标。在进行归档时，Oracle 会将重做日志组以相同的方式归档到每一个归档目标中。其中，LOG_ARCHIVE_DEST_n 参数指定归档目录的绝对路径；LOG_ARCHIVE_DEST_STATE_n 参数指定了这些归档目标的状态。

如果在设置 LOG_ARCHIVE_DEST_n 参数时使用了 LOCATION 关键字，则指定的归档目标为一个本地系统的目录。

【例 8.23】设置参数 LOG_ARCHIVE_DEST_1。相关命令及执行结果如下：

```
SQL>alter system set log_archive_dest_1=
  2  'location=E:\oraclebackup\archive';
```

系统已更改。

设置归档目标后，再查询归档信息。执行情况如下：

```
SQL> archive log list;
数据库日志模式              存档模式
自动存档              启用
存档终点              E:\oraclebackup\archive
最早的联机日志序列      5
下一个存档日志序列     7
当前日志序列               7
```

此时的归档目标已经修改为参数 LOG_ARCHIVE_DEST_1 所设置的绝对路径。当前的归档日志序列号为 7，即下一个要进行归档的日志序列号。

如果在设置 LOG_ARCHIVE_DEST_n 参数时使用了 SERVICE 关键字，指定的归档目标则是一个远程数据库。例如：

```
alter system set log_archive_det_2='service=DBY1'
```

其中，DBY1 是一个远程备用数据库的服务名。

设置归档目标后，还可以进一步设置归档日志的命名方式，即使用参数 LOG_ARCHIVE_FORMAT 设置归档文件的格式。

【例 8.24】查询归档日志文件的命名方式。相关命令及执行结果如下：

```
SQL> show parameter log_archive_format

NAME                              TYPE        VALUE
--------------------------------  ----------  --------------------------
log_archive_format                string      ARC%S_%R.%T
```

其中，使用%S 指定日志序列号，%R 为 resetlogs ID，%T 为归档线程号。虽然参数 LOG_ARCHIVE_FORMAT 可以修改，但是如果没有特殊需要，建议采用默认值。

8.3.3　归档进程

前面已经介绍过，日志写进程 LGWR 负责将内存中的重做数据写入重做日志文件。整个过程就是从内存读数据，向磁盘写数据，其速度是非常快的。而归档进程则是从重做日志文件读数据，同时写入到归档日志文件。整个过程就是读磁盘、写磁盘，很明显归档进程 ARCn 要比 LGWR 进程慢许多。

为避免 LGWR 进程出现等待状态，可以考虑启动多个 ARCn 进程。修改初始化参数 LOG_ARCHIVE_MAX_PROCESSES 可以调整启动 ARCn 进程的数量。该参数是一个动态参数，可以在数据库实例的运行过程中通过 ALTER SYSTEM 语句修改，以此调整实例中 ARCn 进程的数量。

【例 8.25】设置启动归档进程的数量。相关命令及执行结果如下：

```
SQL> show parameter log_archive_max_processes;
```

```
NAME                          TYPE      VALUE
--------------------------    --------  -----------
log_archive_max_processes     integer        4
```

该参数默认为 4，即最多启动 4 个归档进程。修改该参数，增加归档进程数量。执行情况如下：

```
SQL> alter system set log_archive_max_processes=6;
```

系统已更改。

如果要查看已经启动的 ARCn 进程的状态，可以查询 V$ARCHIVE_PROCESSES 视图。

【例 8.26】查看归档进程状态。相关命令及执行结果如下：

```
SQL>  select * from v$archive_processes;

     PROCESS    STATUS     LOG_SEQUENCE STAT
    ---------- ---------- ------------ ------
           0   ACTIVE                0  IDLE
           1   ACTIVE                0  IDLE
           2   ACTIVE                0  IDLE
           3   ACTIVE                0  IDLE
           4   ACTIVE                0  IDLE
           5   ACTIVE                0  IDLE
           6   STOPPED               0  IDLE
           7   STOPPED               0  IDLE
           8   STOPPED               0  IDLE
           9   STOPPED               0  IDLE
          ...
```

从这里也可以看出，数据库启用了 6 个 ARCn 进程。

8.4 习　　题

一、填空题

1. 备份控制文件主要有两种方式：_____和备份成脚本文件。

2. 通过数据字典 v$datafile 可以查看数据文件信息，通过数据字典_____可以查看控制文件信息，通过数据字典_____可以查看日志文件信息。

3. Oracle 数据库的运行模式有归档模式和非归档模式两种，Oracle 数据库默认为_____，数据库管理员可以执行_____语句将数据库的运行模式设置为归档模式。

4. 当数据库启动时，首先进入_____状态，此时 Oracle 只读取参数文件，并打开数据库实例。然后会进行到_____状态，此时会并读取控制文件。最后数据库进入到_____状态，此时 Oracle 会根据控制文件打开数据文件、日志文件等必需的数据库文件。

5. 在修复数据库控制文件时，如果发现部分控制文件损坏，则应该_____。

二、选择题

1. 下面对日志文件组及其成员叙述正确的是(　　)。
   A. 日志文件组中可以没有日志成员
   B. 日志文件组中的日志成员大小一致
   C. 在创建日志文件组时，其日志成员可以是已经存在的日志文件
   D. 在创建日志文件组时，如果日志成员已经存在，则使用 REUSE 关键字就一定可以成功替换该文件

2. 当日志文件组处于(　　)状态时，无法清空该日志文件组。
   A. ACTIVE　　　　　B. INACTIVE　　　　C. CURRENT　　　　D. UNUSED

3. 下面哪条语句用于切换日志文件组? (　　)
   A. ALTER DATABASE SWITCH LOGFILE；
   B. ALTER SYSTEM SWITCH LOGFILE；
   C. ALTER SYSTEM ARCHIVELOG；
   D. ALTER DATABASE ARCHIVELOG；

4. 修改系统中的参数值时，如果只修改服务器参数文件中的设置，则 SCOPE 选项的值应该为(　　)。
   A. SPFILE　　　　　B. MEMORY　　　　C. BOTH　　　　D. 以上都不对

5. 下列关于数据库归档日志的说法不正确的是(　　)。
   A. 切换到归档模式后，数据库就会启动 ARCn 进程
   B. 为了加快归档速度，可以考虑启动多个 ARCn 进程
   C. 如果发生日志切换，数据库的归档进程 ARCn 会将日志文件中的数据记录到归档日志文件
   D. 归档文件存放于 DB_RECOVERY_FILE_DEST 指定的闪回恢复区内

三、简答题

1. 控制文件在数据库中有什么作用? 在创建控制文件时应该注意哪些问题?
2. 日志文件组中的日志成员大小应该一致吗? 为什么?
3. 简述清空日志文件组以及删除日志文件组或日志成员时应该注意的问题。
4. 简述如何设置数据库工作于归档模式下。

第9章 管理表空间和数据文件

本章导读

表空间是 Oracle 数据库中最大的逻辑存储结构, 它与操作系统中的数据文件相对应, 用于存储数据库中用户创建的所有内容。本章主要介绍 Oracle 数据库的表空间和数据文件, 以及如何对表空间进行维护和管理。

学习目标

- 了解 Oracle 表空间和数据文件的关系。
- 了解 Oracle 常用的默认表空间。
- 熟练掌握如何创建表空间。
- 熟练掌握如何维护表空间与数据文件。
- 熟练掌握如何管理撤销表空间。
- 熟练掌握如何管理临时表空间。

9.1 表空间与数据文件的关系

Oracle 数据库的数据文件是个物理概念, 是指存储在操作系统的文件系统中的文件(如某个目录下的某些 dbf 文件)。表空间是个逻辑概念, 它是 Oracle 数据库中最大的逻辑单位。Oracle 数据库中的所有数据在物理上都保存在数据文件中, 在逻辑上都保存在表空间中, 每个 Oracle 数据库都是由一个或多个表空间组成的, 每个表空间在物理上又是由一个或多个数据文件组成的。一个表空间可以包含多个数据文件, 而一个数据文件只能隶属一个表空间。表空间是一个虚拟的概念, 可以无限大, 但是需要由数据文件作为载体。创建表空间时必须创建对应的数据文件, 创建数据文件时也必须为其指定对应的表空间。

数据文件对于 Oracle 数据库应用系统是透明的, 也就是说 Oracle 数据库应用系统不对计算机操作系统的数据文件直接进行操作, 只对表空间、段、区、数据块等逻辑概念进行操作, 而由逻辑操作到数据文件操作的映射是由 DBMS(数据库管理系统)来完成的。这样就使 Oracle 数据库系统具有一定的跨平台特性, 开发的 Oracle 数据库可以在各个操作系统平台间不加修改地移植。

逻辑上数据库由表空间组成, 表空间由段组成, 段由区组成, 区由数据块组成; 物理上数据文件由操作系统块组成。

【例 9.1】 查看表空间的数据块大小。相关命令及执行结果如下:

```
SQL> select tablespace_name,block_size,contents
  2  from dba_tablespaccs;
```

```
TABLESPACE_NAME      BLOCK_SIZE      CONTENTS
---------------      ----------      ------------------
SYSTEM                  8192         PERMANENT
SYSAUX                  8192         PERMANENT
UNDOTBS1                8192         UNDO
TEMP                    8192         TEMPORARY
USERS                   8192         PERMANENT
EXAMPLE                 8192         PERMANENT
```

已选择 6 行。

该数据库中的表空间的数据块大小为 8KB(8192B)。

9.2 Oracle 的默认表空间

这里所说的默认表空间是指安装 Oracle 时系统自动创建的表空间，必须用系统管理员身份登录数据库，然后查询数据字典 v$tablespace 或 dba_tablespaces。

【例 9.2】查看系统的表空间。相关命令及执行结果如下：

```
SQL> conn scott/tiger as sysdba;
已连接。

SQL> select name from v$tablespace;

NAME
----------------------------------------
SYSTEM
SYSAUX
UNDOTBS1
USERS
TEMP
EXAMPLE
```

已选择 6 行。

或者

```
SQL> select tablespace_name from dba_tablespaces;
```

9.2.1 SYSTEM 表空间

每个 Oracle 数据库都包含有 SYSTEM 表空间，并且 SYSTEM 表空间必须始终保持联机状态，因为其中包含着数据库运行所需的基本信息(整个数据库的数据字典、联机求助机制、回退段等)。

由于 SYSTEM 表空间中存有大量必要信息，Oracle 运行时会对其进行大量的读写操作，为减轻 SYSTEM 表空间的负担，Oracle 建义在 System 表空间中不要再创建任何其他数据库对象。

【例 9.3】查询 SYSTEM 表空间中的表信息。相关命令及执行结果如下：

```
SQL> SELECT count(*) FROM
  2  DBA_TABLES
  3  WHERE TABLESPACE_NAME='SYSTEM';

  COUNT(*)
----------
       643
```

【例9.4】查询SYSTEM表空间的状态。相关命令及执行结果如下：

```
SQL> select tablespace_name,status
  2  from dba_tablespaces
  3  where tablespace_name='SYSTEM';

TABLESPACE_NAME                STATUS
------------------------------ ---------
SYSTEM                         ONLINE
```

可以看出SYSTEM表空间的STATUS为ONLINE。

 查询数据字典时使用的表空间名必须用大写形式。

9.2.2 SYSAUX 表空间

为了简化管理Oracle对象，减轻SYSTEM表空间的负担，Oracle引入了SYSAUX表空间作为SYSTEM表空间的辅助表空间。SYSAUX表空间也不能删除、重命名，或者设为read only(只读)状态。SYSAUX表空间包含一些以前使用独立表空间或系统表空间的数据库组件。通过分离这些组件和功能，SYSTEM表空间的负荷得以减轻，并且避免了反复创建一些相关对象及组件引起的SYSTEM表空间的碎片问题。

【例9.5】查询SYSAUX表空间中的表信息。相关命令及执行结果如下：

```
SQL> select count(*) from dba_tables
  2  where tablespace_name='SYSAUX';

  COUNT(*)
----------
      1774
```

从查询结果可以发现，SYSAUX表空间中含有大量的表。

【例9.6】试图删除SYSAUX表空间。相关命令及执行结果如下：

```
SQL> DROP TABLESPACE SYSAUX;
DROP TABLESPACE SYSAUX
*
第 1 行出现错误:
ORA-13501: 不能删除 SYSAUX 表空间
```

9.3　创建表空间

在实际应用中，用户应该根据自己的实际情况创建不同的表空间，这样既可以减轻系统表空间的负担，又可以使得数据库中的数据分布更清晰。

9.3.1　创建表空间的语法

Oracle 创建表空间的最基本语法如下：

```
CREATE TABLESPACE tablespace_name
  DATAFILE filename SIZE integer
```

其中 tablespace_name 是指新建表空间的名称；filename 是表空间对应的数据文件名；integer 是数据文件的大小，如 50KB 或 20MB。

【例 9.7】创建表空间 EMP1，其对应的数据文件名 EMP1.DBF，大小为 20MB。

```
SQL> create tablespace emp1
  2  datafile 'd:\user\EMP1.DBF' SIZE 20M;
```

表空间已创建。

【例 9.8】查询新创建的表空间 EMP1。相关命令及执行结果如下：

```
SQL> SELECT TABLESPACE_NAME,STATUS
2  FROM DBA_TABLESPACES;

TABLESPACE_NAME                                    STATUS
-------------------------------------------------  -------------
SYSTEM                                             ONLINE
SYSAUX                                             ONLINE
UNDOTBS1                                           ONLINE
TEMP                                               ONLINE
USERS                                              ONLINE
EXAMPLE                                            ONLINE
EMP1                                               ONLINE
```

已选择 7 行。

在创建表空间时，指定的数据文件路径必须已存在，Oracle 只能在已存在的目录下创建数据文件，不会自动创建新目录。

【例 9.9】错误地指定数据文件。相关命令及执行情况如下：

```
SQL> create tablespace emp2 datafile 'd:\emp2\emp2.dbf' size 20M;
create tablespace emp2 datafile 'd:\emp2\emp2.dbf' size 20M
*
第 1 行出现错误：
ORA-01119: 创建数据库文件 'd:\emp2\emp2.dbf' 时出错
ORA-27040: 文件创建错误，无法创建文件
```

```
OSD-04002: 无法打开文件
O/S-Error: (OS 3) 系统找不到指定的路径。
```

【例 9.10】查看表空间 EMP1 的数据文件。相关命令及执行结果如下：

```
SQL>SELECT TABLESPACE_NAME,FILE_NAME
2  FROM DBA_DATA_FILES
3  WHERE TABLESPACE_NAME='EMP1';

TABLESPACE_NAME     FILE_NAME
----------------    ----------------------
EMP1                      D:\USER\EMP1.DBF
```

9.3.2 创建撤销表空间

撤销表空间也叫回滚表空间，只能存放撤销段，不能存放其他任何对象。撤销表空间的作用主要包括事务恢复、事务回滚和读一致性。若没有指定撤销表空间，系统将使用 system 系统回滚段来进行事务管理，这样会增加系统表空间的负担。只要建立了撤销表空间，系统就会自动管理回滚段的分配、回收的工作。

【例 9.11】创建撤销表空间 USER_UNDO。相关命令及执行结果如下：

```
SQL> CREATE UNDO TABLESPACE USER_UNDO
2   DATAFILE 'D:\USER\USER_UNDO'
3   SIZE 20M;

表空间已创建。
```

其中关键字 UNDO 表示创建的表空间为撤销表空间，在创建撤销表空间时只能使用 DATAFILE 子句和 EXTENT MANAGEMENT 子句。

【例 9.12】查看创建的撤销表空间 USER_UNDO。相关命令及执行结果如下：

```
SQL> SELECT TABLESPACE_NAME,CONTENTS,EXTENT_MANAGEMENT
2   FROM DBA_TABLESPACES
3   WHERE TABLESPACE_NAME='USER_UNDO';

TABLESPACE_NAME          CONTENTS  EXTENT_MANAGEMENT
---------------------    --------  ----------------
USER_UNDO                UNDO      LOCAL
```

从查询结果可以看出，撤销表空间 USER_UNDO 已成功创建，CONTENTS 值为 UNDO 表示创建的是撤销表空间，创建表空间时没用 EXTENT MANAGEMENT 子句，默认的为本地管理的表空间，所以 EXTENT_MANAGEMENT 的值为 LOCAL。

【例 9.13】查看撤销表空间 USER_UNDO 的存储参数。相关命令及执行结果如下：

```
SQL> select tablespace_name,block_size,initial_extent,
2   next_extent,max_extents
3   from dba_tablespaces
4   where contents='UNDO';
```

TABLESPACE_NAME	BLOCK_SIZE	INITIAL_EXTENT	NEXT_EXTENT	MAX_EXTENTS
UNDOTBS1	8192	65536		2147483645
USER_UNDO	8192	65536		2147483645

上例查询表空间为 UNDO 的表空间信息发现，当前的数据库有两个撤销表空间：
UNDOTBS1 和 USER_UNDO，其中 UNDOTBS1 是安装 Oracle 数据库时系统自动创建的撤销表空间，USER_UNDO 是我们刚刚创建的，它的数据库块大小为 8K，初始区大小默认为 64K，再分配区大小默认为空，可分配最大区数默认为 2147483645。

在数据库运行过程中，如果需要使用另一个撤销表空间，则可以通过执行切换撤销表空间操作来实现，而不需要重启数据库。切换撤销表空间，需要使用 ALTER SYSTEM 语句，改变 UNDO_TABLESPACE 参数的值。

```
SQL> alter system set undo_tablespace = USER_UNDO;
系统已更改。
```

9.3.3　创建非标准块表空间

我们前面创建的表空间的数据块大小都是 8K，默认标准数据块的大小由参数 DB_BLOCK_SIZE 决定，并且在创建数据库后不能再进行修改。为了优化 I/O 性能，Oracle 允许不同的表空间使用不同大小的数据块，这样就能把数据量大的表存储在大数据块构成的表空间中，而把数据量小的表存储在小数据块构成的表空间中。

创建非标准块表空间时需要使用 BLOCKSIZE 子句。当数据库中使用多种数据块尺寸时，必须为每种数据块分配相应的数据高速缓存，参数 BLOCKSIZE 必须和数据高速缓冲区参数 DB_nK_CACHE_SIZE 相对应。

【例 9.14】查询 DB_BLOCK_SIZE 的值。相关命令及执行结果如下：

```
SQL> show parameter db_block_size
```

NAME	TYPE	VALUE
db_block_size	integer	8192

【例 9.15】查询 DB_16K_CACHE_SIZE 的默认值。相关命令及执行结果如下：

```
SQL> show parameter db_16k_cache_size
```

NAME	TYPE	VALUE
db_16k_cache_size	big integer	0

参数默认值为 0，表示未启用。

【例 9.16】创建大小为 16K 的非标准块表 LOC7 空间。相关命令及执行结果如下：

```
SQL> create tablespace LOC7
  2  DATAFILE 'D:\USER\LOC7.DBF' SIZE 10M
```

```
  3  BLOCKSIZE 16K;
create tablespace LOC7
    *
第 1 行出现错误:
ORA-29339: 表空间块大小 16384 与配置的块大小不匹配
```

报错的原因是表空间数据块的大小与高速缓存的大小不匹配。如果想创建非标准块表空间，必须先设置好其对应的高速缓存参数。

【例 9.17】设置 DB_16K_CACHE_SIZE 参数。相关命令及执行结果如下:

```
SQL> alter system set db_16k_cache_size=1M;

系统已更改。

SQL> show parameter db_16k_cache_size

NAME                      TYPE       VALUE
----------------------    --------   ------------
db_16k_cache_size         big integer   8M
```

设置 DB_16K_CACHE_SIZE 为 1MB 时，由于小于系统的最小值 8MB，所以系统自动更改为 8MB，如设成 100MB，则为大于 100MB 的最接近系统最小值 8MB 的整数倍的数。执行情况如下:

```
SQL> alter system set db_16k_cache_size=100M;

系统已更改。

SQL> show parameter db_16k_cache_size

NAME                      TYPE       VALUE
------------------        -----------   ------
db_16k_cache_size         big integer    104M
```

【例 9.18】创建大小为 16KB 的非标准块表 LOC7 空间。相关命令及执行结果如下:

```
SQL> create tablespace LOC7
  2  DATAFILE 'D:\USER\LOC7.DBF' SIZE 10M
  3  BLOCKSIZE 16K;

表空间已创建。
```

9.3.4 建立大文件表空间

大文件表空间(Big File Tablespace，BFT)，是 Oracle 10g 后提出来的，它由一个大文件组成。使用 BFT 在数据库开启时和对于 DBWR 进程的性能会有显著提高，但是 BFT 的大文件会增加该表空间或整个数据库的备份和恢复时间。

【例 9.19】创建大文件表空间。相关命令及执行结果如下:

```
SQL> create bigfile tablespace big1
```

```
2  datafile 'd:\user\big1.dbf' size 5G;
```

表空间已创建。

大文件表空间由于数据文件大，创建时明显会比普通表空间时间长。

【例 9.20】查看大文件表空间。相关命令及执行结果如下：

```
SQL> col file_name for a30
SQL> select  tablespace_name,file_name,
  2  bytes/(1024*1024*1024) DATAFILE_SIZE
  3  FROM DBA_DATA_FILES
  4  WHERE TABLESPACE_NAME='BIG1';
```

TABLESPACE_NAME	FILE_NAME	DATAFILE_SIZE
BIG1	D:\USER\BIG1.DBF	5

由查询结果可知，已成功创建表空间 BIG1，其中 bytes/(1024*1024*1024)格式化显示文件的大小。

【例 9.21】查询大文件表空间 BIG1 的区管理方式和段空间管理方式。相关命令及执行结果如下：

```
SQL> select tablespace_name,initial_extent,extent_management,
  2  segment_space_management
  3  from dba_tablespaces
  4  where tablespace_name='BIG1';
```

TABLESPACE_NAME	INITIAL_EXTENT	EXTENT_MAN	SEGMEN
BIG1	65536	LOCAL	AUTO

可以看出，大文件表空间 BIG1 的初始区大小为 64K，管理方式为本地管理方式，段管理方式为自动管理，只有本地管理且段空间管理方式为自动管理的表空间才能使用大文件表空间。

【例 9.22】创建含有 2 个数据文件的大文件表空间 BIG3。相关命令及执行结果如下：

```
SQL> create bigfile tablespace BIG3
  2  DATAFILE 'D:\USER\BIG3.DBF' SIZE 4G,
  3       'E:\USER\BIG3.DBF' SIZE 5G
  4  /
create bigfile tablespace BIG3
*
第 1 行出现错误:
ORA-32774: 为大文件表空间 BIG3 指定了多个文件
```

普通表空间可以含有多个数据文件，但是大文件表空间有且只能有 1 个数据文件。Oracle 允许改变当前数据库的默认表空间类型为大文件表空间或小文件表空间。如果设置了默认表空间类型为大文件表空间，则以后创建的表空间都为大文件表空间。

【例 9.23】把当前数据库的表空间类型改为大文件表空间。相关命令及执行结果如下：

```
SQL> alter database set default bigfile tablespace;
```

数据库已更改。

【例 9.24】查询当前数据库的表空间类型是否为大文件表空间。相关命令及执行结果如下：

```
SQL> select property_name,property_value
  2  from database_properties
  3  where property_name='DEFAULT_TBS_TYPE';
```

```
PROPERTY_NAME                    PROPERTY_VALUE
------------------               ----------------------------
DEFAULT_TBS_TYPE                 BIGFILE
```

可以看出默认的表空间类型为大文件表空间。

【例 9.25】创建表空间 LOC6 并查看其参数。相关命令及执行结果如下：

```
SQL> create tablespace LOC6
  2  DATAFILE 'D:\USER\LOC6.DBF' SIZE 1G;
```

表空间已创建。

```
SQL> select tablespace_Name,bigfile
  2  from dba_tablespaces
  3  where tablespace_name='LOC6';
```

```
TABLESPACE_NAME                                      BIGFIL
------------------------------------------------     ------
LOC6                                                 YES
```

由 BIGFILE 值为 YES 可知默认创建表空间为大文表空间。

【例 9.26】把当前数据库的表空间类型改回小文件表空间。相关命令及执行结果如下：

```
SQL> alter database set default smallfile tablespace;
```

数据库已更改。

9.4　维护表空间与数据文件

维护表空间涉及设置默认表空间、修改表空间大小、更改表空间状态、重命名表空间、删除表空间等。维护数据文件涉及修改数据文件大小、删除表空间的数据文件、迁移数据文件、改变表空间的存储路径等。

9.4.1　设置默认表空间

在 Oracle 中，用户的默认永久性表空间为 SYSTEM，默认临时表空间为 TEMP。如果所有的用户都使用默认的临时表空间，无疑会增加 SYSTEM 与 TEMP 表空间的负担。所以

Oracle 允许使用自定义的表空间作为默认的永久性表空间,允许使用自定义的临时表空间作为默认临时表空间。

设置默认的表空间的语法如下:

```
alter database default [temporary] tablespace tablespace_name
```

如果使用 temporary 关键字,则表示设置默认临时表空间;如果不使用该关键字,则表示设置默认永久性表空间,tablespace_name 为表空间的名称。

【例 9.27】查询当前数据库的默认永久性表空间。相关命令及执行结果如下:

```
SQL> select property_name,property_value
  2  from database_properties
  3  where property_name='DEFAULT_PERMANENT_TABLESPACE';

PROPERTY_NAME                        PROPERTY_VALUE
-------------------------------      ------------------
DEFAULT_PERMANENT_TABLESPACE         USERS
```

可以看出,系统默认的永久性表空间为 USERS,新建用户时默认表空间就是数据库设定的默认表空间 USERS,如果把默认表空间改成了 LOC1,则新建用户的默认表空间就是 LOC1。

【例 9.28】更改默认表空间为 LOC1。相关命令及执行结果如下:

```
SQL> ALTER DATABASE DEFAULT TABLESPACE LOC1;

数据库已更改。

SQL> SELECT PROPERTY_NAME,PROPERTY_VALUE
  2  FROM DATABASE_PROPERTIES
  3  WHERE PROPERTY_NAME='DEFAULT_PERMANENT_TABLESPACE'

PROPERTY_NAME                        PROPERTY_VALUE
-------------------------------      --------------------
DEFAULT_PERMANENT_TABLESPACE         LOC1
```

9.4.2　更改表空间的状态

表空间主要有在线(online)、离线(offline)、读写(read write)、只读(read only)4 种状态,其中只读和读写状态是在线状态的特殊情况,可以通过设置表空间的状态属性来更改表空间的状态。

【例 9.29】查询表空间的状态。相关命令及执行结果如下:

```
SQL> select tablespace_name,status
  2  from dba_tablespaces;

TABLESPACE_NAME                                      STATUS
-------------------------------------------------    ---------
SYSTEM                                               ONLINE
```

```
SYSAUX                                              ONLINE
UNDOTBS1                                            ONLINE
TEMP                                                ONLINE
USERS                                               ONLINE
EXAMPLE                                             ONLINE
EMP1                                                ONLINE
EMP3                                                ONLINE
USER_UNDO                                           ONLINE
LOC1                                                ONLINE
BIG1                                                ONLINE
...
```
已选择 16 行。

查询结果显示数据库中的 16 个表空间都是在线状态，可以使用 ALTER TABLESPACE 语句更改表空间状态。

【例 9.30】使用 ALTER TABLESPACE 语句更改表空间状态为离线。相关命令及执行结果如下：

```
SQL> ALTER TABLESPACE LOC5 OFFLINE;

表空间已更改。

SQL> select tablespace_name,status
  2  from dba_tablespaces;
TABLESPACE_NAME                                     STATUS
-------------------------------------------------- ---------
SYSTEM                                              ONLINE
SYSAUX                                              OFFLINE
...
LOC5                                                OFFLINE
```

已选择 16 行。

 当数据库写进程尝试向一个表空间中的数据文件写数据失败时，Oracle 会自动将该表空间设为离线状态。

【例 9.31】使用 ALTER TABLESPACE 语句更改表空间状态为在线。相关命令及执行结果如下：

```
SQL> alter tablespace loc5 online
  2  /

表空间已更改。
```

【例 9.32】查询表空间是否为在线状态。相关命令及执行结果如下：

```
SQL> select tablespace_name,status
  2  from dba_tablespaces
  3  where tablespace_name='LOC5';
```

```
TABLESPACE_NAME                                    STATUS
-------------------------------------------------- -------
LOC1                                               ONLINE
```

当表空间处于离线状态时，不允许访问其中的任何数据。

【例9.33】访问离线状态的表空间。首先通过 DBA_TABLES 查询 EMP 表存放在哪个表空间。相关命令及执行结果如下：

```
SQL> col tablespace_name for a20
SQL> col table_name for a20
SQL> col owner for a20
SQL> select tablespace_name,table_name,owner
  2  from dba_tables
  3  where table_name='EMP';

TABLESPACE_NAME          TABLE_NAME           OWNER
-------------------- -------------------- ------
USERS                    EMP                  SCOTT
```

可以看出表 EMP 属于用户 SCOTT，在表空间 USERS 中，再来查看表 EMP 中有哪些数据。执行情况如下：

```
SQL> SELECT * FROM SCOTT.EMP;
SELECT * FROM SCOTT.EMP
                      *
第 1 行出现错误:
ORA-00376: 此时无法读取文件 4
ORA-01110: 数据文件 4: 'E:\APP\ADMINISTRATOR\ORADATA\ORCL\USERS01.DBF'
```

出错是因为表空间 USERS 现在为离线状态，查询并更改表空间 USERS 的状态。相关命令及执行结果如下：

```
SQL> select tablespace_name,status
  2  from dba_tablespaces
  3  where tablespace_name='USERS';

TABLESPACE_NAME                                    STATUS
-------------------------------------------------- ----------
USERS                                              OFFLINE

SQL> ALTER TABLESPACE USERS ONLINE;

表空间已更改。
```

只读(READ ONLY)和读写(READ WRITE)是在线状态的特殊情况，默认状态是可读写状态。

【例9.34】修改表空间 USERS 状态为只读。相关命令及执行结果如下：

```
SQL> ALTER TABLESPACE USERS READ ONLY;

表空间已更改。
```

```
SQL> select tablespace_name,status
  2  from dba_tablespaces
  3  where tablespace_name='USERS';
```

```
TABLESPACE_NAME                                      STATUS
-------------------------------------------------    -----------
USERS                                                READ ONLY
```

表空间变为只读状态后,只允许用户查询表空间中的内容,而用户试图修改则会出错。

【例 9.35】读写只读表空间。相关命令及执行情况如下:

```
SQL> select * from scott.emp where empno=7369;
```

```
EMPNO ENAME    JOB     MGR      HIREDATE        SAL    COMM    DEPTNO
---- -------  -------  --------  --------------  -----  ------  ----------
7369 SMITH    CLERK    7902     17-12 月-80       800                20
```

```
SQL> update scott.emp set sal=sal+100 where empno=7369;
update scott.emp set sal=sal+100 where empno=7369
              *
第 1 行出现错误:
ORA-00372: 此时无法修改文件 4
ORA-01110: 数据文件 4: 'E:\APP\ADMINISTRATOR\ORADATA\ORCL\USERS01.DBF'
```

报错是因为表空间 USERS 的状态为 READ ONLY,可以改为 READ WRITE。执行情况如下:

```
SQL> ALTER TABLESPACE USERS READ WRITE;
```

表空间已更改。

9.4.3 重命名表空间

可以修改表空间的名称,这样不会影响到表空间中的数据,但系统表空间 SYSTEM 和 SYSAUX 不能重命名。重命名表空间的语法如下:

```
alter tablespace tablespace_name rename to new_tablespace_name;
```

其中 tablespace_name 为原表空间名,new_tablespace_name 为重命名后新的表空间名。

【例 9.36】重命名表空间 LOC1。相关命令及执行结果如下:

```
SQL> alter tablespace LO1 rename to loc1;
```

表空间已更改。

【例 9.37】如果表空间的状态为 offline,则无法重命名表空间。相关命令及执行情况如下:

```
SQL> alter tablespace loc1 offline;
```

表空间已更改。

```
SQL> alter tablespace Loc1 rename to lo1;
alter tablespace Loc1 rename to lo1
*
第 1 行出现错误:
ORA-01135: DML/query 访问的文件 8 处于脱机状态
ORA-01110: 数据文件 8: 'D:\USER\LOC1.DBF'

SQL> alter tablespace loc1 online;
```

表空间已更改。

9.4.4　删除表空间

如果不再需要某个表空间，则可以用 drop tablespace 语句来删除表空间，其语法如下：

```
Drop tablespace tablespace_name [including contents [and datafiles]]
```

【例 9.38】删除表空间。相关命令及执行结果如下：

```
SQL> SELECT TABLESPACE_NAME,FILE_NAME
  2  FROM DBA_DATA_FILES
  3  WHERE TABLESPACE_NAME='EMP1';

TABLESPACE_NAME           FILE_NAME
--------------------      --------------------
EMP1                      D:\USER\EMP1.DBF
SQL> drop tablespace emp1;
```

表空间已删除。

删除表空间后，它所对应的数据文件并不能删除。如果表空间中包含有数据内容，则还需要使用 INCLUDING CONTENTS 选项。

【例 9.39】使用 INCLUDING CONTENTS 可删除非空表空间。相关命令及执行情况如下：

```
SQL> drop tablespace LO1 including contents;
drop tablespace LO1 including contents
*
第 1 行出现错误:
ORA-12919: 不能删除默认永久表空间
```

如果要删除默认的永久表空间，首先需要把默认表空间改为 LOC2，再删除 LO1。如下：

```
SQL> alter database default tablespace loc2;
数据库已更改。

SQL> drop tablespace LO1 including contents;
表空间已删除。
```

【例 9.40】举例说明如何删除表空间 LOC6 及数据文件。相关命令及执行结果如下：

```
SQL> drop tablespace LOC6 including CONTENTS AND datafiles;
```

表空间已删除。

在删除表空间 LOC6 的同时，数据文件也一起被删除。如果其他表空间中的表有外键等约束关联到了本表空间中的表的字段，就要加上 cascade constraints 语句。相关命令及执行结果如下：

```
SQL> drop tablespace loc5 including contents and datafiles
  2  cascade constraints;
```

表空间已删除。

9.4.5 管理表空间对应的数据文件

创建表空间时，为表空间对应的数据文件指定大小。由于这个大小是预先设置的，在后期的应用中，实际需要存储的数据量可能会超出这个预算值。如果表空间所对应的数据文件都被写满，则无法再向该表空间中添加数据，这就需要管理表空间对应的数据文件来决定。

【例 9.41】创建数据文件自动扩展的表空间 LOC1。相关命令及执行结果如下：

```
SQL> create tablespace loc1
  2  datafile 'd:\user\loc1.dbf'
  3  size 10M
  4  autoextend on;
```

表空间已创建。

```
SQL> select tablespace_name,autoextensible
  2  from dba_data_files;

TABLESPACE_NAME                                    AUTOEX
-------------------------------------------------- ------
USERS                                              YES
UNDOTBS1                                           YES
SYSAUX                                             YES
SYSTEM                                             YES
EXAMPLE                                            YES
EMP1                                               NO
USER_UNDO                                          NO
LOC1                                               YES
...
```
已选择 14 行。

其中 AUTOEXTEND ON 子句说明创建的是自动扩展的表空间。

可以看出表空间 LOC1 是自动扩展的。如果创建表空间时默认不支持自动扩展，可以通过 ALTER DATABASE 子句把表空间设置为自动扩展的。

【例 9.42】修改表空间 EMP1 的数据文件为自动扩展。相关命令及执行结果如下：

```
SQL> ALTER DATABASE DATAFILE 'D:\USER\EMP1.DBF'
  2  AUTOEXTEND ON;
```

数据库已更改。

```
SQL> select tablespace_name,autoextensible,file_name
  2  from dba_data_files
  3  where tablespace_name='EMP1';
```

TABLESPACE_NAME	AUTOEX	FILE_NAME
EMP1	YES	D:\USER\EMP1.DBF

【例 9.43】使用 ALTER DATABASE 子句修改表空间 EMP1 的数据文件大小为 100MB(原来为 50MB)。相关命令及执行结果如下：

```
SQL> SELECT TABLESPACE_NAME,FILE_NAME,BYTES/(1204*1024)
  2  FROM DBA_DATA_FILES
  3  WHERE TABLESPACE_NAME='EMP1';
```

TABLESPACE_NAME	FILE_NAME	BYTES/(1204*1024)
EMP1	D:\USER\EMP1.DBF	42.5249169

```
SQL> alter database
  2  datafile 'd:\user\emp1.dbf'
  3  resize 100M;
```

数据库已更改。

【例 9.44】使用 ALTER TABLESPACE 子句为表空间 EMP1 增加一个大小为 10MB 的数据文件 e:\user\emp1.dbf。相关命令及执行结果如下：

```
SQL> alter tablespace emp1
  2  add datafile 'e:\user\emp1.dbf' size 10M;
```

表空间已更改。

数据文件是存储于磁盘中的物理文件，它的大小受到磁盘大小的限制。如果数据文件所在的磁盘空间不够，则需要将该文件移动到新的磁盘中保存。

【例 9.45】迁移表空间的数据文件。

(1) 设置表空间为离线状态。相关命令及执行结果如下：

```
SQL> alter tablespace emp1 offline;
```

表空间已更改。

(2) 复制数据文件到新的磁盘，然后使用 ALTER TABLESPACE 指令迁移数据文件。相关命令及执行结果如下：

```
SQL> alter tablespace emp1
  2  rename datafile 'd:\user\emp1.dbf' to 'e:\emp1.dbf';
```

表空间已更改。

(3) 修改表空间的状态为 ONLINE。相关命令及执行结果如下:

```
SQL> ALTER TABLESPACE emp1 ONLINE;
```

表空间已更改。

(4) 检查文件是否移动成功。相关命令及执行结果如下:

```
SQL> select tablespace_name,file_name
  2  from dba_data_files
  3  where tablespace_name='EMP1';


TABLESPACE_NAME         FILE_NAME
--------------------    --------------------
EMP1                    E:\EMP1.DBF
```

9.5 管理临时表空间

在 Oracle 10g 后,只有 SYSTEM 和 SYSAUX 表空间是强制建立的,临时表空间也会默认创建,名字为 TEMP,数据文件名为 TEMP01.DBF,它和其他数据文件放在同一个目录下。下面介绍如何创建和管理临时表空间。

9.5.1 创建临时表空间

临时表空间用于用户特定的会话活动。比如,用户会话中的排序操作,排序的结果只需要临时使用,存放临时数据的区域就是临时表空间。临时表空间的排序段是在实例启动后有第一个排序操作时创建的。

如果在创建数据库时没有创建临时表空间,则数据库服务器默认使用 SYSTEM 表空间。显然,这样会影响数据库系统的效率,所以创建临时表空间是很有必要的,可以把某个临时表空间指定为默认临时表空间。

【例 9.46】创建临时表空间 TEMP1。相关命令及执行结果如下:

```
SQL> CREATE TEMPORARY TABLESPACE TEMP1
  2  TEMPFILE 'D:\USER\TEMP1.DBF' SIZE 10M
  3  UNIFORM SIZE 1m;
```

表空间已创建。

9.5.2　查询临时表空间的信息

通过查询数据字典 DBA_TABLESPACES 也可以获取临时表空间的信息。

【例 9.47】查询临时表空间 TEMP1 的某些参数。相关命令及执行结果如下：

```
SQL> select tablespace_name,status,contents,logging
  2  from dba_tablespaces
  3  where TABLESPACE_NAME='TEMP1';


TABLESPACE_NAME          STATUS     CONTENTS   LOGGING
------------------------ ---------- ---------- ---------
TEMP1                    ONLINE     TEMPORARY  NOLOGGING
```

可以看出，表空间 TEMP1 的 CONTENTS 值为 TEMPORARY，说明 TEMP1 是临时表空间，它的 STATUS 值为 ONLINE，表明 TEMP1 为在线状态，它的 LOGGING 值为 NOLOGGING，表明不需要把临时表空间的变化记录到重做日志文件中。

【例 9.48】查询当前数据库的默认临时表空间。相关命令及执行结果如下：

```
SQL> select property_name,property_value
  2  from database_properties
  3  where property_name='DEFAULT_TEMP_TABLESPACE';


PROPERTY_NAME                      PROPERTY_VALUE
-------------------------          -------------------------
DEFAULT_TEMP_TABLESPACE            TEMP
```

可以看出，默认临时表空间为 TEMP，可以更改默认临时表空间。

【例 9.49】把默认临时表空间设为 TEMP1。相关命令及执行结果如下：

```
SQL> alter database default temporary tablespace temp1;
```

数据库已更改。

默认临时表空间已成功改为 TEMP1，只能把临时表空间设为默认临时表空间，把其他类型的表空间设为默认临时表空间时会报错。

9.5.3　关于临时表空间组

Oracle 10g 之前，同一用户的多个会话只能使用同一个临时表空间。为了解决这个潜在的瓶颈，在 Oracle 10g 后可以创建多个临时表空间，并把它们组成一个临时表空间组，这样应用数据进行排序时可以使用组里的多个临时表空间。临时表空间组是在创建临时表空间时通过 group 子句创建的。

【例 9.50】创建临时表空间组 GROUP1。相关命令及执行结果如下：

```
SQL> create temporary tablespace temp2
  2  tempfile 'd:\user\temp2.dbf' size 10M
  3  tablespace group group1;
```

表空间已创建。

临时表空间组逻辑上相当于一个临时表空间。一个临时表空间组至少有一个临时表空间，其最大个数没有限制。可以将一个表空间从一个组移动到另一个组，也可以从一个组中删除某个临时表空间，或是往组里添加新的表空间。如果删除组中的全部临时表空间，那么对应的临时表空间组也将消失。

可以把临时表空间组设为数据库的默认临时表空间。

【例 9.51】把临时表空间组 GROUP1 设成默认临时表空间。相关命令及执行结果如下：

```
SQL> alter database default temporary tablespace group1;
```

数据库已更改。

【例 9.52】把临时表空间 TEMP1 移到 GROUP1 中并查询临时表空间组。相关命令及执行结果如下：

```
SQL> alter tablespace temp1 tablespace group group1;
```

表空间已更改。

```
SQL> select * from dba_tablespace_groups;

GROUP_NAME              TABLESPACE_NAME
--------------------    ------------------------
GROUP1                  TEMP1
GROUP1                  TEMP2
```

可以看出，默认临时表空间是 GROUP1，它包含两个临时表空间，即 TEMP1 和 TEMP2。

9.6 习　　题

一、填空题

1. 数据文件是_____概念，表空间是_____概念，它是 Oracle 数据库中最大的逻辑单位。

2. 每个 Oracle 数据库在逻辑上都由一个或多个_____组成，每个_____在物理上又由一个或多个_____组成。

3. 一个表空间可以包含多个_____，而一个_____只能隶属一个表空间。

4. 逻辑上数据库由表空间组成，表空间由_____组成，_____由区组成，区由_____组成。

5. 表空间的状态属性主要有 ONLINE、_____、_____和_____。

6. 创建临时表空间需要使用 TEMPORARY 关键字，创建大文件表空间需要使用_____关键字，创建撤销表空间需要使用_____关键字。

二、选择题

1. 以下关于 SYSAUX 表空间的描述，正确的是(   )。

    A. 不能删除 SYSAUX 表空间   B. 不能重命名 SYSAUX 表空间

    C. 表空间 SYSAUX 不能设为 read only   D. 以上都对

2. 撤销表空间的作用主要是(   )。

    A. 事务恢复   B. 事务回滚   C. 读一致性   D. 以上都对

3. 以下关于大文件表空间的描述中，不正确的是(   )。

    A. 大文件表空间由一个大文件组成

    B. 大文件表空间不可以设为默认表空间

    C. 使用大文件表空间在数据库开启时和对于 DBWR 进程的性能会有显著提高

    D. 使用大文件表空间会增加该表空间或整个数据库的备份和恢复时间

4. 使用如下语句创建一个临时表空间 temp：

```
CREATE _____ TABLESPACE temp
_____ 'F:\oraclefile\temp.dbf'
SIZE 10M
AUTOEXTEND ON
NEXT 2M
MAXSIZE 20M;
```

请从下列选项中选择正确的关键字补充上面的语句。(   )

    A. (不填)、DATAFILE   B. TEMP、TEMPFILE

    C. TEMPORARY、TEMPFILE   D. TEMP、DATAFILE

5. 在表空间 MySpace 中没有存储任何数据，现在需要删除该表空间，并同时删除其对应的数据文件，可以使用(   )语句。

    A. DROP TABLESPACE MySpace;

    B. DROP TABLESPACE MySpace INCLUDING DATAFILES;

    C. DROP TABLESPACE MySpace INCLUDING CONTENTS AND DATAFILES;

    D. DROP TABLESPACE MySpace AND DATAFILES;

三、操作题

1. 创建含有两个数据文件的表空间 TEST(数据文件为 D:\TEST.DBF 和 E:\TEST.DBF，大小均为 10M)，查询表空间 TEST 状态，并把 TEST 状态改为离线。

2. 创建临时表空间 TEST1(数据文件为 D:\TEST1.DBF，大小为 10M)，并把默认临时表空间设为 TEST1。

3. 如果初始化参数 db_block_size 的值为 16KB，那么还能设置 db_16k_cache_size 参数的值吗？请结合本章的内容，创建一个非标准数据块表空间，并简单概述其步骤。

第 10 章　数据表对象

本章导读

　　表是最常用的数据库对象，同时也是最重要的数据库对象。由于表是存储数据的主要手段，因此对表的管理也是非常重要的。通过在表中定义一些约束，可以实现一些简单的应用逻辑，同时也可以保证表中数据的有效性和完整性。本章对表和约束的操作进行详细介绍。

　　学习目标

- 掌握在 Oracle 中如何使用 SQL 创建表。
- 学会为表指定存储位置。
- 学会为表指定存储特性。
- 学会修改表。
- 学会为表定义完整性约束。

10.1　创建数据表

　　创建表命令为 CREATE TABLE，使用 CREATE TABLE 命令的用户必须具备 CREATE TABLE 系统权限。如果要为其他用户创建表，则必须具有 CREATE ANY TABLE 权限。

10.1.1　数据类型

　　Oracle 定义了三种数据类型，即标量数据类型、集合数据类型和关系数据类型。

　　1．标量数据类型

　　1)　VARCHAR2(SIZE)和 NVARCHAR2(SIZE)

　　变长字符型数据。参数 SIZE 是该变量存储的最大的字符数，最小或默认值是 1，最大值为 17000。NVARCHAR2 支持全球化数据类型，支持定长和变长字符集。

　　2)　CHAR(SIZE)和 NCHAR(SIZE)

　　定长字符型数据。参数 SIZE 是该变量存储的字符数，最小或默认值是 1，最大值为 2000。

　　3)　DATE

　　日期型数据。Oracle 使用 7 个定长的存储区存储日期型数据。

　　4)　NUMBER(P,S)

　　数字型数据。参数 S 为正时表示精确到小数点后几位，为负时表示精确到小数点前几位，参数 P 表示包括小数一共有几位有效数据。

　　【例 10.1】数据 123.89 使用不同的精度后的值。具体情况如下：

NUMBER，P、S 都不设置，值不变 123.89。

NUMBER(4,1)，值为 123.9，四舍五入保留 1 位小数。

NUMBER(5,1)，值为 123.9，实际有效位数为 4 位(3 位整数加上 1 位小数)，有效位数大于 4 时，只显示 4 位。

NUMBER(5,-1)，值为 120，四舍五入精确到小数点前一位，实际有效位数为 3 位(3 位整数)，有效位数大于 3 时，只显示 3 位。

5）CLOB 或 LONG

用于存储大数据对象，该对象为定长的字符型数据，如学术论文或个人简历等。对于 CLOB 数据类型的列的操作，不能直接使用数据库指令，只能通过 PL/SQL 软件包 DBMS_LOB 来实现。

6）BLOB 或 LONG RAW

存储无结构的大对象，如照片、PPT、二进制图像等。和 CLOB 数据类型一样，BLOB 数据类型的列的操作只能通过 PL/SQL 软件包 DBMS_LOB 来实现。

7）BFILE

在操作系统文件中存储无结构的二进制对象，它是 Oracle 的外部数据类型，Oracle 无法直接维护这些数据类型，必须由操作系统来维护。

8）RAW

该数据类型使得数据库可以直接存储二进制数据，在计算机之间传输该类型数据时，数据库不对数据做任何转换，所以该数据类型的存储和传输效率较高，RAW 数据类型的最大长度为 2000 个字节。

注意　LONG 和 LONG RAW 数据类型主要用在 Oracle 8 以前版本，现在完全可以用 CLOB 或 BLOB 数据类型替换。

2．集合数据类型

Oracle 集合数据类型包括嵌套表和 VARRY 数据类型。嵌套表的列值中包含表，嵌套表中的元素数量没有限制，而 VARRY 集合中的元素是有数量限制的。

3．关系数据类型

关系数据类型 REF 指向一个对象，在 Oracle 中最典型的 REF 类型的对象就是游标 CURSOR。另外，有一种特殊的数据类型：行 ID(ROWID)。

ROWID 是 Oracle 系统使用并管理的，是数据库中每一行的唯一标识符，提供了最快访问表中行的方法。ROWID 是隐式存储的，但可以查询表中每一行的 ROWID。

【例 10.2】查看 EMP 表中的行 ID。相关命令及执行结果如下：

```
SQL> SELECT EMPNO,SAL,ROWID
  2  FROM SCOTT.EMP;

    EMPNO     SAL   ROWID
---------- ------ ----------------------
      7369     900  AAAR3sAAEAAAACXAAA
      7499    1600  AAAR3sAAEAAAACXAAB
```

```
7521      1250      AAAR3sAAEAAAACXAAC
7566      2975      AAAR3sAAEAAAACXAAD
...
7900       950      AAAR3sAAEAAAACXAAL
7902      3000      AAAR3sAAEAAAACXAAM
7934      1300      AAAR3sAAEAAAACXAAN
```

已选择 14 行。

ROWID 由 18 位组成，前 6 位表示该行数据对象的 DATA_OBJECT_ID，在数据库中是唯一的，接着的 3 位为相对数据文件 ID 号，再往后的 6 位表示该行数据的数据块编号，最后 3 位是该行数据的行号。索引就是保存了 ROWID 的后 3 个部分的信息。

10.1.2　创建数据表

普通表是存储用户数据最常用的方式，其数据是以无序方式存放的。使用普通表时，Oracle 会自动为其分配一个表段，表段的名称与该数据表相同，表中的所有数据也会存入对应的表段中。如在 USERS 表空间中创建表 EMP 时，Oracle 就会创建对应的表段 EMP。

【例 10.3】创建一个学生信息表 STUDENTS。相关命令如下：

```
SQL> create table students
  2   (id number(5),
  3   name varchar2(10),
  4   sex char(2),
  5   birth date)
  6   tablespace users;
```

【例 10.4】查询表 STUDENTS 的状态。相关命令及执行结果如下：

```
SQL> SELECT OWNER,TABLESPACE_NAME,TABLE_NAME
  2   FROM DBA_TABLES
  3   WHERE TABLE_NAME='STUDENTS';
```

OWNER	TABLESPACE_NAME	TABLE_NAME
SCOTT	USERS	STUDENTS

可以看出，已在 USERS 表空间成功创建了属于 SCOTT 用户的 STUDENTS 表。

注意　如果创建表时不指定用户名，直接写表名，则默认创建的是当前用户的表；如果不指定表空间名，则会创建到默认表空间中。

CREATE TABLE 命令的 STORAGE 子句用来设置分配给表的存储空间大小，以及需要增加存储空间时如何增加。如果在创建表时未使用 STORAGE 子句，则其默认值为创建表时使用 5 个 Oracle 数据块，需要增加时再分配 5 个块，再往后每次增加时都分配一个比前一个空间大 50%的数据空间。

【例 10.5】创建带有 STORAGE 子句的表 STU2。相关命令及执行结果如下：

```
SQL> create table SCOTT.stu2
```

```
2  (id number(5),
3  name varchar2(10),
4  sex char(2),
5  birth date)
6  storage(initial 100K NEXT 100K PCTINCREASE 0
7  MINEXTENTS 1 MAXEXTENTS 8)
8  TABLESPACE USERS;
```

表已创建。

表 STU2 的 STORAGE 参数中 INITIAL 100K 指第一次分配 100KB 的空间，NEXT 100K 指需要增加空间时第一次增加 100KB，PCTINCREASE 0 指每次增加都是 100KB，MINEXTENTS 1 MAXEXTENTS 8 表示最小分配 1 个区，最大分配 8 个区。

【例 10.6】查看表 STU2 的一些参数。相关命令及执行结果如下：

```
SQL> select tablespace_name,table_name,owner,initial_extent,next_extent
  2  from dba_tables
  3  where table_Name='STU2';
```

TABLESPACE_NAME	TABLE_NAME	OWNER	INITIAL_EXTENT	NEXT_EXTENT
USERS	STU2	SCOTT	106496	106496

【例 10.7】通过子查询创建表 EMP3。相关命令及执行结果如下：

```
SQL> create table emp3 as
  2  select * from scott.emp;
```

表已创建。

通过子查询 SELECT * FROM SCOTT.EMP 创建表时，会将表 EMP 中的字段及数据复制到新创建的表中。

10.1.3　创建临时表

临时表存储事务或会话的中间结果集，只对当前用户的当前会话或当前会话的事务有效，是当前会话的私有数据。

事务级临时表仅对当前会话的当前事务有效，通过语句 ON COMMIT DELETE ROWS 指定，表示提交事务时删除数据。会话级临时表仅对当前会话有效，通过语句 ON COMMIT PRESERVE ROWS 指定，表示提交事务时保留数据。

【例 10.8】创建会话级的临时表 TEMP_EMP。相关命令及执行结果如下：

```
SQL> conn scott/tiger
已连接。

SQL> show user
USER 为 "SCOTT"

SQL> create global temporary table
```

```
  2  scott.temp_emp
  3  on commit preserve rows
  4  as
  5  select * from scott.emp
  6  where job='MANAGER';
```

表已创建。

会话级的临时表在当前用户当前会话下才可用。若用户使用其他用户登录，或者重新启动了数据库，则无法使用该临时表。

【例 10.9】会话级临时表的限制。相关命令及执行结果如下：

```
SQL> show user
USER 为 "SYS"
SQL> select * from temp_emp;
select * from temp_emp
              *
第 1 行出现错误:
ORA-00942: 表或视图不存在
```

创建的临时表在重启数据库后也无法使用。也就是说，一旦用户退出当前会话，临时表就会失去作用。但它仍然会占用存储空间，所以要及时删除不用的临时表。

创建事务级的临时表时使用 on commit delete rows 子句，事务级的临时表只对当前会话的当前事务有效，当前会话结束或事务结束时，都会删除表中的数据。

【例 10.10】创建临时表 TEMP_DEPT1。相关命令及执行结果如下：

```
SQL> conn scott/tiger
已连接。
SQL> create global temporary table temp_dept1
  2  on commit delete rows
  3  as select * from scott.dept;

表已创建。
SQL> select * from scott.temp_dept1;
未选定行
```

创建临时表 TEMP_DEPT1 时使用 select * from scott.dept 子句向表中插入大量的数据，但是由于 CREATE TABLE 语句为 DDL 语句，创建语句结束后，当前事务默认就提交了，事务也就结束了，所以创建临时表 TEMP_DEPT1 后其中的数据为空。

【例 10.11】验证向表 TEMP_DEPT1 中插入数据并提交事务后数据被删除。相关命令及执行结果如下：

```
SQL> insert into temp_dept1 select * from dept;
已创建 4 行。

SQL> select * from temp_dept1;
    DEPTNO  DNAME                     LOC
---------- ------------------------ ------------------
        10  ACCOUNTING                NEW YORK
```

```
    20    RESEARCH                  DALLAS
    30    SALES                     CHICAGO
    40    OPERATIONS                BOSTON

SQL> commit;
提交完成。

SQL> select * from temp_dept1;

未选定行
```

10.1.4　DUAL 表的作用

DUAL 表是一个虚拟表，用来构成 SELECT 的语法规则。Oracle 保证 DUAL 表里面永远只有 1 条记录。DUAL 表的作用很多。

【例 10.12】使用 DUAL 表查看当前用户。相关命令及执行结果如下：

```
SQL> select user from dual;

USER
----------------------------------
SCOTT
```

【例 10.13】使用 DUAL 表获得一个随机数。相关命令及执行结果如下：

```
SQL> select dbms_random.random from dual;

    RANDOM
----------
 358415041
```

【例 10.14】使用 DUAL 表获得系统时间。相关命令及执行结果如下：

```
SQL> select sysdate,to_char(sysdate,'yyyy-mm-dd HH:MI:SS') FROM DUAL;

SYSDATE         TO_CHAR(SYSDATE,'YYYY-MM-DDHH:MI:SS')
-------------- -----------------------------------
18-5月 -17      2017-05-18 09:56:25
```

【例 10.15】使用 DUAL 表实现计算功能。相关命令及执行结果如下：

```
SQL> select 31*25/5 from dual;

  31*25/5
----------
       155
```

10.2　维护数据表

在数据表被创建之后，如果发现对数据表的定义有不满意的地方，还可以对表格进行修改操作。对表进行维护的主要操作包括：增加或删除表中的字段、改变表的存储参数设置，以及对表进行增加、删减和重命名等操作。

10.2.1　增加和删除列

在创建表之后，可能会需要根据应用需求的变化向表中增加或删除列。向表中增加或删除列时可以使用 ALBLE TABLE 语句，当从已有表中删除列时不会影响到表中其他列的数据。

删除列的 ALTER TABLE 语句形式如下：

```
ALTER TABLE tablename DROP COLUMN columnname CASCADE CONSTRAINTS
```

其中 tablename 是表名，columnname 是要删除的列名，参数 CASCADE CONSTRAINTS 不是必需的，如果要删除的列是一个表的外键，则需要使用参数 CASCADE CONSTRAINTS 来删除列。

【例 10.16】删除表 EMP3 中的字段 COMM。相关命令及执行结果如下：

```
SQL> alter table scott.emp3 drop column COMM;

表已更改。

SQL> desc scott.emp3;
 名称                                       是否为空?   类型
 ---------------------------------------- --------  ---------------

 EMPNO                                                NUMBER(4)
 ENAME                                                VARCHAR2(10)
 JOB                                                  VARCHAR2(9)
 MGR                                                  NUMBER(4)
 HIREDATE                                             DATE
 SAL                                                  NUMBER(7,2)
 DEPTNO                                               NUMBER(2)
```

使用该指令删除列，数据库系统为还原的需要，会将该表写入磁盘。所以删除一个很大的表的某列时，会占用较大的还原空间，同时也非常耗费时间，此时可在 ALTER TABLE 语句中使用 SET UNUSED 子句，将某列设成无用的列。把某列设为无用的列后用户查询时看不到该列内容，数据库认为该列是删除的列，但实际上并没有删除该列的数据。等到数据库空闲时，可以使用 ALTER TABLE talbename DROP UNUSED COLUMN 指令删除无用的列。

【例 10.17】把 EMP3 的列 MGR 设为无用的列。相关命令及执行结果如下：

```
SQL> alter table scott.emp3
  2  set unused column mgr
  3  cascade constraints;

表已更改。
```

```
SQL> desc scott.emp3;
 名称                                       是否为空?     类型
 ---------------------------------------- -------- --------------------

 EMPNO                                                 NUMBER(4)
 ENAME                                                 VARCHAR2(10)
 JOB                                                   VARCHAR2(9)
 HIREDATE                                              DATE
 SAL                                                   NUMBER(7,2)
 DEPTNO                                                NUMBER(2)

SQL> ALTER TABLE SCOTT.EMP3
  2  DROP UNUSED COLUMN;
```

表已更改。

【例 10.18】向表 EMP3 中增加列 SEX，数据类型为 char(2)。相关命令及执行结果如下：

```
SQL> alter table scott.emp3 add sex char(2);
表已更改。
```

```
SQL> desc scott.emp3;
 名称                                     是否为空?    类型
 ---------------------------------------- -------- ---------------

 EMPNO                                                 NUMBER(4)
 NAME                                                  VARCHAR2(10)
 JOB                                                   VARCHAR2(9)
 HIREDATE                                              DATE
 SAL                                                   NUMBER(7,2)
 DEPTNO                                                NUMBER(2)
 SEX                                                   CHAR(2)
```

列的增加和删除属于 DDL 语句，会使表段的定义发生变化，使与该表相关的 SQL 语句执行计划失效。如果频繁执行增加、删除列的操作，容易造成大量的硬解析，会对性能造成不良影响。

10.2.2　修改列

表中某列的列名若想更改，可使用如下语句：

```
ALTER TABLE tablename RENAME COLUMN old_column TO new_column
```

其中 tablename 为表名，old_column 为旧列名，new_column 为新列名。

【例 10.19】将表 EMP3 的列 ENAME 的列名改为 NAME 并验证。相关命令及执行结果如下：

```
SQL> alter table scott.emp3
  2  rename column ename to name;
```

表已更改。

```
SQL> desc scott.emp3;
 名称                                     是否为空？   类型
 ----------------------------------      --------    ------------
 EMPNO                                                NUMBER(4)
 NAME                                                 VARCHAR2(10)
 JOB                                                  VARCHAR2(9)
 HIREDATE                                             DATE
 SAL                                                  NUMBER(7,2)
 DEPTNO                                               NUMBER(2)
```

可以看出，已成功把表 EMP3 的列名 ENAME 改成了 NAME。不仅可以修改列名，还可以修改某列的数据类型，或把某列设为不允许为空。

【例 10.20】将表 EMP3 的 SAL 列设为不允许为空，并把数据类型改为 NUMBER (8,2)。相关命令及执行结果如下：

```
SQL> alter table scott.emp3
  2  modify(sal number(8,2) not null);
```

表已更改。

```
SQL> desc emp3;
 名称                                     是否为空？      类型
 ----------------------------------      --------      ------------
 EMPNO                                                 NUMBER(4)
 NAME                                                  VARCHAR2(10)
 JOB                                                   VARCHAR2(9)
 HIREDATE                                              DATE
 SAL                                     NOT NULL      NUMBER(8,2)
 DEPTNO                                                NUMBER(2)
 SEX                                                   CHAR(2)
```

10.2.3　重命名表和修改表的状态

可以用如下命令重命名表：

```
ALTER TABLE old_tablename RENAME TO new_tablename;
```

【例 10.21】将表 EMP3 重命名为 EMP2。相关命令及执行结果如下：

```
SQL> alter table emp3 rename to emp2;
```

表已更改。

Oracle 11g 的表状态有 READ ONLY(只读)和 READ WRITE(读写)两种。在 Oracle 11g 以前，为了使某个表处于只读状态，只能通过将表所在的整个表空间或整个数据库设为只读来实现。

【例 10.22】把表 EMP2 设为只读状态并验证。相关命令及执行结果如下：

```
SQL> alter table emp2 read only;
```

表已更改。

```
SQL> COLUMN READ_ONLY FORMAT A9;
SQL> select table_name,read_only
  2  from user_tables
  3  where table_name='EMP2';
```

```
TABLE_NAME                                        READ_ONLY
------------------------------------------------- -----------
EMP2                                                   YES
```

【例 10.23】把表 EMP2 设为读写状态并验证。相关命令及执行结果如下：

```
SQL> alter table emp2 read write;
```

表已更改。

```
SQL> select table_name,read_only
  2  from user_tables
  3  where table_name='EMP2';
```

```
TABLE_NAME                                        READ_ONLY
------------------------------------------------- ---------
EMP2                                                   NO
```

10.2.4　改变表空间

可以将数据表从一个表空间移到另一个表空间，语法如下：

```
ALTER TABLE table_name MOVE TABLESPACE new_tablespace_name;
```

其中 table_name 是表名，new_tablespace_name 是要迁移的目的表空间。

【例 10.24】把表空间 LOC2 中的表 EMP2 迁移到表空间 USERS 中并验证。相关命令及执行结果如下：

```
SQL> ALTER TABLE SCOTT.EMP2
  2  move tablespace users;
```

表已更改。

```
SQL> select tablespace_name,table_name
  2  from user_tables
  3  where table_name='EMP2';
```

```
TABLESPACE_NAME     TABLE_NAME
----------------    ----------------------
USERS               EMP2
```

10.2.5 删除表定义

如果用户要删除其他模式中的表，则用户必须具有 DROP ANY TABLE 系统权限。要删除不再需要的表，可以使用 DROP TABLE 语句。

【例 10.25】删除表定义。相关命令及执行结果如下：

```
SQL> drop table emp2 ;
```

表已删除。

删除表定义与删除表中所有数据不同。当用户使用 DELETE 语句删除表中所有数据时，该表仍然存在于数据库中，在被删除所有记录后该表仍然可以使用。当用户删除一个表定义时，该表及其中的所有数据将不复存在，用户也就不再可以向该表添加数据。

在 DROP TABLE 语句中有一个唯一的可选子句 CASCADE CONSTRAINTS。当使用该参数时，DROP TABLE 不仅仅删除该表，而且所有引用这个表的视图、约束或触发器等也都被删除。

10.3　数据完整性和约束性

为了维护数据的完整性，可能会在表上定义一个或多个完整性约束，但是批定义过多的约束检查会大大降低效率。可以在 CREATE TABLE 语句中定义约束，也可以在已有表上用 ALTER TABLE 语句来定义约束。我们可以给约束命名，但如果定义约束时没有命名，系统将会为该约束自动生成一个格式为 SYS_Cn(n 为大于零的自然数)的名字。

Oracle 系统常用的有 5 种约束：非空(not null)约束、唯一(unique)约束、主键(primary key)约束、外键(foreign key)约束、条件(check)约束。

10.3.1　非空(NOT NULL)约束

在默认情况下，列的值可以为空，但是为列定义 NOT NULL 约束后，当向表中插入数据时，如果没有为该列提供数据，那么系统就会出现一个错误消息。

【例 10.26】创建表 WORKERS 时设置非空约束。相关命令及执行结果如下：

```
SQL> create table workers
  2  (workerid number,
  3  worker_name varchar2(12) not null,
  4  sex varchar2(4));
```

表已创建。

【例 10.27】给表 WORKERS 的列 SEX 增加非空约束。相关命令及执行结果如下：

```
SQL> alter table workers
  2  modify sex not null
  3  /
```

表已更改。

可以通过 ALTER TABLE tablename MODIFY column 语句设置列为允许空或不允许空，如果未指定名称，系统将自动命名。

10.3.2 唯一性(UNIQUE)约束

为列定义了唯一性约束后，该列的值就不能重复。

【例 10.28】使用 MODIFY 子句更改表 WORKERS，为字段 WORKERID 创建唯一性约束。相关命令及执行结果如下：

```
SQL> alter table workers
  2  modify workerid unique;
```

表已更改。

【例 10.29】创建表 EMP1 时为字段 EMPNO 创建唯一性约束。相关命令及执行结果如下：

```
SQL> create table emp1
  2  (empno number unique,
  3  empname varchar2(10));
```

表已创建。

10.3.3 主键(PRIMARY KEY)约束

一张表只能有一个主键，主键可以唯一地标识表中的每一行，并且主键不能包括空值，功能相当于非空且唯一约束。创建主键约束时，可以指定表中一列或者几列的组合为该表的主键。

【例 10.30】使用 ADD 子句为表 EMP2 的 EMPID 字段增加主键约束。相关命令及执行结果如下：

```
SQL> desc emp2;
 名称                                          是否为空?    类型
 ----------------------------------------- -------- --------------
 EMPNO                                                  NUMBER(4)
 NAME                                                   VARCHAR2(10)
 JOB                                                    VARCHAR2(9)
 HIREDATE                                               DATE
 SAL                                        NOT NULL    NUMBER(8,2)
 DEPTNO                                                 NUMBER(2)
 SEX                                                    CHAR(2)

SQL> alter table emp2
  2  add constraint PK_EMPNO PRIMARY KEY (EMPNO);
```

表已更改。

【例 10.31】创建表 STUDENT 时为字段 SID 设置主键约束。相关命令及执行结果如下:

```
SQL> create table student(
  2  sid number(3),
  3  name varchar2(20),
  4  constraint student_sid_pk primary key(sid)
  5  );
```

表已创建。

10.3.4 外键(FOREIGN KEY)约束

外键约束可以指明一列或几列的组合为外键,从而维护从表和主表之间的引用完整性。

【例 10.32】创建外键约束。相关命令及执行结果如下:

```
SQL> create table deptinfo(
  2  deptno number(3),
  3  loc varchar2(20),
  4  dname varchar2(20))
  5  /
```

表已创建。
```
SQL> alter table deptinfo
  2  add constraint pk_deptinfo primary key(deptno);
```

表已更改。
```
SQL> create table empinfo
  2  (empno number(30),
  3  name varchar2(20),
  4  deptno number(3));
```

表已创建。
```
SQL> alter table empinfo
  2  add constraint fk_deptinof
  3  foreign key(deptno) references deptinfo (deptno);
```

表已更改。

10.3.5 条件(CHECK)约束

CHECK 约束是通过检查输入到表中的数据值来维护域的完整性,即检查输入的每一个数据,只有符合条件的数据才允许输入到表中。

【例 10.33】创建表 TEST,对字段 AGE 创建 CHECK 约束,使 AGE 值在 0 到 120 之间。相关命令及执行结果如下:

```
SQL> create table test(
  2  name varchar2(20),
```

```
3  age number(3) check(age>=0 and age<=120)
4  );
```

表已创建。

10.3.6　禁用和激活约束

在默认情况下，约束创建之后就一直起作用。但是，因为约束的存在会降低插入和更新数据的效率，所以可以根据具体情况，临时禁用某个约束。当某个约束被禁用后，该约束就不再起作用了，但它还存在于数据库中。

定义约束时默认是激活的，可以在定义约束时使用关键字 DISABLE 禁用约束。若要禁用已存在的约束，则可以在 ALTER TABLE 语句中使用 DISABLE CONSTRAINT 子句来完成，语法如下：

```
ALTER TABLE table_name DISABLE CONSTRAINT constraint_name
```

其中 table_name 指表名，constraint_name 指约束名。

【例 10.34】创建表 TEST1 时设置禁用 CHECK 约束。相关命令及执行结果如下：

```
SQL> create table test1
2  (name varchar2(20),
3  age number(3)
4  check (age>=0) disable);
```

表已创建。

【例 10.35】修改 CHECK 约束为禁用。相关命令及执行结果如下：

```
SQL> SELECT TABLE_NAME,CONSTRAINT_NAME,STATUS
2  FROM USER_CONSTRAINTS
3  WHERE TABLE_NAME='TEST';

TABLE_NAME        CONSTRAINT_NAME                    STATUS
-------------     ----------------------------       -------------
TEST              SYS_C0011165                       ENABLED

SQL> alter table test
2  disable constraint sys_c0011165;
```

表已更改。

表 TEST 的约束名为 SYS_C0011165，状态为 ENABLED，把该约束禁用后状态变为 DISABLED。如果希望激活被禁用的约束，则可以在 ALTER TABLE 语句中使用 ENABE CONSTRAINT 子句来激活。

【例 10.36】激活表 TEST 中的约束并验证。相关命令及执行结果如下：

```
SQL> alter table test
2  enable constraint sys_c0011165;
```

表已更改。

10.3.7 删除约束

如果现有的约束已没有必要存在，则可以删除该约束，语法如下：

```
ALTER TABLE table_name DROP CONSTRAINT constraint_name
```

【**例 10.37**】删除表 TEST 中的 CHECK 约束。相关命令及执行结果如下：

```
SQL> ALTER TABLE TEST
  2  DROP CONSTRAINT SYS_C0011165;
```

表已更改。

```
SQL> SELECT TABLE_NAME,CONSTRAINT_NAME,STATUS
  2  FROM USER_CONSTRAINTS
  3  WHERE TABLE_NAME='TEST';
```

未选定行

可以看出，删除 SYS_C0011165 约束后，表 TEST 中已无约束。

10.4 习　　题

一、填空题

1. 事务级临时表仅对当前会话的当前_____有效，通过_____语句指定，表示提交事务时_____数据。会话级临时表仅对当前会话有效，通过 ON COMMIT PRESERVE ROWS 语句指定，表示提交事务时_____数据。

2. DUAL 表是一个虚拟表，用来构成 SELECT 的语法规则，DUAL 表里面有_____记录。

3. _____约束用于定义列中不能出现 NULL 值，_____约束用于定义列中不能出现重复值，而 PRIMARY KEY 约束则可以定义列中既不允许出现 NULL 值，也不允许出现重复值。

4. Oracle 系统常用的有 5 种约束：_____约束、_____约束、_____约束、_____约束和_____约束。

5. ROWID 实际上保存的是记录的_____，因此通过 ROWID 来访问记录可以获得最快的访问速度。

二、选择题

1. 下列对 DUAL 表的描述中，不正确的是(　　)。
    A. DUAL 表可以作为普通表存储数据
    B. 可以使用 SELECT SYSDATE FROM DUAL 来获取系统时间
    C. 可以使用 select dbms_random.random from dual 来获得一个随机数
    D. 可以使用 select 31*25/5 from dual 来实现计算功能

2. 如果某列定义了 UNIQUE 约束，则下列描述中正确的是(　　)。

　　A. 该列允许出现重复值　　　　　　　B. 该列不允许出现 NULL 值

　　C. 该列内允许出现一个 NULL 值　　　D. 该列允许出现多个 NULL 值

3. 为列定义一个 CHECK 约束，希望该约束能对表中已存储的数据，以及以后向表中添加或修改的数据都进行检查，则应该将该约束设置为(　　)状态。

　　A. ENABLE VALIDATE　　　　　　　B. ENABLE NOVALIDATE

　　C. DISABLE VALIDATE　　　　　　　D. DISABLE NOVALIDATE

4. 唯一性约束与主键约束的一个区别是(　　)。

　　A. 唯一性约束列的值不可以有重复值

　　B. 唯一性约束列的值可以不是唯一的

　　C. 唯一性约束列的值不可以为空值

　　D. 唯一性约束列的值可以为空值

5. 如果为表 Employee 添加一个字段 Email，并且规定每个雇员都必须具有唯一的 Email 地址，则应当为 Email 字段建立(　　)约束。

　　A. Primary Key　　　　B. UNIQUE　　　　C. CHECK　　　　D. NOT NULL

三、简答题

1. 比较 VARCHAR2 与 CHAR 两种数据类型的区别，并举例说明分别在什么情况下使用这两种数据类型。

2. 简要介绍 Oracle 数据表的各类约束及其作用。

第 11 章 其他数据库对象

本章导读

在 Oracle 中，除了表之外，索引、视图、序列也是非常重要的数据库对象。索引主要用于提高表的查询速度。索引可以由用户显式创建，也可以由 Oracle 自动创建。而视图则是从一个或多个表中导出的虚拟表，它与常规表不同之处在于它并不存储数据，它只是一个存储的查询定义，但是用户可以对视图进行 DML 操作。使用视图可以实现强化安全、隐藏复杂性和定制数据显示等好处。序列对象会自动管理序列号，对于订单系统会非常有用。

学习目标

- 了解 Oracle 提供的索引类型，以及各自的工作机制。
- 学会根据需求创建相应类型的索引。
- 掌握视图的创建与使用。
- 学会更新视图。
- 掌握序列的使用。
- 理解同义词。

11.1 索 引 对 象

在关系数据库中，索引是一种与表有关的数据库对象，其主要目的是加快对表内数据的查询速度，这与图书中的目录非常相似。不过，索引会占用许多存储空间，而且在向表中添加和删除记录时，数据库需要花费额外的开销来更新索引。因此，在实际应用中应该确保索引能够得到有效利用。

11.1.1 创建索引

创建索引需要使用 CREATE INDEX 语句。现在假设 SCOTT 用户的 emp 表是一个很大的表，并且经常需要使用员工姓名查询表中的数据，则可以创建下面的索引。

【例 11.1】为 emp 表建立索引。相关命令及执行结果如下：

```
SQL> create index emp_ename_index
  2  on emp(ename);
```

索引已创建。

这里对 EMP 表的 ENAME 列创建了一个索引，当再次使用 ENAME 列对表进行查询时，Oracle 就会使用该索引快速搜索 EMP 表。

索引作为一种数据库对象，它也是会占用一定存储空间的。通过查询数据字典视图

USER_INDEXES 可以获取索引的信息。

【例 11.2】查询 USER_INDEXES 数据字典获取索引信息。相关命令及执行结果如下：

```
SQL> COL index_name FOR a20
SQL> COL index_type FOR a10
SQL> COL table_name FOR a20
SQL> COL tablespace_name FOR a20
SQL> SELECT index_name,index_type,table_name,tablespace_name
  2  FROM user_indexes;

INDEX_NAME            INDEX_TYPE    TABLE_NAME        TABLESPACE_NAME
----------------      ------------  ----------------  --------------------
PK_DEPT               NORMAL        DEPT              USERS
PK_EMP                NORMAL        EMP               USERS
EMP_ENAME_INDEX       NORMAL        EMP               USERS
```

从上面的查询结果可知，创建的索引 EMP_ENAME_INDEX 依赖表 EMP，存储在用户表空间 USERS。通过数据字典视图 USER_INDEXES 可以清楚地知道关于索引的信息。

Oracle 不允许在已经包含索引的列上创建索引，即不允许在一个列上创建多个索引。

可以针对多列创建索引，并指定索引的存放表空间。

【例 11.3】创建表的多列索引。

首先创建一个存放索引的表空间。相关命令及执行结果如下：

```
SQL> conn system/System2017
已连接。
SQL> CREATE TABLESPACE index_tbs
  2  DATAFILE 'E:\ORACLEBACKUP\INDEX\SCOTT_INDEX.dbf'
  3  SIZE 10M
  4  autoextend on;

表空间已创建。
```

然后创建一个多列索引，并指定存放到该表空间。相关命令及执行结果如下：

```
SQL> conn scott/tiger
已连接。
SQL> CREATE INDEX emp_ename_job_index
  2  ON emp(ename,job)
  3  TABLESPACE index_tbs;

索引已创建。
```

为了验证索引创建是否成功，可以查询数据字典 USER_INDEXES。相关命令及执行结果如下：

```
SQL> SELECT index_name,index_type,table_name,tablespace_name
  2  FROM user_indexes;
```

INDEX_NAME	INDEX_TYPE	TABLE_NAME	TABLESPACE_NAME
PK_DEPT	NORMAL	DEPT	USERS
PK_EMP	NORMAL	EMP	USERS
EMP_ENAME_INDEX	NORMAL	EMP	USERS
EMP_ENAME_JOB_INDEX	NORMAL	EMP	INDEX_TBS

使用数据字典 USER_IND_COLUMNS 可以获取索引是建立在哪几个列上。相关命令及执行结果如下:

```
SQL> COL column_name FOR a20
SQL> SELECT index_name,table_name,column_name
  2  FROM USER_IND_COLUMNS
  3  ORDER BY index_name;
```

INDEX_NAME	TABLE_NAME	COLUMN_NAME
EMP_ENAME_INDEX	EMP	ENAME
EMP_ENAME_JOB_INDEX	EMP	JOB
EMP_ENAME_JOB_INDEX	EMP	ENAME
PK_DEPT	DEPT	DEPTNO
PK_EMP	EMP	EMPNO

从查询结果可知索引对应的列名和索引是基于哪些列创建的。

11.1.2　B 树索引

其实在前面创建的索引是 B 树索引，B 树索引是 Oracle 默认的索引类型。针对列的数据类型，Oracle 提供了多种类型的索引，这里主要介绍 B 树索引。B 树索引的逻辑结构如图 11-1 所示。

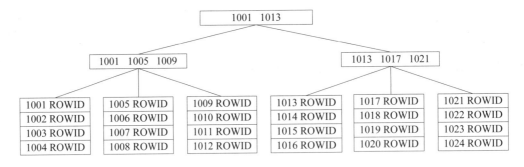

图 11-1　B 树索引的逻辑结构

B 树索引的逻辑结构类似于一棵树，其中主要数据都集中在叶子节点上。每个叶子节点中包括：索引列的值和数据行对应的物理地址 ROWID。

Oracle 数据库内部使用 ROWID 来存储表中数据行的物理位置。使用索引查找数据时，首先查找索引列的值，然后通过 ROWID 找到记录的物理地址。

采用 B 树索引可以确保无论索引条目位于何处，Oracle 都只需要花费相同的 I/O 就可以获取它。例如，采用上述 B 树索引搜索编号为 1020 的节点，其搜索过程如下

(1)　访问根节点，将 1020 与 1001 和 1013 进行比较。

(2)　因为 1020 大于 1013，所以接下来搜索右边分支，在右边分支中将 1020 再与 1013、1017 和 1021 进行比较。

(3)　因为 1020 大于 1017 但是小于 1021，所以搜索右边分支的第二个叶子节点，并找到要查询的索引条目。

创建 B 树索引的语法如下：

```
CREATE [ UNIQUE ] INDEX index_name
ON table_name ( column_name [ , … ] )
[ INITRANS n ]
[ MAXTRANS n ]
[ PCTFREE n ]
[ STORAGE storage ]
[ TABLESPACE tablespace_name ];
```

语法说明如下。

- UNIQUE：要求索引列中的值必须是唯一的。如果该列上定义了 UNIQUE 约束，则不需要再为该列创建唯一索引，因为 Oracle 会自动为其创建唯一索引。
- INITRANS n：指定一个块内同时访问的初始事务数。
- MAXTRANS n：指定一个块内同时访问的最大事务数。
- PCTFREE n：指定索引数据块空闲空间的百分比。
- STORAGE storage：设置存储参数，参数包括 initial、next、minextents、maxextents 和 pctincrease。
- TABLESPACE tablespace_name：指定索引所在的表空间。如果不使用此选项，则索引会被保存到默认的表空间中。

11.1.3　位图索引

位图索引与 B 树索引不同。使用 B 树索引时，通过在索引中保存排过序的索引列的值，以及数据行的 ROWID 来实现快速查找。而位图索引不存储 ROWID 值，也不存储键值。位图索引一般建立在包含少量不同值的列上。例如对于一个 sex 列，它只有两个取值，在该列上不适合创建 B 树索引，因为 B 树索引主要用于对大量不同的数据进行细分。所以针对该列的索引应该采用位图索引。

 Oracle 建议，当一个列的所有取值数与表的行数之间的比例小于 1% 时，就不适合在该列上创建 B 树索引。

下面给出一个示例来创建位图索引。

【例 11.4】创建位图索引。相关命令及执行结果如下：

```
SQL> CREATE BITMAP INDEX emp_dept_index
  2  ON emp(deptno);
```

索引已创建。

此时,我们成功创建了位图索引 EMP_DEPT_INDEX,该索引基于表 EMP 的 DEPTNO 列创建。执行情况如下:

```
SQL> SELECT index_name,index_type,table_name,tablespace_name
  2  FROM user_indexes
  3  /

INDEX_NAME            INDEX_TYPE    TABLE_NAME       TABLESPACE_NAME
-------------------- ----------   ---------------  ---------------
PK_DEPT              NORMAL        DEPT             USERS
PK_EMP               NORMAL        EMP              USERS
EMP_ENAME_INDEX      NORMAL        EMP              USERS
EMP_ENAME_JOB_INDEX  NORMAL        EMP              INDEX_TBS
EMP_DEPT_INDEX       BITMAP        EMP              USERS
```

在上面的查询结果中,**INDEX_TYPE** 列的 **BITMAP** 说明创建的索引为位图类型。

11.1.4　反向键索引

反向键索引是指在创建索引的过程中对索引列创建的索引键值进行字节反向。键的反转对用户而言是完全透明的,用户只需要像常规方式一样查询数据,对键的反转处理将由系统自动完成。

反向键索引适用于一种特殊的情形,即如果一个索引值是自动递增的,当连续插入大量数据时,所有的记录都将插入 B 树索引树的最右侧叶子节点,并且会写入同一叶子节点中。这样容易产生争用问题。使用反向键索引后,序列性的键值将被颠倒顺序分散保存在叶子节点中。

在创建反向键索引时,只需要在 CREATE INDEX 语句中指定关键字 REVERSE。

【例 11.5】创建反向键索引。相关命令及执行结果如下:

```
SQL> CREATE INDEX emp_reverse
  2  ON emp(sal) REVERSE
  3  TABLESPACE index_tbs;
```

索引已创建。

通过查询数据字典 USER_INDEXES 可以获取反向键索引的信息。

11.1.5　基于函数的索引

基于函数的索引也是 B 树索引,只不过它存放的不是数据本身,而是存放经过函数处理后的数据。例如,当检索数据时需要对字符大小写或数据类型进行转换,则使用这种索引可以提高检索效率。

【例 11.6】创建基于函数 UPPER 的索引。相关命令及执行结果如下:

```
SQL> CREATE INDEX dept_dname_index
```

```
  2  ON DEPT (UPPER(dname));
```

索引已创建。

上面为 DEPT 表的 DNAME 列创建了函数索引，创建该索引时首先将 DNAME 列的值转换为大写，然后对大写的 DNAME 创建索引。这样当用户进行类似 SELECT * FROM dept WHERE UPPER(dname)='SALES'这样的查询时，Oracle 就不必再对 WHERE 子句进行转化后逐行查找。很显然这将会大大提高查询的速度。

【例 11.7】查询数据字典 USER_INDEXES 可以获取函数索引的信息。相关命令及执行结果如下：

```
SQL> COL index_type FOR a30
SQL> SELECT index_name,index_type,table_name,tablespace_name
  2  FROM user_indexes;


INDEX_NAME            INDEX_TYPE              TABLE_NAME      TABLESPACE_NAME
---------------       ------------------      -------------   ---------------
PK_DEPT              NORMAL                   DEPT            USERS
DEPT_DNAME_INDEX     FUNCTION-BASED NORMAL    DEPT            USERS
```

FUNCTION-BASED NORMAL 类型说明该索引是基于函数的正常索引。

11.1.6　监控索引

在为表建立索引后，需要确定索引是否能正常工作，对不能正常工作的索引就需要及时删除，以降低系统在索引上的开销。Oracle 提供了一种比较简单的方法来监视索引的使用情况，使 DBA 可以查看已建索引的使用状态，以决定是否需要保留相应的索引。

要查看某个索引的使用情况，可以使用 ALTER INDEX　MONITORING 语句打开索引的监视状态。

【例 11.8】启动对索引 EMP_DEPT_INDEX 的监控。相关命令及执行结果如下：

```
SQL> ALTER INDEX emp_dept_index MONITORING USAGE;
```

索引已更改。

启动对索引 EMP_DEPT_INDEX 的监控后，我们需要等待一段时间，让用户对表 EMP 进行各种操作。

随后，可以再次使用 ALTER INDEX 语句关闭对索引的监视。

【例 11.9】终止对索引 EMP_DEPT_INDEX 的监控。相关命令及执行结果如下：

```
SQL> ALTER INDEX emp_dept_index NOMONITORING USAGE;
```

索引已更改。

现在就可以在 V$OBJECT_USAGE 动态性能视图中查看索引的使用情况。

【例 11.10】查看索引 EMP_DEPT_INDEX 的使用情况。相关命令及执行结果如下：

```
SQL> SELECT index_name,table_name,monitoring,
```

```
 2  start_monitoring,end_monitoring,used
 3  FROM v$object_usage;
```

INDEX_NAME	TABLE_NAME	MON	START_MONITORING	END_MONITORING	USE
EMP_DEPT_INDEX	EMP	NO	04/10/2017 11:05:43	04/10/2017 11:11:53	YES

其中，USED 字段描述了在进行监控过程中索引是否被使用，START_MONITORING 字段和 END_MONITORING 字段描述了监视的开始和终止时间，MONITORING 列则标识是否激活了使用的监视。从上面的查询结果可知，该索引已经被 Oracle 使用过了，因为 USE 列为 YES。

每次使用 MONITORING USAGE 打开对索引监视时，V$OBJECT_USAGE 视图。以前的使用信息被清除或重新设置，新的开始时间被记录下来。当使用 NOMONITORING USAGE 关闭监视时，不再执行进一步的监视，该监视阶段的结束时间被记录。

11.1.7　合并索引和重建索引

为表建立索引后，随着对表不断进行更新、插入和删除操作，索引中将会产生越来越多的存储碎片，这对索引的工作效率会产生负面影响。这时用户可以采取两种方式来清理碎片——重建索引或合并索引。合并索引只是将 B 树中叶子节点的存储碎片合并在一起，并不会改变索引的物理组织结构。

【例 11.11】合并索引碎片。

```
SQL> ALTER INDEX emp_ename_index coalesce;
```

索引已更改。

图 11-2 解释了对索引执行 ALTER INDEX COALESCE 语句的效果。假设在执行该操作之前，B 树的前两个叶子节点的数据块使用的存储空间为 50%。在合并后第一个叶子节点的数据块被占满，而第二个叶子节点的数据块被释放。

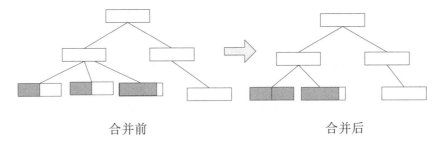

合并前　　　　　　　　　　　　　　合并后

图 11-2　对 B 树索引进行合并操作

消除索引磁片的另一个方法是重建索引，重建索引可以使用 ALTER INDEX…REBUILD 语句。重建索引不仅可以消除存储碎片，同时还可以改变索引的存储参数，以及改变索引的存储表空间。重建索引实际上是在指定的表空间中重新建立一个新的索引，然后删除原来的索引。

【例 11.12】重建索引并迁移到其他表空间。相关命令及执行结果如下：

```
SQL> ALTER INDEX emp_ename_index REBUILD
  2  TABLESPACE index_tbs;
```

索引已更改。

在使用 ALTER INDEX…REBUILD 语句重建索引时，还可以在其中使用 REVERSE 子句，将一个反向键索引更改为普通索引；反之，可以将一个普通的 B 树索引转换为反向键索引。

【例 11.13】重建索引修改其为反向键索引。相关命令及执行结果如下：

```
SQL> ALTER INDEX emp_ename_index REBUILD REVERSE;
```

索引已更改。

```
SQL> SELECT index_name,index_type,table_name,tablespace_name
  2  FROM user_indexes;
```

INDEX_NAME	INDEX_TYPE	TABLE_NAME	TABLESPACE_NAME
EMP_ENAME_INDEX	NORMAL/REV	EMP	INDEX_TBS
EMP_DEPT_INDEX	BITMAP	EMP	USERS
EMP_REVERSE	NORMAL/REV	EMP	INDEX_TBS

11.1.8　删除索引

如果经过索引监控发现一个索引无效，或者认为暂时不需要的索引，都应该及时删除。大量的索引会影响 DML 语句的执行效率，并且占用大量的磁盘空间。删除索引使用 DROP INDEX 语句。

【例 11.14】删除索引。相关命令及执行结果如下：

```
SQL> DROP INDEX emp_reverse;
```

索引已删除。

在删除一个表时，Oracle 会删除与该表相关的所有索引。

11.2　视　图　对　象

视图是一种虚拟表，它并不存储真实的数据，它的行和列的数据来自定义视图的子查询语句中所引用的表，这些表通常也称为视图的基表。视图可以建立在一个或多个表(或其他视图)之上，它不占用实际的存储空间，只是在数据字典中保存它的定义信息。

11.2.1　创建视图

创建视图需要具有 CREATE VIEW 权限。下面使用 SCOTT 用户的表来创建一个视图。

【例 11.15】在 SCOTT 用户下创建属于 ACCOUNTING 部门的员工视图。

(1) 由于用户必须具有 CREATE VIEW 权限才能创建视图,而 scott 用户默认情况下没有该权限,所以首先需要将 CREATE VIEW 权限授予 scott 用户。可以在 system 用户模式下为 scott 用户授权。相关命令及执行结果如下:

```
SQL> CONNECT system/password;
已连接。
SQL> GRANT CREATE VIEW TO scott;

授权成功。
```

(2) 使用 scott 用户连接数据库,并创建基于 emp 表的视图 accounting_employee_view。相关命令及执行结果如下:

```
SQL> CREATE OR  REPLACE VIEW accounting_employee_view
  2  AS
  3  SELECT e.ename "name",e.job "job",e.hiredate "hiredate",
  4       e.sal "salary", d.dname "dept_name"
  5  FROM dept d,emp e
  6  WHERE d.deptno=e.deptno AND d.deptno=10;

视图已创建。
```

从上述示例可以看出,CREATE VIEW 指定创建的视图名,AS 后指定创建视图的查询语句。一旦视图创建成功,则在数据字典中会记录该视图的定义。

【例 11.16】查看视图在数据字典中的定义。相关命令及执行结果如下:

```
SQL> COLUMN view_name FOR a20
SQL> COLUMN text FOR a50
SQL> SELECT view_name,text
  2  FROM user_views
  3  WHERE view_name='ACCOUNTING_EMPLOYEE_VIEW';

VIEW_NAME                      TEXT
---------------------------    --------------------------------------------------
ACCOUNTING_EMPLOYEE_  SELECT   e.ename "name",e.job "job",e.hiredate "hire
VIEW                           date", e.sal "salary",
```

创建视图后,如果再需要查询关于 ACCOUNTING 部门的员工信息时,就可以通过查询该视图来实现。

【例 11.17】查询视图 ACCOUNTING_EMPLOYEE_VIEW 中的员工信息。相关命令及执行结果如下:

```
SQL> SELECT * FROM accounting_employee_view;
```

```
name         job          hiredate        salary      dept_name
----------   ---------    --------------   ----------  --------------
CLARK        MANAGER      09-6 月 -81      2450        ACCOUNTING
KING         PRESIDENT    17-11 月-81      5000        ACCOUNTING
MILLER       CLERK        23-1 月 -82      1300        ACCOUNTING
```

下面是使用 CREATE VIEW 语句创建视图的语法形式：

```
CREATE [ OR REPLACE ] [ FORCE | NOFORCE ] VIEW view_name
[ ( alias_name [ , … ] ) ]
AS subquery
[ WITH { CHECK OPTION | READ ONLY } CONSTRAINT constraint_name ] ;
```

语法说明如下。

(1) FORCE | NOFORCE：FORCE 表示即使基表不存在，也要创建视图；NOFORCE 表示如果基表不存在，则不创建视图。默认为 NOFORCE。

(2) WITH CHECK OPTION：更新某一数据时，必须满足 WHERE 子句的条件。

(3) READ ONLY：表示通过视图只能读取基表中的数据行，而不能进行 DML 操作。

(4) CONSTRAINT constraint_name：为 WITH CHECK OPTION 或 WITH READ ONLY 约束定义约束名称。

11.2.2　对视图执行 DML 操作

对视图执行 DML 操作，实际上就是对视图的基表执行 DML 操作。但是，并不是视图中的所有列都支持 DML 操作。一般来说，基于单个表的视图支持 DML 操作，而对于复杂视图来讲，如果该列进行了函数或数学计算，或者在表的连接查询中该列不属于主表中的列，则该列不支持 DML 操作。

1．对简单视图进行 DML 操作

【例 11.18】创建一个基于单表的视图，并向其添加数据。相关命令及执行结果如下：

```
SQL> CREATE OR REPLACE VIEW emp_view
  2  AS
  3  SELECT *
  4  FROM emp
  5  WHERE job ='SALESMAN';
```

视图已创建。

下面向该视图插入一行员工数据。相关命令及执行结果如下：

```
SQL> INSERT INTO emp_view(empno,ename,job,mgr,hiredate,
  2      sal,comm,deptno)
  3  VALUES(8901,'JACK','MANAGER',7839,SYSDATE,1890,22,20);
```

已创建 1 行。

2. 使用 WITH CHECK OPTION 子句

虽然上面的示例向视图插入了一行数据，但是该行数据并不符合视图的要求，该视图要求 JOB 列为 SALESMAN。如果查询该视图，则无法看到添加的数据。

为了避免这种情况，可以在创建视图时使用 WITH CHECK OPTION 子句，可以限定对视图执行的 DML 操作必须满足视图中 WHERE 条件限制。

【例 11.19】使用 WITH CHECK OPTION 子句修改视图。相关命令及执行结果如下：

```
SQL> CREATE OR REPLACE VIEW emp_view
  2  AS
  3  SELECT *
  4  FROM emp
  5  WHERE job ='SALESMAN'
  6  WITH CHECK OPTION CONSTRAINT emp_view_check;
```

视图已创建。

在上面的示例中，使用 WITH CHECK OPTION 子句时还可以指定约束名称。现在再通过 emp_view 视图向 emp 表中添加不符合约束条件的记录，Oracle 会禁止执行该操作。具体情况如下：

```
SQL> INSERT INTO emp_view(empno,ename,job,mgr,hiredate,
  2      sal,comm,deptno)
  3  VALUES(8902,'BEAR','MANAGER',7839,SYSDATE,1890,22,20);
INSERT INTO emp_view(empno,ename,job,mgr,hiredate,
          *
第 1 行出现错误:
ORA-01402: 视图 WITH CHECK OPTION where 子句违规
```

现在只允许添加 JOB 列为 SALESMAN 的数据。

3. 使用 WITH READ ONLY 子句

如果希望视图仅仅只能读取基表中的数据，而不希望通过它可以更改基表中的数据，可以在创建视图时使用 WITH READ ONLY 子句。

【例 11.20】使用 WITH READ ONLY 子句创建只读视图。相关命令及执行结果如下：

```
SQL> CREATE OR REPLACE VIEW clerk_emp_view
  2  AS
  3  SELECT *
  4  FROM emp
  5  WHERE job ='CLERK'
  6  WITH READ ONLY;
```

视图已创建。

由于使用了 WITH READ ONLY 子句，该视图变为只读视图，即不允许对该视图执行 DML 操作。

【例 11.21】删除 clerk_emp_view 视图中的数据。相关命令及执行情况如下：

```
SQL> DELETE FROM clerk_emp_view;
DELETE FROM clerk_emp_view
            *
第 1 行出现错误:
ORA-42399: 无法对只读视图执行 DML 操作
```

11.2.3　查询视图的定义信息

在创建视图成功后，Oracle 使用数据字典记录该视图信息。那么哪个数据字典负责记录视图信息呢？答案就是数据字典 USER_VIEWS。

一个视图创建好后，想要了解其定义信息(主要是指其子查询内容)，可以查询数据字典 user_views。

【例 11.22】查询 emp_view 视图的定义信息。相关命令及执行结果如下：

```
SQL> SET LONG 200
SQL> COLUMN text FORMAT A50
SQL> COLUMN view_name FORMAT A10
SQL> SELECT view_name , text , read_only
  2  FROM user_views WHERE view_name='EMP_VIEW';

VIEW_NAME  TEXT                                                 R
---------- ---------------------------------------------------- ---
EMP_VIEW   SELECT "EMPNO","ENAME","JOB","MGR","HIREDATE","SAL   N
           ","COMM","DEPTNO"
           FROM emp
           WHERE job ='SALESMAN'
           WITH CHECK OPTION
```

11.2.4　视图的修改与删除

修改视图可以使用 CREATE OR REPLACE VIEW 语句，使用该语句修改视图，实际上是删除原来的视图，然后创建一个全新的视图，只不过前后两个视图的名称一样而已。

删除视图需要使用 DROP VIEW 语句，其语法如下：

```
DROP VIEW view_name ;
```

删除视图时不会影响到该视图对应基表中的数据。

11.3　序 列 对 象

在 Oracle 中，可以使用序列对象自动生成一个整数序列，它主要用来自动为表中数据类型的主键列提供有序的唯一值，这样就可以避免在向表中添加数据时，手工指定主键值。而且使用手工指定主键值这种方式时，由于主键值不允许重复，所以它要求操作人员在指定主键值时自己判断新添加的值是否已经存在，这很显然是不可取的。

11.3.1 创建和使用序列

序列与视图一样，并不占用实际的存储空间，只是在数据字典中保存它的定义信息。

【例 11.23】创建一个序列对象。相关命令及执行结果如下：

```
SQL> CREATE SEQUENCE emp_seq
  2  START WITH 1000
  3  INCREMENT BY 1
  4  NOCACHE
  5  NOCYCLE
  6  ORDER;
```

序列已创建。

查询数据字典 USER_SEQUENCES 可以获取序列对象的定义信息。

【例 11.24】查看序列 emp_seq 信息。相关命令及执行结果如下：

```
SQL> SELECT sequence_name,min_value,increment_by,cycle_flag
  2  FROM user_sequences
  3  WHERE sequence_name like 'EMP%';
```

SEQUENCE_NAME	MIN_VALUE	INCREMENT_BY	CYCLE_FLAG
EMP_SEQ	1	1	N

创建序列使用的 CREATE SEQUENCE 语句格式如下：

```
CREATE SEQUENCE sequence_name
[ START WITH start_number ]
[ INCREMENT BY increment_number ]
[ MINVALUE minvalue | NOMINVALUE ]
[ MAXVALUE maxvalue | NOMAXVALUE ]
[ CACHE cache_number | NOCACHE ]
[ CYCLE | NOCYCLE ]
[ ORDER | NOORDER ];
```

语法说明如下。

(1) START WITH start_number：指定序列的起始值。如果序列是递增的，则其默认值为 MINVALUE 参数值；如果序列是递减的，则其默认值为 MAXVALUE 参数值。

(2) INCREMENT BY increment_number：指定序列的增量。如果 increment_number 为正数，则表示创建递增序列；如果 increment_number 为负数，则表示创建递减序列。increment_number 的绝对值必须小于 MAXVALUE 参数值与 MINVALUE 参数值之差。其默认值为 1。

(3) MINVALUE minvalue | NOMINVALUE：指定序列的最小整数值。minvalue 必须小于等于 start_number，并且小于 maxvalue。如果指定为 NOMINVALUE，则表示递增序列的最小值为 1，递减序列的最小值为 -10^{26}。默认为 NOMINVALUE。

(4) MAXVALUE maxvalue | NOMAXVALUE：指定序列的最大整数值。maxvalue 必须

大于等于 start_number，并且大于 minvalue。如果指定为 NOMAXVALUE，则表示递增序列的最大值为 10^{27}，递减序列的最大值为-1。默认为 NOMAXVALUE。

(5)　CACHE cache_number | NOCACHE：指定在内存中预存储的序列对象的个数。

(6)　CYCLE | NOCYCLE：指定是否循环生成序列号。如果指定为 CYCLE，则表示循环，当递增序列达到最大值后，重新从最小值开始生成序列号，当递减序列达到最小值后，重新从最大值开始生成序列号；如果指定为 NOCYCLE 则表示不循环，当序列达到最大值或最小值后不再产生序列号。默认为 NOCYCLE。

(7)　ORDER | NOORDER：指定是否按照请求次序生成序列号。ORDER 表示是，NOORDER 表示否。默认为 NOORDER。

在使用序列之前，先介绍序列中的两个伪列，具体如下。

①　currval：用于获取序列的当前值。使用形式为<sequence_name>.currval。必须在使用一次 nextval 之后才能使用此伪列。

②　nextval：用于获取序列的下一个值。使用序列向表中的列自动赋值时，就是使用此伪列。使用形式为<sequence_name>.nextval。

【例 11.25】序列对象的使用。

(1)　创建一个表 employee。相关命令及执行结果如下：

```
SQL> CREATE TABLE employee (
  2    eid NUMBER(4) PRIMARY KEY ,
  3    ename VARCHAR2(8) NOT NULL,
  4    job VARCHAR2(10)
  5  );
```

表已创建。

(2)　向 employee 表中添加记录，添加记录时使用前面创建的 emp_seq 序列，为 eid 列自动赋值。相关命令及执行结果如下：

```
SQL> INSERT INTO employee (eid , ename,job)
  2  VALUES (emp_seq.nextval , 'CANDY','salesman');
```

已创建 1 行。

```
SQL> INSERT INTO employee (eid ,ename,job)
  2  VALUES (emp_seq.nextval , 'TOM','salesman');
```

已创建 1 行。

上面向 employee 表中插入了两行记录，下面查询该表中的内容：

```
SQL> SELECT * FROM employee;

   EID     ENAME    JOB
---------- -------- ----------
   1001    CANDY    salesman
   1002    TOM      salesman
```

从查询结果可以发现，在插入数据时 eid 列的值由序列自动产生，因为序列对象 EMP_SEQ 指定从 1000 开始，步进 1，所以每使用一次 EMP_SEQ 序列就会增 1。

现在使用 currval 伪列查询 emp_seq 序列的当前值为多少。

【例 11.26】查询序列对象的当前值。相关命令及执行结果如下：

```
SQL> SELECT emp_seq.currval FROM dual;

  CURRVAL
----------
    1002
```

11.3.2　修改与删除序列

修改序列需要使用 ALTER SEQUENCE 语句，其他参数与 CREATE SEQUENCE 语句一样。可以对序列中的任何参数进行修改，但是要注意以下事项。

(1)　不能修改序列的起始值。

(2)　序列的最小值不能大于当前值。

(3)　序列的最大值不能小于当前值。

在修改序列对象前，我们先看看数据字典 USER_SEQUENCE，以了解序列的参数。

【例 11.27】查询序列对象的属性值。相关命令及执行结果如下：

```
SQL> SELECT cache_size,increment_by,cycle_flag
  2  FROM user_sequences
  3  WHERE sequence_name ='EMP_SEQ';

CACHE_SIZE   INCREMENT_BY  C
----------   ------------  ---
        0             1    N
```

现在我们修改序列对象的参数。

【例 11.28】修改序列对象的属性值。相关命令及执行结果如下：

```
SQL> ALTER SEQUENCE emp_seq
  2  INCREMENT BY 2
  3  CACHE 10;
```

序列已更改。

上述语句将序列的 INCREMENT 参数修改为 2，而将 CACHE 修改为 10。

当不需要一个序列对象时，应该删除该对象。删除序列需要使用 DROP SEQUENCE 语句，其语法如下：

```
DROP SEQUENCE sequence_name;
```

11.4　同　义　词

Oracle 支持为存储过程、触发器、表、索引或视图等数据库对象定义别名，也就是为这些对象创建同义词。使用同义词的主要目的是方便用户访问属于其他用户的数据库对象，或者出于安全目的。

Oracle 中的同义词主要分为如下两类。

(1) 公有同义词。在数据库中的所有用户都可以使用。

(2) 私有同义词。由创建它的用户私人拥有。不过，用户可以控制其他用户是否有权使用自己的同义词。

11.4.1　创建同义词

创建同义词的语法如下：

```
CREATE [ PUBLIC ] SYNONYM synonym_name FOR schema_object ;
```

语法说明如下。

- PUBLIC。指定创建的同义词为公有同义词。如果不使用此选项，则默认为创建私有同义词。
- synonym_name。创建的同义词名称。
- schema_object。指定同义词所代表的对象。

【例 11.29】使用公有同义词访问其他用户的数据库对象。

(1) 在 SYSTEM 用户下查询 SCOTT 用户的 DEPT 表。相关命令及执行结果如下：

```
SQL> conn system/password
已连接。
SQL> SELECT * FROM scott.dept;

    DEPTNO DNAME          LOC
---------- -------------- -------------
        60 MARKETING      DALLAS
        10 ACCOUNTING     NEW YORK
        20 RESEARCH       DALLAS
        30 SALES          CHICAGO
        40 OPERATIONS     BOSTON

已选择 5 行。
```

在 SYSTEM 用户下，无法识别 SCOTT 用户的 DEPT 表，而必须在表 DEPT 前使用用户名，说明该表属于 SCOTT 用户。这不利于数据的安全和便捷性。

(2) 创建公有同义词。相关命令及执行结果如下：

```
SQL> CREATE PUBLIC SYNONYM department FOR scott.dept;

同义词已创建。
```

创建公有同义词后，下面就可以使用公有同义词 department 访问 dept 表。

(3) 使用公有同义词查询数据。相关命令及执行结果如下：

```
SQL> SELECT * FROM department;
```

```
    DEPTNO     DNAME           LOC
---------- --------------- -------------
        60     MARKETING       DALLAS
        10     ACCOUNTING      NEW YORK
        20     RESEARCH        DALLAS
        30     SALES           CHICAGO
        40     OPERATIONS      BOSTON
```

已选择 5 行。

可见使用公有同义词提高了数据访问的安全性和便捷性。此时任何用户使用公有同义词 department 都可以访问 SCOTT 用户的 DEPT 表。

【例 11.30】使用 SCOTT 用户访问公有同义词。相关命令及执行结果如下：

```
SQL> conn scott/tiger
已连接。
SQL> SELECT * FROM department;

    DEPTNO     DNAME           LOC
---------- ------------- -------------
        60     MARKETING       DALLAS
        10     ACCOUNTING      NEW YORK
        20     RESEARCH        DALLAS
        30     SALES           CHICAGO
        40     OPERATIONS      BOSTON
```

已选择 5 行。

私有同义词和公有同义词是相对的，私有同义词只对创建它的用户生效，其他用户则需要授权才可以使用。

【例 11.31】创建私有同义词。相关命令及执行结果如下：

```
SQL> connect system/System2017
已连接。
SQL> CREATE SYNONYM employee FOR scott.emp;

同义词已创建。
SQL> SELECT  empno,ename FROM employee;

    EMPNO     ENAME
---------- ----------
      8900     TOM
      8901     JACK
      7499     ALLEN
```

我们再使用 SCOTT 用户登录数据库，试图使用私有同义词 employee。相关命令及执行结果如下：

```
SQL> conn scott/tiger
已连接。
```

```
SQL> SELECT * FROM employee;
SELECT * FROM employee
                      *
第 1 行出现错误:
ORA-00942: 表或视图不存在
```

私有同义词在 SCOTT 用户中无法使用。

11.4.2　删除同义词

删除同义词,需要使用 DROP SYNONYM 语句。如果是删除公有同义词,则还需要指定 PUBLIC 关键字。其语法如下:

```
DROP [ PUBLIC ] SYNONYM synonym_name ;
```

【例 11.32】删除私有同义词 employee。相关命令及执行结果如下:

```
SQL> DROP SYNONYM employee;
```

同义词已删除。

11.5　习　　题

一、填空题

1. 如果在创建视图时未指定列的名称,则视图的列名称为_____。

2. 视图与数据库中的表非常像,用户也可以在视图进行 INSERT、UPDATE 和 DELETE 操作。通过视图修改数据时,实际上是在修改_____中的数据;相应地,改变_____中的数据也会反映到_____中。

3. 在关系数据库中,索引主要目的是_____。

4. 下面的语句创建了一个序列对象,该序列对象的开始数为 2,每次递增 2,当大于 1000 后,序列值重新返回到 2。在空白处填写适当的代码,完成上述要求。

```
create sequence seq_test
_____
_____
_____
_____ ;
```

二、选择题

1. 如果允许用户对视图进行更新和插入操作,但是又要防止用户将不符合视图约束条件的记录添加到视图,应当在定义视图时指定(　　)子句。
   - A. WITH GRANT OPTION
   - B. WITH READ ONLY
   - C. WITH CHECK OPTION
   - D. WITH CHECK ONLY

2. 在下列数据库对象中,(　　)不会占用实际的存储空间。
   - A. 视图
   - B. 表
   - C. 索引
   - D. 表空间

3. 下列关于索引的描述，错误的是(　　)。

 A. 为了提高查询速度，可以为表多创建索引

 B. 索引会占用许多存储空间

 C. 如果表中某列的取值是固定的，则可以在该列创建位图索引

 D. 基于函数的索引是特殊的 B 树索引

4. 下列关于序列的描述不正确的是(　　)。

 A. 序列是 Oracle 提供的用于产生一系列唯一数字的数据库对象

 B. 序列并不占用实际的存储空间

 C. 使用序列时，需要用到序列的两个伪列 NEXTVAL 与 CURRVAL

 D. 在任何时候都可以使用序列的伪列 CURRVAL，以返回当前序列值

5. 下列关于同义词的描述中，不正确的是(　　)。

 A. 同义词是数据库对象的一个替代名，在使用同义词时，Oracle 会将其翻译为对应的对象的名称

 B. 在创建同义词时，所替代的模式对象必须存在

 C. Oracle 中的同义词分为：公有同义词和私有同义词

 D. 公有同义词在数据库中所有的用户都可以使用；私有同义词只能由创建它的用户使用

三、简答题

1. 简述各种索引的工作机制。

2. 举例说明 WITH CHECK OPTION 的作用。

3. 简述创建序列时各个子句对序列的影响。

第 12 章　用户管理与权限分配

本章导读

Oracle 数据库自带了许多用户，如 system、scott 和 sys 用户等，数据库管理员也可以根据需要创建另外的用户。为了保证数据库系统的安全，新创建的用户需要分配不同的权限，也可以将一组权限授予某个角色，然后将这个角色授予用户，这样可以方便用户权限的管理。在实际应用中，用户、角色与权限是密不可分的。本章介绍用户的创建与管理，用户配置文件的定义，Oracle 中的权限，以及角色的创建与管理。

学习目标

- 掌握用户的创建与管理。
- 了解用户配置文件的作用。
- 掌握使用用户配置文件限制用户使用的资源。
- 了解 Oracle 中的权限。
- 理解系统权限与对象权限的区别。
- 了解角色与权限的区别。
- 掌握角色的创建与管理。
- 掌握如何为角色授予权限。
- 掌握如何为用户授予权限或角色。

12.1　用户与模式

在创建了用户后，需要赋予该用户一定的权限，使得它可以创建数据库对象(表、视图、索引等)。这些对象不是随意保存在数据库中的，Oracle 是通过"模式"来组织和管理这些数据库对象的。

 这是因为在 Oracle 数据库中，模式与用户是一一对应的，当一个用户创建成功，也对应地创建了一个模式。因此，在 Oracle 数据库中，模式和用户两个概念的差别很小，并且经常可以相互替换。

Oracle 数据库中并不是所有的对象都是模式对象。模式对象主要包括表、索引、触发器、PL/SQL 包、视图、存储过程、Java 类等。当用户在数据库中创建一个模式对象后，这个模式对象默认地属于这个用户的模式。如果其他用户需要使用这个模式对象，则必须在对象名前加上它所属的模式名。

通过查询数据字典 USER_OBJECTS 可以查看当前用户拥有的模式对象。

【例 12.1】查看 SCOTT 用户所拥有的模式对象。相关命令及执行结果如下：

```
SQL> connect scott/tiger
已连接。
SQL> SELECT DISTINCT(object_type) FROM user_objects;

OBJECT_TYPE
-------------------
SEQUENCE
PROCEDURE
PACKAGE
PACKAGE BODY
TRIGGER
INDEX
TABLE
FUNCTION
VIEW
```

已选择 9 行。

还有一些数据库对象不属于任何模式,这些对象称为非模式对象。非模式对象主要包括表空间、用户和角色等。

12.2　创建与管理用户

在 Oracle 中必须使用用户登录数据库,通过设置密码完成用户身份认证。一旦登录数据库,该用户就可以访问他所拥有的数据库对象。在实际应用中,一个数据库中会有许多用户存在。为了系统的安全和性能,数据库管理员应该对用户可以使用的系统资源加以限制和管理。

12.2.1　创建用户

创建用户需要具有 CREATE USER 权限。下面以 SYSTEM 用户登录数据库,并创建一个新的用户。

【例 12.2】使用用户 system 连接数据库,并创建用户 aybus。相关命令及执行结果如下:

```
SQL> CONNECT system/password as sysdba
已连接。
SQL> CREATE USER aybus
  2   IDENTIFIED BY pwd123456
  3   DEFAULT TABLESPACE users
  4   TEMPORARY TABLESPACE temp
  5   QUOTA 20M ON users
  6   PASSWORD expire;
```

用户已创建。

在上述示例中,创建了一个名为 aybus 的用户,子句 IDENTIFIED BY 指定所创建用户的密码。该密码是用户的初始密码，在用户登录到数据库后可以对其进行修改。DEFAULT TABLESPACE 子句为用户指定默认表空间。TEMPORARY TABLESPACE 子句为用户指定临时表空间。当用户所执行的 SQL 语句需要进行排序操作时，会要求获取一定的临时表空间。QUOTA 子句为用户在默认表空间中分配空间配额。PASSWORD EXPIRE，强制用户在每一次登录数据库后必须修改密码。

【例 12.3】使用用户 aybus 连接数据库。相关命令及执行情况如下：

```
SQL> CONNECT aybus/pwd123456
ERROR:
ORA-28001: the password has expired


更改 aybus 的口令
新口令：
重新输入新口令：
ERROR:
ORA-01045: user AYBUS lacks CREATE SESSION privilege; logon denied


口令已更改
警告：您不再连接到 ORACLE。
```

此时虽然创建了用户，并更改了密码，但是由于没有向用户授予任何权限，所以还无法建立与数据库的连接。

【例 12.4】向用户 aybus 授予 CREATE SESSION 权限。相关命令及执行情况如下：

```
SQL> CONNECT system/System2017 as sysdba
已连接。
SQL> GRANT create session,resource TO aybus;

授权成功。


SQL> CONNECT aybus/aybus5820;
已连接。
```

上面的示例演示了如何创建一个用户，并授予连接数据库的权限。CREATE USER 语句的详细语法如下：

```
CREATE USER user_name
IDENTIFIED BY password
[ DEFAULT TABLESPACE default_tablespace_name ]
[ TEMPORARY TABLESPACE tomporary_tablespace_name ]
[
    QUOTA quota [ K | M ] | UNLIMITED ON tablespace_name
    [ , … ]
    [ PROFILE profile_name ]
    [ PASSWORD EXPIRE ]
    [ ACCOUNT LOCK | UNLOCK ]
] ;
```

其主要参数及其含义如下。

(1) IDENTIFIED BY password：为用户指定口令。该参数不能省略。

(2) DEFAULT TABLESPACE default_tablespace_name：为用户指定默认表空间。如果不使用此子句，则 Oracle 为该用户指定默认表空间为 system。

(3) TEMPORARY TABLESPACE tomporary_tablespace_name：为用户指定默认的临时表空间，如果不使用此子句，则 Oracle 为该用户指定默认临时表空间为 temp。

(4) QUOTA quota [K | M] | UNLIMITED ON tablespace_name：为用户设置在某表空间上可以使用的空间大小。UNLIMITED 表示无限制，默认为 UNLIMITED。不能在临时表空间上使用限额。

(5) PROFILE profile_name：为用户指定配置文件，用于限制用户对系统资源的使用和执行口令管理等。不使用此子句，则 Oracle 为该用户指定默认的用户配置文件，名称为 DEFAULT。

(6) PASSWORD EXPIRE：将用户口令的初始状态设置为已过期，从而强制用户在登录时修改口令。

(7) ACCOUNT LOCK | UNLOCK：设置用户的初始状态为锁定(LOCK)或解锁(UNLOCK)。默认为 UNLOCK。

12.2.2　修改用户

在创建用户后，还允许对其进行修改。可以修改的用户参数包括：登录密码、用户默认表空间、临时表空间、磁盘的限额等。

1．修改用户口令为过期

在创建用户时可以使用 PASSWORD EXPIRE 子句将用户口令的初始状态设置为过期，对于已创建好的用户也可以使用 ALTER USER 语句进行设置。如果用户口令是过期状态，则使用该用户连接数据库时，Oracle 将强制用户更新口令。

【例 12.5】强制用户修改密码。相关命令及执行情况如下：

```
SQL> ALTER USER aybus PASSWORD EXPIRE;

用户已更改。

SQL> CONNECT aybus/aybus5820;
ERROR:
ORA-28001: the password has expired

更改 aybus 的口令
新口令:
重新输入新口令:
口令已更改
已连接。
```

如上述示例，使用过期的口令连接数据库时，Oracle 会报 ORA-28001 错误，提示口令已过期，并要求用户更新口令。用户输入新口令后，才可以连接数据库。

2．修改用户的状态为锁定或解锁

锁定或解锁，只需要在 ALTER USER 语句中使用 LOCK 或者 UNLOCK 关键字即可。

【例 12.6】锁定用户 aybus，使其无法连接数据库。相关命令及执行情况如下：

```
SQL>  ALTER USER aybus ACCOUNT LOCK ;

用户已更改。

SQL> connect aybus
输入口令：
ERROR:
ORA-28000: the account is locked

警告：您不再连接到 ORACLE。
```

如上述示例，使用锁定的用户连接数据库时，Oracle 会报 ORA-28000 错误，提示该用户已锁定。

3．修改用户的默认表空间配额

QUOTA 参数设置用户只能使用默认表空间的大小，通过查询数据字典 DBA_TS_QUOTAS 可以查看用户在表空间上的配额信息。

【例 12.7】查看用户 aybus 的表空间配额，并进行修改。相关命令及执行结果如下：

```
SQL> SELECT tablespace_name,username,max_bytes
  2  FROM dba_ts_quotas
  3  WHERE username='AYBUS';

TABLESPACE_NAME                 USERNAME                    MAX_BYTES
------------------------------  --------------------------  ----------
USERS                           AYBUS                       20971520

SQL> ALTER USER aybus
  2  QUOTA UNLIMITED ON users;

用户已更改。
```

4．修改用户的默认表空间

修改用户的默认表空间后，先前已经创建的表仍然存储在原表空间中。如果创建新表，则存储在新的默认表空间。

【例 12.8】修改用户 aybus 的默认表空间。相关命令及执行结果如下：

```
SQL> ALTER USER aybus
  2  DEFAULT TABLESPACE example;

用户已更改。
```

12.2.3 删除用户

删除用户可以使用 DROP USER 语句。如果用户当前已经连接到数据库，则不能删除该用户，必须等到该用户退出系统后再删除。

【例 12.9】删除用户 aybus。相关命令及执行结果如下：

```
SQL> DROP USER aybus;
```

用户已删除。

如果要删除的用户中包含有模式对象，则必须在 DROP USER 语句中指定 CASCADE 关键字，表示在删除用户时，也将该用户创建的模式对象全部删除。例如，删除用户 SCOTT 时，由于该用户已经创建了大量的模式对象，则在删除该用户时，系统将自动提示增加 CASCADE 选项，否则将返回如下的错误。

【例 12.10】删除用户 SCOTT。相关命令及执行情况如下：

```
SQL> DROP USER scott;
DROP USER scott
*
第 1 行出现错误:
ORA-01922: 必须指定 CASCADE 以删除 'SCOTT'
```

12.3 用户配置文件

用户配置文件是 Oracle 安全策略的重要组成部分。利用用户配置文件可以对数据库用户进行基本的资源限制，并且可以对用户的密码进行管理。在安装数据库时，Oracle 会自动建立名为 DEFAULT 的默认资源文件。如果没有为新创建的用户指定配置文件，Oracle 将会自动为它指定 DEFAULT 资源文件。另外，如果用户在自定义的资源文件中没有指定某项参数，Oracle 也会使用 DEFAULT 资源文件中相应参数设置作为默认值。

12.3.1 创建用户配置文件

当用户连接到数据库后，该用户就会消耗数据库服务器的资源。作为系统管理员就应该根据需要为各个用户创建配置文件，限制用户消耗的服务器资源。创建配置文件需要使用 CREATE PROFILE 语句，其语法如下：

```
CREATE PROFILE profile_name LIMIT
[ SESSIONS_PER_USER number | UNLIMITED | DEFAULT ]
[ CPU_PER_SESSION number | UNLIMITED | DEFAULT ]
[ CPU_PER_CALL number | UNLIMITED | DEFAULT ]
[ CONNECT_TIME number | UNLIMITED | DEFAULT ]
[ IDLE_TIME number | UNLIMITED | DEFAULT ]
[ LOGICAL_READS_PER_SESSION number | UNLIMITED | DEFAULT ]
[ LOGICAL_READS_PER_CALL number | UNLIMITED | DEFAULT ]
```

```
[ PRIVATE_SGA number | UNLIMITED | DEFAULT ]
[ COMPOSITE_LIMIT number | UNLIMITED | DEFAULT ]
[ FAILED_LOGIN_ATTEMPTS number | UNLIMITED | DEFAULT ]
[ PASSWORD_LIFE_TIME number | UNLIMITED | DEFAULT ]
[ PASSWORD_REUSE_TIME number | UNLIMITED | DEFAULT ]
[ PASSWORD_REUSE_MAX number | UNLIMITED | DEFAULT ]
[ PASSWORD_LOCK_TIME number | UNLIMITED | DEFAULT ]
[ PASSWORD_GRACE_TIME number | UNLIMITED | DEFAULT ]
[ PASSWORD_VERIFY_FUNCTION function_name | NULL | DEFAULT ] ;
```

主要子句及其含义如下。

- SESSIONS_PER_USER：每个用户可以拥有的会话数。
- CPU_PER_SESSION：每个会话可以占用的 CPU 总时间，其单位为 0.01 秒。
- CPU_PER_CALL：每次调用占用的 CPU 总时间，其单位为 0.01 秒。
- CONNECT_TIME：用户可以连接到数据库的总时间，单位为分钟。
- IDLE_TIME：用户可以闲置的最长时间，单位为分钟。
- LOGICAL_READS_PER_SESSION：每个会话期间可以读取的数据块数量，包括从内存中读取的数据块和从磁盘中读取的数据块。
- LOGICAL_READS_PER_CALL：每条 SQL 语句可以读取的数据块数量。
- PRIVATE_SGA：在共享服务器模式下，该参数限定一个会话可以使用的内存 SGA 区的大小，单位是数据块。在专用服务器模式下，该参数不起作用。
- COMPOSITE_LIMIT：由多个资源限制参数构成的复杂限制参数，利用该参数可以对所有混合资源进行设置。
- FAILED_LOGIN_ATTEMPTS：用户登录数据库时允许失败的次数。达到失败次数后，该用户将被自动锁定，需要数据库管理员解锁后才可以使用。
- PASSWORD_LIFE_TIME：用户口令的有效时间，单位为天。
- PASSWORD_REUSE_TIME：用于设置一个失效口令多少天之内不允许被使用。
- PASSWORD_REUSE_MAX：用于设置一个已使用的口令被重新使用之前，口令必须被修改的次数。
- PASSWORD_LOCK_TIME：用户登录失败的次数达到 FAILED_LOGIN_ATTEMPTS 时，该用户将被锁定的天数。
- PASSWORD_GRACE_TIME：当口令的使用时间达到 PASSWORD_LIFE_TIME 时，该口令还允许使用的"宽限时间"。在用户登录时，Oracle 会提示该时间。
- PASSWORD_VERIFY_FUNCTION：设置用于判断口令复杂性的函数。函数可以使用自动创建的，也可以使用默认的或不使用。

下面创建一个资源配置文件。

【例 12.11】使用 DBA 身份创建用户配置文件 user_profile，该文件对用户占用资源进行的限制如下。

- 限制用户允许拥有的会话数为 1，对应的参数为 SESSIONS_PER_USER。
- 限制该用户执行的每条 SQL 语句可以占用的 CPU 总时间为百分之五秒，对应的参数为 CPU_PER_CALL。

- 限制该用户的空闲时间为 10 分钟，对应的参数为 IDLE_TIME。
- 限制用户登录数据库时可以失败的次数为 3 次，对应的参数为 FAILED_LOGIN_ATTEMPTS。
- 限制口令的有效时间为 10 天，对应的参数为 PASSWORD_LIFE_TIME。
- 设置用户登录失败次数达到限制要求时，用户被锁定的天数为 3 天，对应的参数为 PASSWORD_LOCK_TIME。
- 设置口令使用时间达到有效时间之后，口令仍然可以使用的"宽限时间"为 3 天，对应的参数为 PASSWORD_GRACE_TIME。

相关命令及执行结果如下：

```
SQL> CREATE PROFILE user_profile LIMIT
  2  SESSIONS_PER_USER 1
  3  CPU_PER_CALL 5
  4  IDLE_TIME 10
  5  FAILED_LOGIN_ATTEMPTS 3
  6  PASSWORD_LIFE_TIME 10
  7  PASSWORD_LOCK_TIME 3
  8  PASSWORD_GRACE_TIME 3;
```

配置文件已创建

对于在创建配置文件时没有指定的参数，其值将默认由 DEFAULT 配置文件提供。

【例 12.12】查询数据字典 DBA_PROFILES，获取配置文件的信息。相关命令及执行结果如下：

```
SQL> COL profile FOR a20
SQL> COL resource_name FOR a25
SQL> COL limit FOR a20
SQL> SELECT *
  2  FROM dba_profiles
  3  WHERE profile='USER_PROFILE';
```

PROFILE	RESOURCE_NAME	RESOURCE	LIMIT
USER_PROFILE	COMPOSITE_LIMIT	KERNEL	DEFAULT
USER_PROFILE	SESSIONS_PER_USER	KERNEL	1
USER_PROFILE	CPU_PER_SESSION	KERNEL	DEFAULT
USER_PROFILE	CPU_PER_CALL	KERNEL	5
USER_PROFILE	LOGICAL_READS_PER_SESSION	KERNEL	DEFAULT
USER_PROFILE	LOGICAL_READS_PER_CALL	KERNEL	DEFAULT
USER_PROFILE	IDLE_TIME	KERNEL	10
USER_PROFILE	CONNECT_TIME	KERNEL	DEFAULT
USER_PROFILE	PRIVATE_SGA	KERNEL	DEFAULT
...			
USER_PROFILE	PASSWORD_LOCK_TIME	PASSWORD	3
USER_PROFILE	PASSWORD_GRACE_TIME	PASSWORD	3

已选择 16 行。

其中 RESOURCE 列的值为 KERNEL，表示一个资源参数，而 PASSWORD 表示一个完全限制。

12.3.2 使用配置文件

如果想在创建用户时为用户指定配置文件，则可以在 CREATE USER 语句中使用 PROFILE 子句，或者在 ALTER USER 语句中为已创建的用户修改配置文件。

【例 12.13】修改用户的配置文件。相关命令及执行结果如下：

```
SQL> ALTER USER aybus PROFILE USER_PROFILE;
```

用户已更改。

除此之外，要想配置文件中的资源限制生效，还需要修改参数 resource_limit 的值，其值默认为 FALSE，需要将其值修改为 TRUE。

【例 12.14】设置配置文件中资源限制生效。相关命令及执行结果如下：

```
SQL> SHOW PARAMETER resource_limit ;

NAME                          TYPE          VALUE
----------------------        --------      --------------
resource_limit                boolean       FALSE
```

使用 ALTER SYSTEM 语句修改该参数的值为 TRUE。执行情况如下：

```
SQL> ALTER SYSTEM SET resource_limit = TRUE ;
```

系统已更改。

12.3.3 修改与删除配置文件

修改配置文件需要使用 ALTER PROFILE 语句，使用形式与修改用户类似，可以针对配置文件的每个参数进行修改。在修改时同样需要使用 LIMIT 关键字。

【例 12.15】修改配置文件 user_profile，将用户口令有效期修改为 60 天，宽限期为 7 天，允许的空闲时间修改为 20 分钟。相关命令及执行结果如下：

```
SQL> ALTER PROFILE USER_PROFILE LIMIT
  2  PASSWORD_LIFE_TIME 60
  3  PASSWORD_GRACE_TIME 7
  4  IDLE_TIME 20;
```

配置文件已更改

通过查询数据字典 DBA_PROFILES 可以验证修改后的配置文件。

删除配置文件需要使用 DROP PROFILE 语句，如果要删除的配置文件已经赋予用户，则需要使用 CASCADE 参数。

【例 12.16】删除用户配置文件。相关命令及执行情况如下：

```
SQL> DROP PROFILE USER_PROFILE;
DROP PROFILE USER_PROFILE
    *
第 1 行出现错误:
ORA-02382: 概要文件 USER_PROFILE 指定了用户, 不能没有 CASCADE 而删除
```

12.4 用户权限管理

权限管理是 Oracle 实现安全管理的一部分。通过授予不同用户的系统权限和对象权限，可以控制用户对系统功能和数据库对象的操作。

12.4.1 权限简介

权限是预先定义好的、执行某种 SQL 语句或访问其他用户模式对象的权力。在 Oracle 数据库中是利用权限来进行安全管理的。这些权限可以分成两类：系统权限、对象权限。系统权限是指在系统级控制数据库的存取和使用的机制，即执行某种 SQL 语句的能力。例如，启动/停止数据库，修改数据库参数，连接到数据库，以及创建、删除、更改模式对象等权限。系统权限是针对用户而设置的，用户必须被授予相应的系统权限，才可以连接到数据库中进行相应的操作。

在 Oracle 数据库中，用户 SYSTEM、SYS 是数据库管理员，它具有 DBA 所有系统权限，包括 SELECT ANY DICTIONARY 权限，所以 SYSTEM 和 SYS 等用户可以查询数据字典中以"DBA_"开头的数据字典视图、创建数据库结构等。例如，以 SYSTEM 登录数据库后，可以查询数据字典 DBA_USERS。

【例 12.17】查看系统中所有用户。相关命令及执行结果如下：

```
SQL> connect system/password
已连接。
SQL> SELECT username,password
  2  FROM dba_users;

USERNAME                    PASSWORD
------------------------- ----------------
MGMT_VIEW
SYS
SYSTEM
DBSNMP
SYSMAN
SCOTT
AYBUS
OUTLN
FLOWS_FILES
MDSYS
ORDSYS
…
```

如果以 SCOTT 用户登录到数据库，则数据字典 DBA_USERS 不能被查询。

对象权限是指用户维护数据库对象的权限。例如，用户可以存取哪个用户模式中的哪个对象，能对该对象进行查询、插入、更新操作等。对象权限一般是针对用户模式对象的。例如，以用户 SCOTT 登录到数据，是不可以查询 HR 用户模式中的表 EMPLOYEES。相关命令及执行情况如下：

```
SQL> connect scott/tiger
已连接。
SQL> select * from hr.employees;
select * from hr.employees
              *
第 1 行出现错误:
ORA-00942: 表或视图不存在
```

如果以 SYSTEM 用户登录到数据库，则可以查询 HR 中的表 EMPLOYEES。因为 SYSTEM 用户具有查询 HR 用户基本表 EMPLOYEES 的对象权限。

12.4.2 系统权限

在 Oracle 数据库中有几百种系统权限，权限中的 ANY 关键字表示当前用户权限不受用户模式的限制。例如，SELECT ANY TABLE 权限说明用户可以选择任何模式对象。通过查询数据字典 system_privilege_map 可以查看 Oracle 中的所有系统权限，其中常用的系统权限如表 12-1 所示。

表 12-1 Oracle 中常用的系统权限

系统权限	说　明
CREATE SESSION	连接数据库
CREATE TABLESPACE	创建表空间
ALTER TABLESPACE	修改表空间
DROP TABLESPACE	删除表空间
CREATE USER	创建用户
ALTER USER	修改用户
DROP USER	删除用户
CREATE TABLE	创建表
CREATE ANY TABLE	在任何用户模式中创建表
DROP ANY TABLE	删除任何用户模式中的表
ALTER ANY TABLE	修改任何用户模式中的表
SELECT ANY TABLE	查询任何用户模式中基本表的记录
INSERT ANY TABLE	向任何用户模式中的表插入记录
UPDATE ANY TABLE	修改任何用户模式中的表的记录
DELETE ANY TABLE	删除任何用户模式中的表的记录
CREATE VIEW	创建视图

续表

系统权限	说 明
CREATE ANY VIEW	在任何用户模式中创建视图
DROP ANY VIEW	删除任何用户模式中的视图
CREATE ROLE	创建角色
ALTER ANY ROLE	修改任何角色
GRANT ANY ROLE	将任何角色授予其他用户
ALTER DATABASE	修改数据库结构
CREATE PROCEDURE	创建存储过程
CREATE ANY PROCEDURE	在任何用户模式中创建存储过程
ALTER ANY PROCEDURE	修改任何用户模式中的存储过程
DROP ANY RPOCEDURE	删除任何用户模式中的存储过程
CREATE PROFILE	创建配置文件
ALTER PROFILE	修改配置文件
DROP PROFILE	删除配置文件

12.4.3 授予用户系统权限

向用户授予系统权限使用 GRANT 语句，其语法如下：

```
GRANT system_privilege [ , … ] TO
{ user_name [ , … ] | role_name [ , … ] | PUBLIC }
[ WITH ADMIN OPTION ] ;
```

如果有多个系统权限使用逗号隔开，如果有多个用户也用逗号隔开。关键字 PUBLIC 表示 Oracle 系统的所有用户。如果指定 WITH ADMIN OPTION 选项，则被授予权限的用户可以将该权限再授予其他用户。

【例 12.18】创建新用户，并查看其拥有的系统权限。相关命令及执行结果如下：

```
SQL> CREATE USER tom
  2  IDENTIFIED BY tom2017;

用户已创建。
SQL> SELECT * FROM dba_sys_privs
  2  WHERE grantee='TOM';

未选定行
```

通过查询数据字典 DBA_SYS_PRIVS 可以查看用户的权限信息。在上面的示例中，未在数据字典 DBA_SYS_PRIVS 中找到用户的权限信息，也就是说该用户不具有任何权限。下面将 CREATE SESSION、CREATE TABLE 权限授予用户。

【例 12.19】向用户授予系统权限。相关命令及执行结果如下：

```
SQL> GRANT CREATE SESSION , CREATE TABLE TO tom
  2  WITH ADMIN OPTION;
```

授权成功。

现在，用户 TOM 就可以连接数据库，并在数据库中创建表了。执行情况如下：

```
SQL> CONNECT xiaoqi/xiaoqi0101
已连接。
SQL> CREATE TABLE test (tid NUMBER) ;
```

表已创建。

另外，由于在为 TOM 用户授予权限时使用了 WITH ADMIN OPTION 选项，所以该用户还可以将被授予的权限授予其他用户。执行情况如下：

```
SQL> connect tom/tom2017
已连接。
SQL> GRANT CREATE SESSION , CREATE TABLE TO jack ;
```

授权成功。

为了验证 WITH ADMIN OPTION 参数的效果，继续使用数据字典 DBA_SYS_PRIVS 查看两个用户的权限。

【例 12.20】查看用户的系统权限。相关命令及执行结果如下：

```
SQL> SELECT * FROM dba_sys_privs
  2  WHERE grantee in ('JACK','TOM')
  3  ORDER BY grantee;

GRANTEE                        PRIVILEGE                        ADM
------------------             ----------------------------     ---
JACK                           CREATE SESSION                   NO
JACK                           CREATE TABLE                     NO
TOM                            CREATE SESSION                   YES
TOM                            CREATE TABLE                     YES
```

此时用户 TOM 的系统权限 ADM 列为 YES，说明这些权限可以授予其他用户。而用户 JACK 的 ADM 列为 NO，说明该用户不具有将这些权限授予其他用户的权利。

由于我们创建的用户都是要连接数据库，并查看一些信息，Oracle 允许一次向当前所有用户授权。

【例 12.21】向所有用户授权。相关命令及执行结果如下：

```
SQL> GRANT create session,select any table TO PUBLIC;
```

授权成功。

12.4.4　回收系统权限

如果需要限制某个用户的权限，则可以使有 REVOKE 指令收回用户权限。回收系统的 REVOKE 语句语法形式如下：

```
REVOKE system_privilege [ , … ] FROM
```

```
{ user_name [ , … ] | role_name [ , … ] | PUBLIC } ;
```

 回收某用户的系统权限时，如果该用户将权限授予了其他用户，则其他用户的权限不受影响。所以 WITH ADMIN OPTION 选项应该慎重使用。

【例 12.22】回收用户 TOM 的 CREATE SESSION 权限。相关命令及执行结果如下：

```
SQL> REVOKE create session FROM tom;
```

撤销成功。

此时，用户 TOM 不再具有连接到数据库的权限，但用户 JACK 还具有此权限。执行情况如下：

```
SQL> SELECT * FROM dba_sys_privs
  2  WHERE grantee ='JACK';


GRANTEE                 PRIVILEGE                          ADM
----------------        ------------------------------     ----
JACK                    CREATE SESSION                     NO
JACK                    CREATE TABLE                       NO
```

【例 12.23】回收所有用户的 select any table 权限。相关命令及执行结果如下：

```
SQL> REVOKE select any table FROM PUBLIC;
```

撤销成功。

12.4.5 对象授权

对象权限是指用户对数据库对象的操作权限。数据库对象包括表、视图、序列和存储过程等。Oracle 的对象权限包括 ALTER、DELETE、EXECUTE、INDEX、INSERT、REFERENCES、SELECT 和 UPDATE。这些对象权限适用于不同的对象。常见对象与其对象权限之间的对应关系如表 12-2 所示，其中√表示该对象具有该权限。

表 12-2　对象与对象权限之间的对应关系

权限＼对象	PROCEDURE	SEQUENCE	TABLE	VIEW
ALTER	√	√	√	
DELETE			√	√
EXECUTE	√			
INDEX			√	
INSERT			√	√
REFERENCE			√	
SELECT		√	√	√
UPDATE			√	√

在上述对象的列表中，序列对象具有两种对象权限，即 ALTER 和 SELECT。多种权限组合在一起时，可以使用 ALL 关键字，表示该对象的全部权限。对于不同的对象，ALL 组合的权限数量是不相同的。对表 TABLE 而言，ALL 表示 ALTER、DELETE、INDEX、INSERT、REFERENCES、SELECT、UPDATE 权限；对于存储过程，ALL 只代表 ALTER 和 EXECUTE 权限。

授予对象权限同样需要使用 GRANT 语句，其语法如下：

```
GRANT object_privilege [ , … ] | ALL [ PRIVILEGES ]
ON <schema.>object_name
TO { user_name [ , … ] | role_name [ , … ] | PUBLIC }
[ WITH GRANT OPTION ] ;
```

语法说明如下。

- object_privilege：表示对象权限。在授予对象权限时，应注意对象权限与对象之间的对应关系。
- ALL [PRIVILEGES]：使用 ALL 关键字，可以授予对象上的所有权限。也可以在 ALL 关键字后面添加 PRIVILEGES。
- ON object_name：具体的数据库对象，如表、存储过程。
- WITH GRANT OPTION：允许用户将该对象权限授予其他用户。与授予系统权限的 WITH ADMIN OPTION 子句相类似。

【例 12.24】把 SCOTT 用户的 EMP 表对象权限 UPDATE 授予新用户 JACK。相关命令及执行结果如下：

```
SQL> CONNECT jack/jack2017
已连接。
SQL> SELECT * FROM scott.emp;
SELECT * FROM scott.emp
                  *
第 1 行出现错误:
ORA-00942: 表或视图不存在
```

从查询结果可以看出，Oracle 提示所查询的表或视图不存在，而 scott 用户下是有 emp 表的，所以出现这个错误其实是因为 jack 用户不具有查询 scott.emp 表的权限。

下面将 emp 表的 SELECT 权限授予用户 jack，并允许将该权限授予其他用户。相关命令及执行结果如下：

```
SQL> CONNECT scott/tiger
已连接。

SQL> GRANT SELECT ON emp TO jack WITH GRANT OPTION;

授权成功。
```

现在 jack 用户就可以查询 scott.emp 表中的数据了，相关命令及执行结果如下：

```
SQL> CONNECT jack/jack2017
已连接。
SQL> SELECT * FROM scott.emp;
```

EMPNO	ENAME	JOB	MGR	HIREDATE	SAL	COMM	DEPTNO
8901	JACK	MANAGER	7839	11-4月 -17	1890	22	20

…….

通过查询数据字典 USER_TAB_PRIVS_MADE 可以获取对象权限的授权信息。

【例 12.25】查看 SCOTT 用户中表对象的授权信息。相关命令及执行结果如下：

```
SQL> col table_name for a10
SQL> col privilege for a10
SQL> col grantee for a10
SQL> col grantor for a10
SQL> select * from user_tab_privs_made;
```

GRANTEE	TABLE_NAME	GRANTOR	PRIVILEGE	GRA	HIE
JACK	EMP	SCOTT	SELECT	YES	NO

下面将 SCOTT 用户的某个表的某些列的对象权限授予用户 JACK。

【例 12.26】查看 SCOTT 用户中表对象的授权信息。相关命令及执行结果如下：

```
SQL> GRANT update(dname,loc) ON dept TO jack;
```

授权成功。

授权成功后，用户 JACK 只能更新 dept 表的 dname 和 loc 列。Oracle 提供了一个数据字典 USER_COL_PRIVS_MADE 记录用户对某列的授权情况。执行情况如下：

```
SQL> SELECT * FROM user_col_privs_made;
```

GRANTEE	TABLE_NAME	COLUMN_NAME	GRANTOR	PRIVILEGE	GRA
JACK	DEPT	LOC	SCOTT	UPDATE	NO
JACK	DEPT	DNAME	SCOTT	UPDATE	NO

12.4.6 回收对象权限

回收对象权限也需要使用 REVOKE 语句。其语法如下：

```
REVOKE object_privilege [ , … ] | ALL [ PRIVILEGES ]
ON <schema.>object_name
FROM { username [ , … ] | role_name [ , … ] | PUBLIC } ;
```

与撤销系统权限不同的是，在撤销某用户的对象权限时，如果该用户将权限授予了其他用户，则其他用户的相应权限也将被撤销。

【例 12.27】回收用户 JACK 对 emp 表的 SELECT 权限。相关命令及执行结果如下：

```
SQL> CONNECT scott/tiger
已连接。
SQL> REVOKE SELECT ON emp FROM jack;
```

撤销成功。

在回收对象权限时，只能从整个表而不能按列回收权限。

【例 12.28】回收用户 JACK 对 dept 表的 UPDATE 权限。相关命令及执行结果如下：

```
SQL> REVOKE update(dname,loc) ON dept FROM jack;
REVOKE update(dname,loc) ON dept FROM jack
                      *
第 1 行出现错误:
ORA-01750: UPDATE/REFERENCES 只能从整个表而不能按列 REVOKE
```

回收对 dept 表的 UPDATE 权限的正确做法如下：

```
SQL> REVOKE update ON dept FROM jack;
```

撤销成功。

数据库中的权限较多，为了方便对用户权限的管理，Oracle 数据库允许将一组相关的权限授予某个角色，然后将这个角色授予需要的用户，拥有该角色的用户将拥有该角色包含的所有权限。

12.5　角　色　管　理

数据库中的权限较多，为了方便对用户权限的管理，Oracle 数据库允许将一组相关的权限授予某个角色，然后将这个角色授予需要的用户，拥有该角色的用户将拥有该角色包含的所有权限。

12.5.1　角色概述

角色是数据库中各种权限的集合。由于角色集合了多种权限，所以当为用户授予角色时，相当于为用户授予了多种权限。这样就避免了向用户逐一授权，从而简化了用户权限的管理。

例如，在图 12-1 中，DBA 需要为 3 个用户授予 3 个不同的权限，在未使用角色时，需要为每个用户授予 5 个不同的权限，3 个用户一共需要执行 15 次才能完成。如果采用角色后，可以将这 5 个不同的权限组合成一个角色，然后将该角色分别授予上述 3 个用户。另外，如果需要为用户增加或减少权限，则只需要增加或减少角色的权限即可实现。

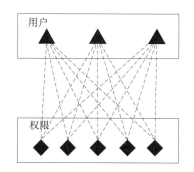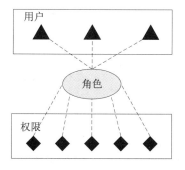

图 12-1　使用角色管理权限

在为用户授予角色时，即可以向用户授予系统预定义的角色，也可以自己创建角色，然后授予用户。通过查询数据字典 DBA_ROLES 可以了解数据库中全部的角色信息。

【例 12.29】查看系统预定义的角色。相关命令及执行结果如下：

```
SQL> connect system/password
已连接。
SQL> SELECT role,password_required
  2  FROM dba_roles;

ROLE                          PASSWORD
------------------------      ------------
CONNECT                       NO
RESOURCE                      NO
DBA                           NO
SELECT_CATALOG_ROLE           NO
EXECUTE_CATALOG_ROLE          NO
...

已选择 55 行。
```

从查询结果可知，Oracle 系统预定义了 50 多种角色，这些角色已经由系统授予了相应的权限。管理员不再需要先创建它，就可以将它授予用户。常见的系统预定义角色如下。

- CONNECT。
- RESOURCE。
- DBA。
- EXP_FULL_DATABASE。
- IMP_FULL_DATABASE。
- DELETE_CATALOG_ROLE。
- EXECUTE_CATALOG_ROLE。
- SELECT_CATALOG_ROLE。

角色 CONNECT、RESOURCE 和 DBA 是为了同 Oracle 以前版本相兼容而提供的，不能只依赖于这些角色。由于 Oracle 版本的不同，这些角色的权限也有所改变，我们可以通过查询数据字典 ROLE_SYS_PRIVS 获取各角色所具有的权限。

【例 12.30】查看角色的权限信息。相关命令及执行结果如下：

```
SQL> col role for a20
SQL> col privilege for a40
SQL> SELECT * FROM role_sys_privs
  2  WHERE role='EXP_FULL_DATABASE';

ROLE                  PRIVILEGE                                   ADM
------------------    ----------------------------------------    ----
EXP_FULL_DATABASE     READ ANY FILE GROUP                         NO
EXP_FULL_DATABASE     EXECUTE ANY PROCEDURE                       NO
EXP_FULL_DATABASE     RESUMABLE                                   NO
EXP_FULL_DATABASE     SELECT ANY TABLE                            NO
```

```
EXP_FULL_DATABASE        EXECUTE ANY TYPE                          NO
EXP_FULL_DATABASE        CREATE SESSION                            NO
EXP_FULL_DATABASE        BACKUP ANY TABLE                          NO
EXP_FULL_DATABASE        ADMINISTER RESOURCE MANAGER               NO
EXP_FULL_DATABASE        ADMINISTER SQL MANAGEMENT OBJECT          NO
EXP_FULL_DATABASE        SELECT ANY SEQUENCE                       NO
EXP_FULL_DATABASE        CREATE TABLE                              NO
```

已选择 11 行。

从 PRIVILEGE 列的值可以看出角色所具有的权限，ADM 列则显示该权限不能授予其他角色或用户。

12.5.2　创建角色

创建角色需要使用 CREATE ROLE 语句，并要求用户具有 CREATE ROLE 权限。CREATE ROLE 语句的语法如下：

```
CREATE ROLE role_name [ NOT IDENTIFIED | IDENTIFIED BY password ] ;
```

其中，NOT IDENTIFIED | IDENTIFIED BY password 为角色设置的口令。默认为 NOT IDENTIFIED，即无口令。

【例 12.31】创建角色 manager，该角色不需要口令标识。相关命令及执行结果如下：

```
SQL> CONNECT system/password
已连接。
SQL> CREATE ROLE manager;

角色已创建。

SQL> SELECT role,password_required
  2  FROM dba_roles
  3  WHERE ROLE='MANAGER';

ROLE                    PASSWORD
--------------------    --------
MANAGER                 NO
```

12.5.3　为角色授予权限

新创建的角色还不具有任何权限，可以使用 GRANT 语句向该角色授予权限，其语法形式与向用户授予权限基本相同。

【例 12.32】向角色 manager 授予 CREATE SESSION、SELECT TABLE、CREATE VIEW 权限。相关命令及执行结果如下：

```
SQL> GRANT create session,select any table,create view
  2  TO manager;

授权成功。
```

查询数据字典 ROLE_SYS_PRIVS 验证授权结果。执行情况如下：

```
SQL> SELECT * FROM role_sys_privs
  2  WHERE role='MANAGER';


ROLE                 PRIVILEGE                        ADM
---------------      -------------------------------  ---
MANAGER              CREATE SESSION                   NO
MANAGER              SELECT ANY TABLE                 NO
MANAGER              CREATE VIEW                      NO
```

查询结果说明角色 MANAGER 具有 3 个权限，并且每个权限的 ADM 列为 NO，说明该角色不允许将权限授予其他用户或角色。

除了可以向角色授予权限以外，还可以直接向角色授予角色，实际上就是将一个权限组合授予一个角色。

【例 12.33】向角色 clerk 授予角色 manager 的权限。相关命令及执行结果如下：

```
SQL> CREATE ROLE clerk;

角色已创建。

SQL> GRANT manager
  2  TO clerk;

授权成功。
```

同样查询数据字典 ROLE_SYS_PRIVS 验证授权结果。执行情况如下：

```
SQL> SELECT * FROM role_sys_privs
  2  WHERE role='CLERK';

未选定行
```

查询结果不尽如人意，并没有列出角色 CLERK 的权限信息。这是因为该数据字典只能查询权限信息，而无法查看授予的角色信息。这就需要另一个数据字典 DBA_ROLE_PRIVS。

【例 12.34】查看角色 manager 授予情况。相关命令及执行结果如下：

```
SQL> SELECT * FROM dba_role_privs
  2  WHERE granted_role='MANAGER';


GRANTEE    GRANTED_ROLE               ADM    DEF
---------  -------------------------  -----  ---
SYSTEM     MANAGER                    YES    YES
CLERK      MANAGER                    NO     YES
```

从查询结果可知，角色 MANAGER 授予用户 SYSTEM 和角色 CLERK。用户 SYSTEM 可以将角色授予其他用户或角色，而角色 CLERK 则不允许。

12.5.4　授予用户角色

既然角色是权限的集合，在创建角色后就需要将角色授予用户，使用户具有相应的权限。为用户授予角色，同样是使用 GRANT 语句。

【例 12.35】创建用户 emp_clerk，并为该用户授予 clerk 角色。相关命令及执行结果如下：

```
SQL> CREATE USER emp_clerk
  2  IDENTIFIED BY clerk123;

用户已创建。
SQL> GRANT clerk TO emp_clerk;

授权成功。

SQL> connect emp_clerk/clerk123
已连接。
```

为用户授予角色后，该用户就拥有了角色中包含的所有权限。

【例 12.36】查看用户 emp_clerk 所具有的权限。相关命令及执行结果如下：

```
SQL> SELECT * FROM session_privs;

PRIVILEGE
-----------------------------------
CREATE SESSION
SELECT ANY TABLE
CREATE VIEW
```

12.5.5　修改用户的默认角色

将角色授予某个用户后，这些角色就属于这个用户的默认角色，在用户连接到数据库时，Oracle 会自动启用该用户的默认角色。如果不再希望该用户使用某些角色，可以使用 REVOKE 语句撤销该用户的这些角色。除了这种方式以外，还可以使用 ALTER USER 命令修改用户的默认角色。修改用户的默认角色需要使用 ALTER USER 语句，其语法如下：

```
ALTER USER user_name DEFAULT ROLE
{
    role_name [ , … ]
    | ALL [ EXCEPT role_name [ , … ] ]
    | NONE
} ;
```

语法说明如下。

- ALL：将用户的所有角色设置为默认角色。
- EXCEPT：将用户的除某些角色以外的所有角色设置为默认角色。
- NONE：将用户的所有角色都设置为非默认角色。

【**例 12.37**】修改 emp_clerk 用户的默认角色。相关命令及执行结果如下：

```
SQL> CONNECT system/System2017
已连接。
SQL> GRANT manager TO emp_clerk;
```

授权成功。

此时 emp_user 用户具有两个角色，即 MANAGER 和 CLERK，而且都是默认角色。可以查询数据字典 DBA_ROLE_PRIVS 获取用户所拥有的角色信息。执行情况如下：

```
SQL> SELECT * FROM dba_role_privs
  2  WHERE grantee='EMP_CLERK';

GRANTEE                      GRANTED_ROLE                 ADM  DEF
-------------------          -------------------------    ---  ---
EMP_CLERK                    CLERK                        NO   YES
EMP_CLERK                    MANAGER                      NO   YES
```

DEF 列为 YES，表示该角色是用户的默认角色。下面修改 MANAGER 为用户的非默认角色：

```
SQL> ALTER USER emp_clerk DEFAULT ROLE ALL EXCEPT manager;
```

用户已更改。

也可以将该用户的所有角色全部设为非默认角色。

【**例 12.38**】将用户的所有角色设置为非默认角色。相关命令及执行结果如下：

```
SQL> ALTER USER emp_clerk DEFAULT ROLE NONE;
```

用户已更改。

此时，用户不具有任何角色，也不具有任何权限。

【**例 12.39**】将用户的 MANAGER 角色设置为默认角色。相关命令及执行结果如下：

```
SQL> ALTER USER emp_clerk DEFAULT ROLE manager;
```

用户已更改。

12.5.6　管理角色

对角色的管理主要包括设置角色的口令、为角色添加或减少权限、禁用与启用角色、删除角色。其中，为角色添加或减少权限分别使用 GRANT 与 REVOKE 语句，在前面内容中已经介绍过，这里不再赘述。

1. 设置角色的口令

使用 ALTER USER 语句可以重新设置角色的口令，包括删除口令、添加口令和修改口令，其语法如下：

```
ALTER ROLE role_name NOT IDENTIFIED | IDENTIFIED BY new_password ;
```

【例 12.40】 为 MANAGER 角色设置口令。相关命令及执行结果如下：

```
SQL> ALTER ROLE manager
  2  IDENTIFIED BY manager123;
```

角色已丢弃。
```
SQL> SELECT * FROM DBA_ROLES
  2  WHERE ROLE ='MANAGER';


ROLE            PASSWORD   AUTHENTICAT
-----------     --------   -----------
MANAGER         YES        PASSWORD
```

2. 禁用与启用角色

数据库管理员可以通过禁用与启用角色，来控制所有拥有该角色的用户的相关权限的使用。角色被禁用后，拥有该角色的用户不再具有该角色的权限。不过用户也可以自己启用该角色。此时，如果该角色设置有口令，则用户需要提供口令。

禁用与启用角色需要使用 SET ROLE 语句，其语法如下：

```
SET ROLE
{
    role_name [ IDENTIFIED BY password ]
    [ , … ]
    | ALL [ EXCEPT role_name [ , … ] ]
    | NONE
} ;
```

语法说明如下。

- IDENTIFIED BY：启用角色时，为角色提供口令。
- ALL：启用所有角色。这种情况要求所有角色都不能有口令。
- EXCEPT：启用除某些角色以外的所有角色。
- NONE：禁用所有角色。

【例 12.41】 禁用用户的所有角色。

```
SQL> conn emp_clerk/clerk123;
已连接。
SQL> SET ROLE NONE;
```

角色集

此时，系统禁用了用户的所有角色。查询当前用户的权限：

```
SQL> SELECT * FROM session_privs;


PRIVILEGE
-----------------------------------
CREATE SESSION
```

当前用户只保留了会话权限。下面启用 MANAGER 角色：

```
SQL> set role manager;
set role manager
      *
第 1 行出现错误：
ORA-01979: 角色 'MANAGER' 的口令缺失或无效
```

因为先前我们为角色设置了口令，所以在启用该角色时还需要提供该角色的口令。相关命令及执行结果如下：

```
SQL> SET ROLE manager
  2  IDENTIFIED BY manager123;
```

角色集

此时启用了角色 MANAGER，用户也就有了该角色的所有权限。

3．回收和删除角色

既然可以将角色授予用户，也就可以回收用户的角色。

【例 12.42】回收用户的 CLERK 角色。

(1) 首先查看角色授予的用户信息。相关命令及执行结果如下：

```
SQL> SELECT * FROM dba_role_privs
  2  WHERE granted_role = 'CLERK';
```

GRANTEE	GRANTED_ROLE	ADM	DEF
SYSTEM	CLERK	YES	YES
EMP_CLERK	CLERK	NO	NO

(2) 回收用户 EMP_CLERK 的 CLERK 角色。相关命令及执行结果如下：

```
SQL> REVOKE clerk FROM emp_clerk;
```

撤销成功。

现在回收了用户的角色，但该角色仍然存在数据库中，只是没有授予用户使用。如果不再需要该角色，则可以彻底删除该角色。

【例 12.43】删除 CLERK 角色。相关命令及执行结果如下：

```
SQL> DROP ROLE clerk;
```

角色已删除。

12.6 习   题

一、填空题

1. Oracle 数据库中主要包含两种数据库对象：_____和_____，如表、索引、触发器等都是_____，而表空间、用户和角色等都是_____。

2. 向用户授予系统权限时，使用_____选项表示该用户可以将此系统权限再授予其他用户。向用户授予对象权限时，使用_____选项表示该用户可以将此对象权限再授予其他用户。

3. 如果想要配置文件中的资源限制生效，还需要修改_____参数的值。

4. _____是具有名称的一组相关权限的组合。

5. 一个用户想要在其他模式下创建表，则该用户至少需要具有_____系统权限。

6. 权限中的_____关键字表示当前用户权限不受用户模式的限制。

二、选择题

1. 如果某个用户仅仅具有 scott.emp 表上的 SELECT 与 UPDATE 权限，则下面对该用户所能执行的操作叙述正确的是(　　)。

    A. 该用户能查询 scott.emp 表中的记录

    B. 该用户能修改 scott.emp 表中的记录

    C. 该用户能删除 scott.emp 表中的记录

    D. 该用户无法执行任何操作

2. 下面对系统权限与对象权限叙述正确的是(　　)。

    A. 系统权限是针对某个数据库对象操作的权限，对象权限不与数据库中的具体对象相关联

    B. 系统权限和对象权限都是针对某个数据库对象操作的权限

    C. 系统权限与对象权限都不与数据库中的具体对象相关联

    D. 系统权限不与数据库中的具体对象相关联，对象权限是针对某个数据库对象操作的权限

3. 一个用户如果要登录数据库，它必须具有(　　)权限。

    A. CREATE SESSION

    B. CREATE TABLE

    C. CONNECT

    D. CREATE ANY SESSION

4. 在用户配置文件中不能限定(　　)。

    A. 单个用户的会话数

    B. 数据库的会话数

    C. 用户的密码有效期

    D. 用户的空闲时长

5. 如果用户 user1 创建了数据库对象，则删除该用户需要使用(　　)语句。

    A. DROP USER user1 ;

    B. DROP USER user1 CASCADE ;

    C. DELETE USER user1 ;

    D. DELETE USER user1 CASCADE ;

三、简答题

1. 简述系统权限与对象权限的区别。

2. 简述权限与角色的关系，以及使用角色有哪些好处。

3. 简述使用 WITH ADMIN OPTION 选项，与使用 WITH GRANT OPTION 选项的区别。

4. 在一个学生管理系统中，教师 teacher01 可以查询学生(student 表)的所有信息，并可以修改学生的成绩(score 列)，学生 student01 可以查看学生的信息，主任 director01 可以添加、删除学生。请问该如何为 teacher01、student01 和 director01 授予相应的权限。

5. 简述修改用户的默认角色与禁用、启用角色的区别。

第 13 章 数据导出和导入

本章导读

在数据库的使用过程中，经常需要将一个数据库中的数据移动到另一个数据库，或从外部文件中导入数据到数据库中。为此，Oracle 提供了几种常用的工具：最常用的就是 Export 和 Import 工具，使用这两个工具可以在 Oracle 数据库之间进行数据的导入/导出操作，也可以进行数据库的逻辑备份。另外 SQL*Loader 工具可以用来从非 Oracle 数据库或其他任何能够生成 ASCII 文本文件的数据源加载数据。本章对这些常用的数据导出与导入工具进行介绍。

学习目标

- 了解 Export/Import 工具的作用。
- 了解 Export 导出模式。
- 了解 Export 参数的含义。
- 学会根据需求设置 Export 参数并导出数据。
- 学会使用 Import 导入文件。
- 了解 Import 参数的含义。
- 学会使用 Export/Import 工具进行表空间传输。
- 学会使用 SQL*Loader 载入数据。

13.1 EXPDP 和 IMPDP 概述

数据泵导出是 Oracle 10g 后新增加的功能，它使用工具 EXPDP 将数据库对象的元数据(对象结构)或数据导出到转储文件中。而数据泵导入则是使用工具 IMPDP 将转储文件中的元数据或数据导入到 Oracle 数据库中。例如，当 EMP 表被意外删除，那么可以使用 IMPDP 工具导入 EMP 的结构信息和数据，从而恢复 EMP 表。

使用数据泵导出或导入操作时，可以获得如下好处。

(1) 数据泵导出与导入可以实现逻辑备份和逻辑恢复。通过使用 EXPDP，可以将数据库对象备份到转储文件中；当发生意外时，可以使用 IMPDP 将转储文件中的对象和数据导入到数据库进行恢复。

(2) 数据泵导出和导入可以在数据库用户之间移动对象。例如，使有 EXPDP 可以将 SCOTT 模式中的对象导出存储在转储文件中，然后使用 IMPDP 将转储文件中的对象导入到其他数据库用户中。

(3) 使用数据泵导入可以在数据库之间移动对象。

(4) 数据泵可以实现表空间的转移，既将一个数据库中的表空间移动到别一个数据库中。

在 Oracle 11g 中，进行数据导入或导出操作时，既可以使用传统的导出/导入工具 EXP 和 IMP 完成，也可以使用数据泵 EXPDP 和 IMPDP 导出/导入数据。但是，由于工具 EXPDP 和 IMPDP 的速度优于 EXP 和 IMP，所以建议在 Oracle 11g 中使用 EXPDP 执行数据导出，使有工具 IMPDP 执行数据导入。

13.2　使用 EXPDP 导出数据

Oracle 提供的 EXPDP 可以用来将数据从一个数据库转移到其他数据库，或者对数据进行逻辑备份处理。在使用 EXPORT 工具进行导出操作时，数据库中的模式对象将被提取到一个二进制文件中，数据库中与这个模式相关的其他对象也将同时导出。用户可以利用 Import 工具将导出的二进制文件重新导入到其他 Oracle 数据库中。在默认情况下，Export 导出的文件扩展名为.dmp。

13.2.1　导出数据前的准备

EXPDP 是服务端工具，这意味着该工具只能在 Oracle 服务器端使用，而不能在 Oracle 客户端使用。通过在命令提示符窗口中输入 EXPDP HELP 命令，可以查看 EXPDP 的帮助信息，从中可以看到如何调用 EXPDP 导出数据。

【例 13.1】执行 EXPDP 命令指定 HELP 参数，来查看 EXPDP 命令的基本使用方法。相关命令及执行结果如下：

```
C:\Users\Administrator>EXPDP HELP = y
...
数据泵导出实用程序提供了一种用于在 Oracle 数据库之间传输
数据对象的机制。该实用程序可以使用以下命令进行调用：

   示例: expdp scott/tiger DIRECTORY=dmpdir DUMPFILE=scott.dmp

您可以控制导出的运行方式。具体方法是: 在 'expdp' 命令后输入
各种参数。要指定各参数，请使用关键字:

 格式:  expdp KEYWORD=value 或 KEYWORD=(value1,value2,...,valueN)
 示例: expdp scott/tiger DUMPFILE=scott.dmp DIRECTORY=dmpdir SCHEMAS=scott
           或 TABLES=(T1:P1,T1:P2), 如果 T1 是分区表

 ...
```

在上述语句的执行结果中，不仅演示了 EXPDP 导出数据的示例，还显示了一些关键字和关键字的说明信息。

需要注意，EXPDP 工具只能将导出的转储文件存放在 DIRECTORY 对象对应的 OS 目录中，而不能直接指定转储文件所在的 OS 目录。因此，使用 EXPDP 工具时，必须首先建立 DIRECTORY 对象，并且需要为数据库用户授予使用 DIRECTORY 对象的权限。

【例 13.2】创建 DIRECTORY 目录对象。相关命令及执行结果如下：

```
SQL> conn system/password
已连接。
SQL> CREATE OR REPLACE DIRECTORY dump_dir
  2  AS 'E:\OracleData\dump';
```

目录已创建。

要访问该目录，用户必须拥有该目录上的 READ 和 WRITE 权限。下面将相应的权限授予 scott 用户。

【例 13.3】将对目录对象的读写权限授予用户 SCOTT。相关命令及执行结果如下：

```
SQL> GRANT READ,WRITE ON DIRECTORY dump_dir TO scott;
```

授权成功。

通过数据字典视图 dba_directories 查看所创建的目录对象的信息。相关命令及执行结果如下：

```
SQL> COL directory_path for a20
SQL> COL owner for a10
SQL> COL directory_name for a10
SQL> SELECT * FROM dba_directories WHERE directory_name = 'DUMP_DIR';

OWNER       DIRECTORY_  DIRECTORY_PATH
----------  ----------  --------------------
SYS         DUMP_DIR    E:\OracleData\dump
```

13.2.2　执行导出命令

根据要导出的对象的类型，从单个表到整个数据库，可以有多种不同的方式来转存数据。Oracle 支持 5 种导出模式，如表 13-1 所示。

表 13-1　导出模式

模　式	使用的参数	说　明	操作角色
Full(全库)	FULL	导出整个数据库	必须拥有 EXP_FULL_DATABASE 角色
Schema(模式)	SCHEMAS	导出一个或多个用户模式中的数据和元数据	如果拥有 EXP_FULL_DATABASE 角色，可以导出任何模式，否则只能导出自己的模式
Table(表)	TABLES	导出一组特定的表	拥有 EXP_FULL_DATABASE 角色，可以导出任何模式的表，否则只能导出自己模式中的表
Tablespace(表空间)	TABLESPACES	导出一个或多个表空间中的数据	必须拥有 EXP_FULL_DATABASE 角色，才能导出整个表空间
Transportable Tablespace(可移动表空间)	TRANSPORT_TABLESPACES	导出一个或多个表空间中对象的元数据	要求具有 EXP_FULL_DATABASE 角色

注意 Tablespace 模式本质上是一种用于导出一个或多个特定表空间中所有表的快捷方式，特定表空间中的任何相关对象都会被导出，即使这些对象位于另一个表空间中。

1. 导出表

使用 EXPDP 命令时，如果使用 TABLES 参数，并为其指定一个或多个表名称，将导出指定的表信息。

【例 13.4】导出 scott 用户中的 dept 表。相关命令及执行结果如下：

```
C:\>EXPDP scott/tiger DIRECTORY = dump_dir DUMPFILE = scott_dept_3_18.dmp
TABLES = dept

启动 "SCOTT"."SYS_EXPORT_TABLE_01":  scott/******** DIRECTORY = dump_dir
DUMPFIL
E = scott_dept_3_18.dmp TABLES = dept
正在使用 BLOCKS 方法进行估计...
处理对象类型 TABLE_EXPORT/TABLE/TABLE_DATA
使用 BLOCKS 方法的总估计: 64 KB
处理对象类型 TABLE_EXPORT/TABLE/TABLE
处理对象类型 TABLE_EXPORT/TABLE/INDEX/INDEX
处理对象类型 TABLE_EXPORT/TABLE/CONSTRAINT/CONSTRAINT
处理对象类型 TABLE_EXPORT/TABLE/INDEX/FUNCTIONAL_AND_BITMAP/INDEX
处理对象类型
TABLE_EXPORT/TABLE/INDEX/STATISTICS/FUNCTIONAL_AND_BITMAP/INDEX_STA
TISTICS
. . 导出了 "SCOTT"."DEPT"                        6.390 KB        6 行
已成功加载/卸载了主表 "SCOTT"."SYS_EXPORT_TABLE_01"
******************************************************************
SCOTT.SYS_EXPORT_TABLE_01 的转储文件集为:
  E:\ORACLEDATA\DUMP\SCOTT_DEPT_3_18.DMP
作业 "SCOTT"."SYS_EXPORT_TABLE_01" 已于 10:37:05 成功完成
```

这里将 scott 用户下的 dept 表导出到 dump_dir 目录中，保存文件名为 scott_dept_3_18.dmp。若要导出其他表，只要修改 TABLES 参数即可。

2. 导出指定的用户模式

使用 EXPDP 命令时指定 SCHEMAS 参数，将导出指定用户模式中的所有数据库对象。

【例 13.5】导出 scott 用户中的所有对象信息。相关命令及执行结果如下：

```
C:\>EXPDP system/password DIRECTORY=dump_dir DUMPFILE=scott_3_18.dmp
SCHEMAS=scott NOLOGFILE = y;
 ….

启动 "SYSTEM"."SYS_EXPORT_SCHEMA_01":  system/******** DIRECTORY=dump_dir
DUMPFI
LE=scott_3_18.dmp SCHEMAS=scott NOLOGFILE = y;
正在使用 BLOCKS 方法进行估计...
```

```
处理对象类型 SCHEMA_EXPORT/TABLE/TABLE_DATA
使用 BLOCKS 方法的总估计: 256 KB
处理对象类型 SCHEMA_EXPORT/USER
处理对象类型 SCHEMA_EXPORT/SYSTEM_GRANT

   ….
ATISTICS
. . 导出了 "SCOTT"."DEPT"                          6.390 KB         6 行
. . 导出了 "SCOTT"."EMP"                           8.617 KB        15 行
. . 导出了 "SCOTT"."EMP_LOG"                        5.929 KB         5 行
. . 导出了 "SCOTT"."SALGRADE"                       5.867 KB         5 行
. . 导出了 "SCOTT"."BONUS"                             0 KB         0 行
. . 导出了 "SCOTT"."SALES_EMP"                         0 KB         0 行
已成功加载/卸载了主表 "SYSTEM"."SYS_EXPORT_SCHEMA_01"
**************************************************************************
*SYSTEM.SYS_EXPORT_SCHEMA_01 的转储文件集为:
  E:\ORACLEDATA\DUMP\SCOTT_3_18.DMP
作业 "SYSTEM"."SYS_EXPORT_SCHEMA_01" 已于 11:29:07 成功完成
```

3. 导出表空间

使用 EXPDP 命令时指定 TABLESPACES 参数，将导出指定表空间中的所有数据库对象。

【例 13.6】从 example 表空间中导出数据进行备份。相关命令及执行结果如下:

```
C:\>EXPDP system/System2017 DIRECTORY = dump_dir DUMPFILE = example_3_17.dmp
TABLESPACES = example
…
DUMPFILE = example_3_17.dmp TABLESPACES = example
正在使用 BLOCKS 方法进行估计...
处理对象类型 TABLE_EXPORT/TABLE/TABLE_DATA
使用 BLOCKS 方法的总估计: 50.68 MB
处理对象类型 TABLE_EXPORT/TABLE/TABLE
处理对象类型 TABLE_EXPORT/TABLE/GRANT/OWNER_GRANT/OBJECT_GRANT
处理对象类型 TABLE_EXPORT/TABLE/INDEX/INDEX
处理对象类型 TABLE_EXPORT/TABLE/CONSTRAINT/CONSTRAINT
…

. . 导出了 "SH"."SALES":"SALES_Q2_2003"              0 KB         0 行
. . 导出了 "SH"."SALES":"SALES_Q3_2002"              0 KB         0 行
. . 导出了 "SH"."SALES":"SALES_Q3_2003"              0 KB         0 行
. . 导出了 "SH"."SALES":"SALES_Q4_2002"              0 KB         0 行
. . 导出了 "SH"."SALES":"SALES_Q4_2003"              0 KB         0 行
已成功加载/卸载了主表 "SYSTEM"."SYS_EXPORT_TABLESPACE_01"
**************************************************************************
SYSTEM.SYS_EXPORT_TABLESPACE_01 的转储文件集为:
  E:\ORACLEDATA\DUMP\EXAMPLE_3_17.DMP
作业 "SYSTEM"."SYS_EXPORT_TABLESPACE_01" 已于 15:50:04 成功完成
```

4．导出数据库

使用 EXPDP 命令时指定 FULL 参数，将导出数据库的所有对象，包括数据库元数据、数据和所有对象的转储。

【例 13.7】导出默认数据库中的所有对象。相关命令如下：

```
C:\>EXPDP system/password DIRECTORY=dump_dir DUMPFILE = expdb.dmp FULL = y
```

13.2.3 导出参数

在了解 Export 工具最基本的用法后，现在有必要了解 Export 命令的基本参数。使用 EXPDP HEL 命令系统列出这些参数的使用方法和说明。这些参数可以被分为两类：命令行参数、交互命令参数。下面将分别介绍这两部分的具体内容。

1．EXPDP 命令行参数

在上面的示例中已经使用了命令行参数，如在命令行中提供的用户名和口令、导出文件存储目录等。表 13-2 列出了 EXPDP 命令行参数。

表 13-2　使用 EXPDP 命令可以带有的参数

参　　数	说　　明
HELP	导出命令选项的帮助信息。默认为 n。当设置为 y 时，会显示导出选项的帮助信息。例如 EXPDP HELP = y
COMPRESS	指定要压缩的数据，可选值为：metadata_only(仅压缩元数据，数据保持不变)、data_only(仅压缩数据，元数据保持不变)、all(同时压缩元数据和数据)、none(默认选项，不执行任何压缩)
CONTENT	筛选导出的内容，可选值有：all(同时导出元数据和数据，默认值)、data_only(仅导出数据)、metadata_only(仅导出元数据)。例如 EXPDP scott/tiger DIRECTORY = dump DUMPFILE = a.dmp CONTENT = metadata_only
DATA_OPTIONS	指定如何处理某些异常。从 Oracle Database 11g 开始，唯一有效值为 skip_constraint_errors
DIRECTORY	指定用于日志文件和转储文件使用的目录对象。用法为 DIRECTORY = directory_object，其中 directory_object 指定目录对象名称。目录对象是使用 CREATE DIRECTORY 语句建立的对象，而不是操作系统中的目录
DUMPFILE	指定转储文件名称，默认名称为 expdat.dmp。用法为 DUMPFILE = [directory_object:] file_name [,…]。其中 directory_object 用于指定目录对象名；file_name 用于指定转储文件名。如果不指定 directory_object，导出工具会自动使用 DIRECTORY 选项指定的目录对象

续表

参　　数	说　　明
ENCRYPTION	加密部分或全部转储文件，其中有效关键字的值有：all、data_only、encrypted_columns_only(只加密写入到存储文件中的列)、metadata_only 和 none
ENCRYPTION_ALGORITHM	使用的加密方法，可选值有：AES128、AES192 或 AES256
ENCRYPTION_MODE	生成加密密钥的方法，可选值有：dual、password 和 transparent
ENCRYPTION_PASSWORD	用于创建加密列数据的口令关键字
ESTIMATE	作业计算估计值，有效值有 blocks 和 statistics。默认值为 blocks。设置为 blocks 时，Oracle 会按照目标对象所占用的数据块个数乘以数据块尺寸来估算对象占用的空间；设置为 statistics 时，根据最近统计值估算对象占用空间。例如 EXPDP scott/tiger TABLES = emp ESTIMATE = statistics
ESTIMATE_ONLY	是否只估算导出作业所占用的磁盘空间。设置值为 y 时，只进行估算，而不执行导出；如果参数值为 n，则估算作用，并且执行导出。例如 EXPDP scott/tiger ESTIMATE_ONLY = y NOLOGFILE = y
EXCLUDE	排除特定的对象类型，EXCLUDE 和 INCLUDE 不能同时使用。例如 EXPDP scott/tiger DIRECTORY = dump DUMPFILE = a.dmp EXCLUDE = VIEW，表示在导出时排除所有的视图对象
FILESIZE	以字节为单位指定每个转储文件的大小。默认值为 0，表示文件没有大小限制
FLASHBACK_SCN	指定导出特定 SCN 时刻的表数据。用法为 FLASHBACK_SCN = scn_value，其中 scn_value 是一个 SCN 值。例如 EXPDP scott/tiger DIRECTORY = dump DUMPFILE = a.dmp FLASHBACK_SCN = 358523
FLASHBACK_TIME	导出特定时间点的表数据。例如 EXPDP scott/tiger DIRECTORY = dump DUMPFILE = a.dmp FLASHBACK_TIME = "TO_TIMESTAMP ('10-09-2009 14:35:00', 'DD-MM-YYYY HH24:MI: SS')"。FLASHBACK_SCN 和 FLASHBACK_TIME 不能同时使用
INCLUDE	包括特定的对象类型
JOB_NAME	要创建的导出作业的名称，默认情况下是系统生成的
LOGFILE	日志文件名
NETWORK_LINK	连接到源系统的远程数据库的名称
NOLOGFILE	是否不写入日志文件，默认值为 n
PARFILE	指定参数文件
PARALLEL	为 Data Pump Export 作业设置工作进程的数量。默认值为 1
QUERY	用于在导出过程中从表中筛选行，例如，QUERY=employees: "WHERE department_id > 10"

参　数	说　明
REMAP_DATA	指定数据转换函数
REUSE_DUMPFILES	指定文件存在时，是否覆盖已有的转储文件。默认值为 n，表示不覆盖
SAMPLE	指出导出的数据的百分比，以便从每个表中选择一定百分比的行
STATUS	显示 Data Pump 作业的状态
ATTACH	连接到当前作业。ATTACH = [schema_name.] job_name，其中 schema_name 用于指定模式名；job_name 用于指定导出作业名。使用 ATTACH 选项时,在命令行除了连接字符串和 ATTACH 选项外，不能指定任何其他选项。例如：EXPDP scott/tiger ATTACH = scott.export_job
VERSION	要导出的对象的版本。VERSION = { compatible | latest | version_string }，其中，compatible 用于指定根据该参数值生成对象元数据；latest 用于指定根据数据库的实际版本生成对象元数据；version_string 用于指定任何有效的数据库版本字符串
TRANSPORTABLE	指定是否可以使用可传输方法，可选值有 always、never
FULL	是否导出整个数据库，默认值为 n
SCHEMAS	要导出的模式的列表
TABLES	标识要导出的表的列表
TABLESPACES	标识要导出的表空间的列表
TRANSPORT_TABLESPACES	要从中卸载元数据的表空间的列表
TRANSPORT_FULL_CHECK	指定是否验证正在导出的表空间是一个自包含集。默认值为 n，表示导出作用只检查单端依赖，如果迁移索引所在表空间，但未迁移表所在表空间，将显示出错信息；如果迁移表所在表空间，未迁移索引所在表空间，则不会显示错误信息。当设置为 y 时，检查表空间的完整关联关系，即表所在表空间或其索引所在的表空间中，只要有一个表空间被迁移，将显示错误信息

【例 13.8】导出 SCOTT 用户的所有模式对象，但不包含索引对象。相关命令如下：

```
C:\>expdp system/System2017  directory= dump_dir
dumpfile= scott_exclude.dmp logfile= scott_exclude.log
SCHEMAS=scott EXCLUDE=index
```

【例 13.9】通过指定参数文件导出数据库对象。相关命令及执行结果如下：

```
C:\>expdp parfile=expdp.txt
…
. . 导出了 "SCOTT"."EMP"                          8.203 KB      5 行
已成功加载/卸载了主表 "SCOTT"."SYS_EXPORT_TABLE_01"
****************************************************************************
```

```
SCOTT.SYS_EXPORT_TABLE_01 的转储文件集为:
 E:\ORACLEDATA\DUMP\SCOTT_EMP_DEPT20.DMP
作业 "SCOTT"."SYS_EXPORT_TABLE_01" 已于 15:03:11 成功完成
```

在参数文件中设置只导出部门编号为 20 的员工信息。Expdp 参数文件设置如下:

```
USERID=scott/tiger
DIRECTORY=dump_dir
DUMPFILE=scott_emp_dept20.dmp
LOGFILE=scott_emp_dept20.log
TABLES='emp'
QUERY='where deptno=20'
```

2. 交互命令参数

在 Oracle 数据泵操作中使用 Ctrl+C 组合键，可以将数据泵操作转移到后台执行，然后 Oracle 会将 EXPDP 设置为交互模式。将 EXPDP 设置为交互模式后，可以在 Data Pump 界面执行表 13-3 中列出的命令。

表 13-3　Data Pump Export 的操作命令

参　数	说　明
ADD_FILE	向转储文件集中添加转储文件
CONTINUE_CLIENT	返回到记录模式。如果处于空闲状态，将重新启动作业
EXIT_CLIENT	退出客户机会话并使作业处于运行状态
FILESIZE	ADD_FILE 命令的默认文件大小(字节)
HELP	显示用于导入的联机帮助
KILL_JOB	分离和删除作业
PARALLEL	改变用于 Data Pump Export 作业的工作进程的数量
START_JOB	启动/恢复当前作业
STATUS	显示 Data Pump Export 作业的状态
REUSE_DUMPFILES	是否覆盖现有的转储文件。设置为 y 时，现在的转储文件将被覆盖；当使用默认值 n 时，如果转储文件已经存在就会产生一个错误
STOP_JOB	依次关闭执行的作业并退出客户机。STOP_JOB = immediate 将立即关闭数据泵作业

13.3　使用 IMPDP 导入数据

IMPDP 工具的作用是读取 EXPDP 导出的文件，然后将读取的数据导入到数据库中。在安装 Oracle 的过程中会自动安装 IMPDP 工具。在使用 IMPDP 导入数据时，必须为它指定一个由 EXPDP 生成的导出文件，并且 IMPDP 只能读由 EXPDP 导出的文件。

13.3.1 IMPDP 命令参数

在使用 IMPDP 导入数据前,我们先来看看 IMPDP 工具的命令行参数。与 EXPDP 类似,可以通过在 IMPDP 命令中添加 HELP 参数来查看。

【例 13.10】在 IMPDP 命令中指定 HELP 参数,查看 IMPDP 命令的所有参数信息。相关命令及执行结果如下:

```
C:\>impdp -help
```

数据泵导入实用程序提供了一种用于在 Oracle 数据库之间传输
数据对象的机制。该实用程序可以使用以下命令进行调用:

```
   示例: impdp scott/tiger DIRECTORY=dmpdir DUMPFILE=scott.dmp
```

您可以控制导入的运行方式。具体方法是: 在 'impdp' 命令后输入
各种参数。要指定各参数, 请使用关键字:

```
   格式:  impdp KEYWORD=value 或 KEYWORD=(value1,value2,...,valueN)
   示例: impdp scott/tiger DIRECTORY=dmpdir DUMPFILE=scott.dmp
```

USERID 必须是命令行中的第一个参数。

```
----------------------------------------------------------------------
```

以下是可用关键字和它们的说明。方括号中列出的是默认值。

```
ATTACH
连接到现有作业。
例如, ATTACH=job_name。

CONTENT
指定要加载的数据。
有效的关键字为: [ALL], DATA_ONLY 和 METADATA_ONLY。

DATA_OPTIONS
数据层选项标记。
有效的关键字为: SKIP_CONSTRAINT_ERRORS。

DIRECTORY
用于转储文件, 日志文件和 SQL 文件的目录对象。

...
```

在上述语句的执行结果中, 显示了一些关键字及其说明信息, 这些关键字可以被分为两类: IMPDP 应用程序可以带有的参数、交互界面中所使用的命令。下面分别介绍这两部分的具体内容。

1. IMPDP 命令的参数

在 IMPDP 应用程序中, 可以使用表 13-4 列出的参数。

表 13-4　使用 IMPDP 命令可以带有的参数

参　　数	说　　明
HELP	是否显示用于导入的联机帮助
CONTENT	指定要加载的数据，可选值有：all、data_only 和 metadata_only
DATA_OPTIONS	数据层标记，其中唯一有效的值是 skip_constraint_errors，表示约束条件的错误级别是"不严重"
DIRECTORY	可以让转储文件、日志文件和 SQL 文件使用的目录对象
DUMPFILE	需要导入的转储文件的列表，例如 DUMPFILE = scott1.dmp
ENCRYPTION_PASSWORD	用于访问加密列数据的口令关键字
ESTIMATE	计算作业估计值，其中有效关键字为 blocks 和 statistics
EXCLUDE	排除特定的对象类型，例如 EXCLUDE = TABLE.emp
FLASHBACK_SCN	用于将会话设置回以前状态的 SCN
FLASHBACK_TIME	用于获取最接近指定时间的 SCN 的时间
INCLUDE	包括特定的对象类型
JOB_NAME	要创建的导入作业的名称
LOGFILE	日志文件名
NETWORK_LINK	链接到源系统的远程数据库的名称
NOLOGFILE	是否不写入日志文件，默认值为 n
PARFILE	指定参数文件
PARALLEL	为 Data Pump Import 作业设置工作进程的数量
PARTITION_OPTIONS	设置如何转换分区，参数值为：none(创建与源分区具有相同特征的分区)、merge(将分区合并成一个表)、departition(为每个源分区创建一个新表)
QUERY	在导入过程中从表中筛选行
REMAP_DATAFILE	在所有 DDL 语句中重新定义数据文件引用
REMAP_SCHEMA	允许将传送到模式的对象映射到另一个模式
REMAP_TABLE	在导入过程中将指定的表映射到另一个表
REMAP_TABLESPACE	将从源表空间导出的数据导入到目标表空间
REUSE_DATAFILES	如果表空间已经存在，是否将其初始化。默认值为 n，表示不进行初始化
SKIP_UNUSABLE_INDEXES	跳过设置为无用索引状态的索引
SQLFILE	将所有的 SQL DDL 写入指定的文件
STATUS	显示 Data Pump 作业的状态
STREAMS_CONFIGURATION	是否导入元数据，默认值为 y
TABLE_EXISTS_ACTION	导入对象已经存在时执行的操作。可选值有：skip(默认值，不加载数据，并且继续处理下一个对象)、append(附加已经在表中存在的数据)、replace(如果表存在则删除该表，重新创建表并加载数据)、truncate(在加载前移除所有的行)

参　数	说　明
FULL	是否从源数据导入全部对象，默认值为 n
SCHEMAS	导入一个 Schema 模式
TABLES	将 Table 模式导入表
TABLESPACES	将导入的一个 Tablespace 表空间
TRANSPORT_TABLESPACES	指定一个 Transportable Tablespace 模式导入的表空间
TRANSFORM	要应用于适用对象的元数据转换，可选值有 segment_attributes、storage、oid 和 pctspace
TRANSPORT_DATAFILES	按照可传输模式导入的数据文件的列表
TRANSPORT_FULL_CHECK	指定是否验证所有表的存储段，默认值为 n
TRANSPORTTABLE	用于选择可传输数据移动的选项。可选值有：always 和 never
VERSION	要导出的对象的版本，可选值有：compatible、latest 或任何有效的数据库版本

2．IMPDP 交互模式中的命令列表

在将 IMPDP 设置为交互模式后，可以在命令行执行表 13-5 列出的命令。

表 13-5　Data Pump Import 的操作命令

参　数	说　明
CONTINUE_CLIENT	退出交互模式，并进入日志模式。如果处于空闲状态，将会重新启动作业
EXIT_CLIENT	返回客户机会话并使作业处于运行状态
HELP	显示用于导入的联机帮助
KILL_JOB	分离和删除作业
PARALLEL	改变用于 Data Pump Import 作业的工作进程的数量
START_JOB	启动/恢复当前作业。START_JOB = skip_current 表示在开始作业之前，将跳过作业停止时执行的任意操作
STATUS	显示 Data Pump Import 作业的状态
STOP_JOB	依次关闭执行的作业并退出客户机。STOP_JOB = immediate 将立即关闭数据泵作业

13.3.2　实现数据导入

与 EXPDP 中的导出方式相对应，数据泵导入也有 5 种模式：Full、Schema、Table、Tablespace 和 Transportable Tablespace，如表 13-6 所示。

表 13-6　Data Pump Import 的 5 种导入模式

模　　式	使用的参数	说　　明	操作角色
Full(全库)	FULL	导入数据库的所有数据和元数据	如果转储文件使用 EXP_FULL_DATABASE 角色导出，那么必须拥有 IMP_FULL_DATABASE 角色
Schema(模式)	SCHEMAS	导入模式中的数据和元数据	如果拥有 IMP_FULL_DATABASE 角色，可以导入任何模式，否则只能导入自己的模式
Table(表)	TABLES	导入表和表分区的数据和元数据	拥有 IMP_FULL_DATABASE 角色，可以导入任何模式的表，否则只能导入自己模式中的表
Tablespace(表空间)	TABLESPACES	导入表空间的数据和元数据	必须拥有 IMP_FULL_DATABASE 角色，才能导入整个表空间
Transportable Tablespace (可移动表空间)	TRANSPORT_TABLESPACES	导入特定表空间的元数据	具有 IMP_FULL_DATABASE 角色

如果未指定模式，则 Data Pump Import 将试图加载整个转储文件。

1．导入表

在 IMPDP 命令执行导入时，如果指定 TABLES 参数，那么可以将使用 EXPDP 命令导出的表数据导入进来。同时，使用 DIRECTORY 参数可以指定导入文件所对应的目录对象；使用 DUMPFILE 参数指定所要导入的文件，该文件必须是使用 EXPDP 命令导出的。

【例 13.11】导入前面导出的 dept 表备份数据。相关命令及执行结果如下：

```
C:\>IMPDP scott/tiger DIRECTORY = dump_dir DUMPFILE = scott_dept_3_18.dmp
TABLES = dept TABLE_EXISTS_ACTION = replace
...
已成功加载/卸载了主表 "SCOTT"."SYS_IMPORT_TABLE_01"
启动 "SCOTT"."SYS_IMPORT_TABLE_01": scott/******** DIRECTORY = dump_dir
DUMPFIL
E = scott_dept_3_18.dmp TABLES = dept TABLE_EXISTS_ACTION = replace
处理对象类型 TABLE_EXPORT/TABLE/TABLE
处理对象类型 TABLE_EXPORT/TABLE/TABLE_DATA
. . 导入了 "SCOTT"."DEPT"                          6.390 KB      6 行
处理对象类型 TABLE_EXPORT/TABLE/INDEX/INDEX
处理对象类型 TABLE_EXPORT/TABLE/CONSTRAINT/CONSTRAINT
处理对象类型 TABLE_EXPORT/TABLE/INDEX/FUNCTIONAL_AND_BITMAP/INDEX
处理对象类型
TABLE_EXPORT/TABLE/INDEX/STATISTICS/FUNCTIONAL_AND_BITMAP/INDEX_STA
TISTICS
```

作业 "SCOTT"."SYS_IMPORT_TABLE_01" 已于 10:38:50 成功完成

Import: Release 11.1.0.6.0 - Production on 星期六, 12 9月, 2009 9:34:15

Copyright (c) 2003, 2007, Oracle. All rights reserved.

连接到: Oracle Database 11g Enterprise Edition Release 11.1.0.6.0 - Production
With the Partitioning, OLAP, Data Mining and Real Application Testing options
已成功加载/卸载了主表 "SYSTEM"."SYS_IMPORT_TABLE_01"
启动 "SYSTEM"."SYS_IMPORT_TABLE_01": system/******** DIRECTORY = mypump
DUMPFILE = exptab.dmp TABLES = dept , emp
处理对象类型 TABLE_EXPORT/TABLE/TABLE
. . 导入了 "SCOTT"."DEPT"   5.937 KB   4 行
. . 导入了 "SCOTT"."EMP"   8.578 KB   15 行
处理对象类型 TABLE_EXPORT/TABLE/TABLE_DATA
处理对象类型 TABLE_EXPORT/TABLE/INDEX/INDEX
处理对象类型 TABLE_EXPORT/TABLE/CONSTRAINT/CONSTRAINT
处理对象类型 TABLE_EXPORT/TABLE/INDEX/STATISTICS/INDEX_STATISTICS
处理对象类型 TABLE_EXPORT/TABLE/CONSTRAINT/REF_CONSTRAINT
处理对象类型 TABLE_EXPORT/TABLE/STATISTICS/TABLE_STATISTICS
作业 "SYSTEM"."SYS_IMPORT_TABLE_01"已于 09:34:31 成功完成

在执行导入语句中，指定 TABLE_EXISTS_ACTION 选项为 replace，表示如果要导入的对象已经存在，则覆盖该对象并加载数据。

在执行 IMPDP 语句导入表时，使用 DIRECTORY 和 DUMPFILE 参数指定的数据备份 scott_dept_3_18.dmp 文件必须存在。

另外，在 IMPDP 命令中 USEID 指定 scott/tiger，表示将数据导入到 scott 模式中。但是，也可以导入到其他模式中，例如，将 dept 表导入到 system 模式中，语句如下：

```
C:\>IMPDP system/password DIRECTORY = dump_dir DUMPFILE =
scott_dept_3_18.dmp TABLES = dept REMAP_SCHEMA = scott : system
```

将导出的一个模式(如 scott)中的内容导入到另一个模式(如 system)中，必须使用 REMAP_SCHEMA 参数。

2．导入指定的模式

使用 IMPDP 命令执行导入时，如果指定 SCHEMAS 参数，可以导入一个指定的用户模式。

【例 13.12】使用 IMPDP 命令将备份的用户模式数据文件导入到 scott 模式中。相关命令及执行结果如下：

```
C:\>IMPDP scott/tiger DIRECTORY = dump_dir DUMPFILE = scott_3_18.dmp
SCHEMAS=scott
…
已成功加载/卸载了主表 "SCOTT"."SYS_IMPORT_SCHEMA_01"
```

启动 "SCOTT"."SYS_IMPORT_SCHEMA_01":　scott/******** DIRECTORY = dump_dir
DUMPFI
LE = scott_3_18.dmp SCHEMAS=scott
处理对象类型 SCHEMA_EXPORT/USER
ORA-39083: 对象类型 USER 创建失败，出现错误：
ORA-31625: 必须有方案 SYSTEM 才能导入此对象，但此方案不可访问
ORA-01031: 权限不足
失败的 sql 为：

ORA-39083: 对象类型 SYSTEM_GRANT 创建失败，出现错误：
ORA-31625: 必须有方案 SYSTEM 才能导入此对象，但此方案不可访问
ORA-01031: 权限不足
失败的 sql 为：
GRANT UNLIMITED TABLESPACE TO "SCOTT"

...
ORA-39151: 表 "SCOTT"."EMP_LOG" 已存在。由于跳过了 table_exists_action，将跳过
所有相关元数据和数据。
处理对象类型 SCHEMA_EXPORT/TABLE/TABLE_DATA
. . 导入了 "SCOTT"."EMP"   8.617 KB   15 行
...
作业 "SCOTT"."SYS_IMPORT_SCHEMA_01" 已经完成，但是有 28 个错误 (于 11:15:33 完
成在进行数据恢复前，删除了 SCOTT 用户的 EMP 表，执行 IMPDP 命令后 EMP 表将被恢复。

如果要将导出的备份数据导入到 system 模式中，所使用的 IMPDP 语句如下：

C:\ >IMPDP system/admin DIRECTORY = dump_dir DUMPFILE = scott_3_18.dmp
REMAP_SCHEMA = scott : system

3. 导入表空间

使用 IMPDP 命令执行导入时，如果指定 **TABLESPACES** 参数，可以将使用 EXPDP 命
令导出的表空间数据导入进来。

【**例 13.13**】使用 IMPDP 命令将备份的表空间文件导入到 users 表空间中。相关命令及
执行结果如下：

C:\>IMPDP system/System2017 DIRECTORY = dump_dir DUMPFILE = example_3_17.dmp
TABLESPACES = example
...
已成功加载/卸载了主表 "SYSTEM"."SYS_IMPORT_TABLESPACE_01"
启动 "SYSTEM"."SYS_IMPORT_TABLESPACE_01": system/******** DIRECTORY =
dump_dir
DUMPFILE = example_3_17.dmp TABLESPACES = example
处理对象类型 TABLE_EXPORT/TABLE/TABLE
ORA-39151: 表 "SH"."SALES" 已存在。由于跳过了 table_exists_action，将跳过所有相
关元数据和数据。
ORA-39151: 表 "SH"."COSTS" 已存在。由于跳过了 table_exists_action，将跳过所有相
关元数据和数据。
...

在使用 IMPDP 命令执行导入的语句中，同样也可以使用类似 EXCLUDE、INCLUDE 和 QUERY 等参数，用来对需要导入的数据进行过滤。

4．导入数据库

使用 IMPDP 命令执行导入时，如果指定 FULL 参数，可以将使用 EXPDP 命令导出的整个数据库数据导入进来。

【例 13.14】使用 IMPDP 命令恢复整个数据库。相关命令如下：

```
C:\>IMPDP system/System2017 DIRECTORY = dump_dir DUMPFILE = expdb.dmp FULL
= y
```

13.4 使用 EXPDP 和 IMPDP 工具传输表空间

Oracle 数据库在逻辑上由多个表空间组成，因此可以将一个 Oracle 数据库看作是由若干表空间组成的。在 Oracle 中，如果一个表空间满足某些特定的条件，则可以对该表空间进行迁移。即将某个表空间从一个数据库中提取出来，然后将它安装到另一个数据库中。

在迁移表空间时，首先利用导出工具将表空间的结构信息从源数据库中导出，然后直接复制这个表空间对应的数据文件，最后将数据文件和表空间的结构信息导入到目标数据库中。由于不需要直接导出/导入任何实际的数据，而实际的数据是通过复制数据文件来进行迁移的，所以迁移表空间要比通过导出/导入数据的方式快得多。

源数据库与目标数据库必须运行在相同的硬件与操作系统平台上。例如，运行在 Windows 平台下的 Oracle 数据库，与运行在 Linux 平台下的数据库之间就不能进行表空间的迁移。

在迁移表空间时，需要注意以下几点限制。

(1) 源数据库和目标数据库必须具有相同的字符集。

(2) 在目标数据库中不能存在与迁移表空间同名的表空间。

(3) 在迁移表空间中不能包含基于函数的索引等类型的对象。

(4) 不能迁移系统表空间 SYSTEM。

在两个数据库之间迁移表空间的操作步骤如下。

1．确定表空间是否是自包含的

被迁移的表空间必须是自包含的。自包含的含义是在被传输的表空间集合里的所有对象，不会参考到该表空间以外的其他对象。例如，索引在这个表空间集合内，但是索引指向的表在其他表空间之外，这种表空间不满足自包含性。Oracle 提供了过程 dbms_tts.transport_set_check，可以用来检查一个表空间集合是否是自包含的。

【例 13.15】检查表空间是否为自包含的。相关命令及执行结果如下：

```
SQL> connect system/password as sysdba
已连接。
SQL> execute dbms_tts.transport_set_check ('EXAMPLE',true);
```

PL/SQL 过程已成功完成。

执行完过程后，查询视图 TRANSPORT_SET_VIOLATIONS 查看检查结果。相关命令如下：

```
SQL> SELECT * FROM transport_set_violations;
```

未选定行

如果在 TRANSPORT_SET_VIOLATIONS 视图中没有查找到任何行，这表示表空间没有外部相关对象，或者属于 sys 拥有的任何对象，即该表空间满足自包含性。

2. 设置要迁移的表空间为 READ ONLY 状态

将表空间设置为只读方式，只是为了防止迁移表空间过程中表空间数据发生改变。

【例 13.16】设置表空间为只读状态。相关命令及执行结果如下：

```
SQL> alter tablespace example read only;
表空间已更改。
```

3. 使用 EXPDP 创建元数据

【例 13.17】导出表空间元数据。相关命令及执行结果如下：

```
C:\> EXPDP system/password transport_tablespaces=example directory =
dump_dir dumpfile = example_4_24.dmp

...
启动 "SYSTEM"."SYS_EXPORT_TRANSPORTABLE_01": system/********
transport_tablespa
ces=example directory=dump_dir DUMPFILE = example_4_24.dmp
处理对象类型 TRANSPORTABLE_EXPORT/PLUGTS_BLK
处理对象类型 TRANSPORTABLE_EXPORT/TYPE/TYPE_SPEC
处理对象类型 TRANSPORTABLE_EXPORT/TABLE
处理对象类型 TRANSPORTABLE_EXPORT/GRANT/OWNER_GRANT/OBJECT_GRANT
处理对象类型 TRANSPORTABLE_EXPORT/INDEX
处理对象类型 TRANSPORTABLE_EXPORT/CONSTRAINT/CONSTRAINT
处理对象类型 TRANSPORTABLE_EXPORT/INDEX_STATISTICS
处理对象类型 TRANSPORTABLE_EXPORT/COMMENT
处理对象类型 TRANSPORTABLE_EXPORT/CONSTRAINT/REF_CONSTRAINT
处理对象类型 TRANSPORTABLE_EXPORT/TRIGGER
处理对象类型 TRANSPORTABLE_EXPORT/INDEX/FUNCTIONAL_AND_BITMAP/INDEX
处理对象类型
TRANSPORTABLE_EXPORT/INDEX/STATISTICS/FUNCTIONAL_AND_BITMAP/INDEX_S
TATISTICS
处理对象类型 TRANSPORTABLE_EXPORT/TABLE_STATISTICS
处理对象类型 TRANSPORTABLE_EXPORT/DOMAIN_INDEX/TABLE
处理对象类型 TRANSPORTABLE_EXPORT/DOMAIN_INDEX/SECONDARY_TABLE/INDEX
处理对象类型 TRANSPORTABLE_EXPORT/DOMAIN_INDEX/INDEX
处理对象类型 TRANSPORTABLE_EXPORT/MATERIALIZED_VIEW
处理对象类型 TRANSPORTABLE_EXPORT/POST_INSTANCE/PROCACT_INSTANCE
```

处理对象类型 TRANSPORTABLE_EXPORT/POST_INSTANCE/PROCDEPOBJ
处理对象类型 TRANSPORTABLE_EXPORT/POST_INSTANCE/PLUGTS_BLK
已成功加载/卸载了主表 "SYSTEM"."SYS_EXPORT_TRANSPORTABLE_01"
****
SYSTEM.SYS_EXPORT_TRANSPORTABLE_01 的转储文件集为:
  E:\ORACLEDATA\DUMP\EXAMPLE_4_24.DMP
****
可传输表空间 EXAMPLE 所需的数据文件:
  D:\APP\ADMINISTRATOR\ORADATA\ORCL\EXAMPLE01.DBF
作业 "SYSTEM"."SYS_EXPORT_TRANSPORTABLE_01" 已于 17:46:34 成功完成

4．传送导出的表空间元文件和数据文件

将表空间对应的数据文件，以及 EXP 所生成的导出文件，通过操作系统级的命令复制到目标数据库服务器的指定目录。在所有导出表空间的数据文件已经复制到指定位置后，可以将所有表空间设置为 READ WRITE 状态。

5．使用 IMPDP 导入元数据

【例 13.18】导入表空间元数据。相关命令如下:

C:\>IMPDP system/password DIRECTORY = dump_dir DUMPFILE = example_4_24.dmp
TRANSPORT_TABLESPACES = E:\mydb\example.dbf

成功执行上述语句后，通过数据字典视图 user_tablespaces 检索数据库中是否存在 example 表空间。然后将该表空间修改为可读写状态。相关命令及结果如下:

SQL> ALTER TABLESPACE example READ WRITE;

表空间已更改。

> 在迁移表空间后，必须将表空间从READ ONLY修改为READ WRITE状态，然后才可以将表空间授予用户进行操作。

13.5　SQL* Loader 工具

EXPDP/IMPDP 工具仅可以实现从一个 Oracle 数据库到另一个 Oracle 数据库之间的数据传输，而 SQL*Loader 工具则可以实现将外部数据或其他数据库中的数据添加到 Oracle 数据库。例如，SQL*Loader 可以将 ACCESS 中的数据加载到 Oracle 数据库中。

13.5.1　SQL* Loader 概述

Oracle 提供的数据加载工具 SQL*Loader 可以将外部文件中的数据加载到 Oracle 数据库中。要使用 SQL*Loader 必须编辑一个控制文件(.CTL)及一个数据文件(.DAT)。控制文件用于描述要加载的数据信息，包括数据文件名、数据文件中数据的存储格式、数据的加载方式等。在数据文件中数据的存储格式有两种，即固定格式存储和自由格式存储。固定格式存储的数据按一定规律排列，控制文件通过固定长度将数据分隔。自由格式则是由规定的

分隔符来区分不同字段的数据，将分隔的数据插入到基本表的相关字段中。

　　在 SQL*Loader 执行结束后，系统会自动产生一些文件。这些文件包括日志文件、坏文件，以及被丢掉的文件。其中，日志文件中存储了在加载数据过程中的所有信息；坏文件中包含了 SQL*Loader 或 Oracle 拒绝加载的数据；被丢掉的文件中记录了不满足加载条件而被滤出的数据。用户可以根据这些信息了解加载的结果是否成功。

　　在使用 SQL*Loader 加载数据时，可以使用系统提供的一些参数控制数据加载的方法。

　　【例 13.19】查看 SQL*Loader 的参数信息。相关语句及执行结果如下：

```
C:\>sqlldr
...

用法: SQLLDR keyword=value [,keyword=value,...]

有效的关键字:

    userid -- ORACLE 用户名/口令
   control -- 控制文件名
       log -- 日志文件名
       bad -- 错误文件名
      data -- 数据文件名
   discard -- 废弃文件名
discardmax -- 允许废弃的文件的数目            (全部默认)
      skip -- 要跳过的逻辑记录的数目     (默认 0)
      load -- 要加载的逻辑记录的数目     (全部默认)
    errors -- 允许的错误的数目              (默认 50)
      rows -- 常规路径绑定数组中或直接路径保存数据间的行数
              (默认: 常规路径 64, 所有直接路径)
  bindsize -- 常规路径绑定数组的大小 (以字节计)   (默认 256000)
    silent -- 运行过程中隐藏消息 (标题,反馈,错误,废弃,分区)
    direct -- 使用直接路径                       (默认 FALSE)
   parfile -- 参数文件: 包含参数说明的文件的名称
  parallel -- 执行并行加载                    (默认 FALSE)
      file -- 要从以下对象中分配区的文件
skip_unusable_indexes -- 不允许/允许使用无用的索引或索引分区   (默认 FALSE)
skip_index_maintenance -- 没有维护索引, 将受到影响的索引标记为无用   (默认 FALSE)

commit_discontinued -- 提交加载中断时已加载的行   (默认 FALSE)
  readsize -- 读取缓冲区的大小              (默认 1048576)
external_table -- 使用外部表进行加载; NOT_USED, GENERATE_ONLY, EXECUTE   (默认
NOT_USED)
columnarrayrows -- 直接路径列数组的行数   (默认 5000)
streamsize -- 直接路径流缓冲区的大小 (以字节计)   (默认 256000)
multithreading -- 在直接路径中使用多线程
 resumable -- 启用或禁用当前的可恢复会话   (默认 FALSE)
resumable_name -- 有助于标识可恢复语句的文本字符串
resumable_timeout -- RESUMABLE 的等待时间 (以秒计)   (默认 7200)
date_cache -- 日期转换高速缓存的大小 (以条目计)   (默认 1000)
```

no_index_errors -- 出现任何索引错误时中止加载　(默认 FALSE)

PLEASE NOTE: 命令行参数可以由位置或关键字指定。
前者的例子是 'sqlldr
scott/tiger foo'; 后一种情况的一个示例是 'sqlldr control=foo
userid=scott/tiger'。位置指定参数的时间必须早于
但不可迟于由关键字指定的参数。例如,
允许 'sqlldr scott/tiger control=foo logfile=log', 但是
不允许 'sqlldr scott/tiger control=foo log', 即使
参数 'log' 的位置正确。

13.5.2　加载数据

使用 SQL*Loader 加载数据的关键是编写控制文件。控制文件决定要加载的数据格式。
在控制文件中,根据数据文件的格式,控制文件也分为自由格式与固定格式。如果数据文
件中的数据是按一定规律排列的,则可以使用固定格式加载,控制文件通过数据的固定长
度将数据分隔。如果要加载的数据没有一定格式,则使用自由格式加载,自由格式是由规
定的分隔符将数据区分为不同字段的数据,将不同分隔符的数据插入到基表的相应字段中。
下面使用这两种格式加载数据。

1. 自由格式加载

假设有如下格式的数据文件 EMPLOYEES.txt,现在需要将这批数据导入到数据库中
处理。

```
1110001     司机     张凤梅     3
1110002     司机     张建伟     1
1110003     司机      任艳凤     4
1110006     司机     许斌      1
1110009     司机     张凤梅     3
1110011     司机     侯振勇     1
1110012     司机     李俊兵     1
1110013     司机     张华      3
1110014     司机     陈嵩      3
1110015     司机      韩国珍     3
```

【例 13.20】加载自由格式的数据文件。

(1) 创建与数据结构相同的一个表,以存储要加载的数据。这里创建了一个基表
EMPLOYEES_COPY,结构如下:

```
SQL> conn system/password
已连接。
SQL> create table employees_copy(
  2      empno   number(7),
  3      ename   varchar2(20),
  4      job     varchar2(20),
  5      deptno  number(4)
  6  );
```

表已创建。

(2)　编辑控制文件 EMPLOYEE.CTL，确定加载数据的方式。控制文件的格式如下：

```
load data
infile 'D:\employees.txt'
into table employees_copy
(empno  position(01:07) integer external,
 job    position(08:12) char,
 ename  position(15:20) char,
 deptno position(21:30)        integer external)
```

其中，infile 指定数据源文件，into table 指定添加数据的基本表，还可以使用关键字 APPEND 表示向表追加数据，或使用关键字 REPLACE 覆盖表中原来的数据。加载工具通过 position 将数据分隔，分别存储在相应的字段。

(3)　调用 SQL*Loader 加载数据。相关命令及执行结果如下：

```
C:\>sqlldr tom/tom2017 control=d:\employees.ctl log=d:\emp_log.log

SQL*Loader: Release 11.2.0.1.0 - Production on 星期二 4月 25 16:57:20 2017

达到提交点 - 逻辑记录计数 9
达到提交点 - 逻辑记录计数 10
```

(4)　检查日志文件确认是否有错误数据。相关命令及执行结果如下：

```
SQL*Loader: Release 11.2.0.1.0 - Production on 星期二 4月 25 17:06:35 2017

Copyright (c) 1982, 2009, Oracle and/or its affiliates.  All rights reserved.

控制文件:     d:\employees.ctl
数据文件:     D:\employees.txt
  错误文件:   d:\employees.bad
  废弃文件:   未作指定

(可废弃所有记录)

要加载的数: ALL
要跳过的数: 0
允许的错误: 50
绑定数组: 64 行, 最大 256000 字节
继续:     未作指定
所用路径:      常规

表 EMPLOYEES_COPY,已加载从每个逻辑记录
插入选项对此表 INSERT 生效
```

列名	位置	长度	中止	包装	数据类型
EMPNO	1:7	7			CHARACTER
JOB	8:12	5			CHARACTER
ENAME	15:20	6			CHARACTER
DEPTNO	21:30	10			CHARACTER

```
表 EMPLOYEES_COPY:
  10 行 加载成功。
  由于数据错误, 0 行 没有加载。
  由于所有 WHEN 子句失败, 0 行 没有加载。
  由于所有字段都为空的, 0 行 没有加载。


为绑定数组分配的空间:                    2432 字节 (64 行)
读取    缓冲区字节数: 1048576

跳过的逻辑记录总数:          0
读取的逻辑记录总数:           10
拒绝的逻辑记录总数:          0
废弃的逻辑记录总数:          0


...
```

从日志文件中可以看出, 10 行数据都被 SQL*Loader 加载到数据库中。查询 employees_copy 表进一步查询导出的数据是否正常。相关命令及执行结果如下:

```
SQL> select * from employees_copy;

    EMPNO ENAME              JOB                          DEPTNO
---------- ------------------ ------------------------- ----------
  1110001 欧锩?              司机                              3
  1110002 沤丂?              司机                              1
  1110003 窝薑?              司机                              4
  1110006 聿?1               司机
  1110009 欧锩?              司机                              3
...
已选择 10 行。
```

从查询结果可以看出, 姓名列出现了乱码, 部门编号列也有丢失情况。产生这种错误的原因是数据文件中各列的数据宽度与控制文件中控制的分隔不相匹配。为了改变这种情况, 大多数情况下使用具有固定分隔符格式的文件导入数据。

2. 固定格式加载 Excel 数据

Excel 保存数据的一种格式就为"CSV(逗号分隔)", 该文件类型通过指定的分隔符隔离各列的数据, 这就为通过 SQL*Loader 工具加载 Excel 中的数据提供了可能。在本示例中将员工信息表保存到 Excel 表格中, 然后保存 Excel 文件为 Employees.csv, 注意保存文件的格式为"CSV(逗号分隔)"，最后通过 SQL*Loader 加载这些数据到数据库。

【例 13.21】加载 Excel 格式的数据文件。

(1)　编辑控制文件 emp_excel.CTL。内容如下：

```
load data
infile 'd:\Employees.csv'
append into table employees_copy
fields terminated by ','
(empno,job,ename,deptno)
```

其中 fields terminated by 指定数据文件中的分隔符为逗号","。数据的加载方式为 APPEND，表示在表中追加新数据。

(2)　调用 SQL*Loader 来加载数据。相关命令及执行结果如下：

```
C:\>sqlldr system/System2017 control=d:\emp_excel.ctl

SQL*Loader: Release 11.2.0.1.0 - Production on 星期三 4 月 26 09:24:43 2017

Copyright (c) 1982, 2009, Oracle and/or its affiliates.  All rights reserved.

达到提交点 - 逻辑记录计数 10
```

(3)　加载数据后，用户可以连接到 SQL*Plus 中，查询表 EMPLOYEES_COPY，查看数据是否正常。相关命令及执行结果如下：

```
SQL> SELECT * FROM employees_copy;

  EMPNO   ENAME   JOB    DEPTNO
-------- ------- ------ --------
 110001  张凤梅   司机      3
1110002  张建伟   司机      1
1110003  任艳凤   司机      4
1110006  许斌     司机      1
1110009  张凤梅   司机      3
1110011  侯振勇   司机      1
1110012  李俊兵   司机      1
 110013  张华     司机      3
1110014  陈嵩     司机      3
1110015  韩国珍   司机      3

已选择 10 行。
```

13.6　习　　题

一、填空题

1. 使用 EXPDP 工具导出数据之前，必须创建_____来存储导出的数据。

2. 使用 EXPDP 工具将数据和元数据转存到转储文件集的一组操作系统文件中，然后只能通过_____来读取转储文件集。

3. 根据要导出的对象的类型，可以有多种不同的方式来转存数据。Oracle 支持 5 种导出模式，即_____(全库)、Schema(模式)、_____(表)、_____、(表空间)和 Transportable Tablespace(可移动表空间)。

4. 对于满足 EXCLUDE 和 INCLUDE 标准的对象，将会导出该对象的所有行。这时，可以使用_____参数来限制返回的行。

5. 在使用 SQL*Loader 将外部文件中的数据加载到 Oracle 数据库时，必须编辑一个_____及一个数据文件，它用于描述要加载的数据信息，包括数据文件名等。

二、选择题

1. 在 Oracle 中创建目录对象时，可以使用(　　)语句。
   A. CREATE DIRECTORY
   B. ALTER DIRECTORY
   C. GRANT DIRECTORY
   D. DROP DIRECTORY

2. 如果在 EXPDP 中使用(　　)，只导出符合要求的对象，其他所有对象均被排除。
   A. EXLUDE
   B. INCLUDE
   C. QUERY
   D. ATTACH

3. 数据泵导入有 5 种模式：Full、Schema、Table、Tablespace 和 Transportable Tablespace。每种模式对应的参数分别为(　　)。
   A. FULL、SCHEMA、TABLE、TABLESPACE、TRANSPORT TABLESPACE
   B. FULLS、SCHEMAS、TABLES、TABLESPACES、TRANSPORT TABLESPACES
   C. FULL、SCHEMAS、TABLES、TABLESPACES、TRANSPORT TABLESPACES
   D. FULL、SCHEMAS、TABLES、TABLESPACES、TRANSPORT_TABLESPACES

4. 要将导出的一个模式中的信息导入到另一个模式中，需要使用(　　)参数。
   A. REMAP_DATAFILE
   B. REMAP_SCHEMA
   C. REMAP_TABLE
   D. REMAP_TABLESPACE

5. 下列关于 SQL*Loader 的描述中错误的是(　　)。
   A. 使用 SQL*Loader 导入数据的主要工作就是编写控制文件
   B. 在数据文件中数据的存储格式有两种，即固定格式存储和自由格式存储
   C. 控制文件描述了使用的数据文件及其格式
   D. 对于固定格式存储的数据，控制文件通过分隔符将数据分隔

三、简答题

1. 简述数据泵导出导入与传统导出导入的区别。
2. 简述如何使用 EXPDP 命令导出 scott 用户中除了 dept 表之外的其他表数据。
3. 简述使用 EXPDP 和 IMPDP 工具传输表空间的实现步骤。
4. 简述如何将 Excel 中的数据导入到 Oracle 数据库中。

第 14 章 使用 RMAN 工具

本章导读

RMAN 是 Oracle 提供的应用程序 Recovery Manager，即恢复管理器。使用 RMAN 可以轻松实现对数据库的备份、恢复和还原数据库等操作。RMAN 是 Oracle 提供的一个更加智能和自动化的备份恢复工具，它可以实现许多新的功能，如实现增量备份、备份文件的差错检验等。

本章对 RMAN 进行介绍，并介绍使用 RMAN 实现备份恢复之前的一些基本操作，然后介绍如何使用 RMAN 对数据库进行备份，并进行不同形式的恢复。

学习目标

● 了解 RMAN。
● 掌握恢复目录的创建。
● 学会使用 RMAN 连接目标数据库。
● 学会使用 RMAN 对目标数据库进行操作。
● 熟练掌握 BACKUP 命令。
● 熟练掌握使用 RMAN 实现备份。
● 熟练掌握使用 RMAN 实现恢复。

14.1 RMAN 简介

在 Oracle 数据库中，通过 RMAN 工具，可以启动操作系统将数据备份到磁盘或磁带上，在需要时可以通过 RMAN 工具将备份的文件进行恢复。

使用 RMAN 可以减少 DBA 在对数据库进行备份与恢复时产生的错误，提高备份与恢复的效率。

1．RMAN 的特点

与使用 EXPDP/IMPDP 工具相比，RMAN 主要具有以下几个特点。

1） 执行增量备份

在使用 EXPDP/IMPDP 工具进行备份时，只能实现一个完整备份而不能执行增量备份，这意味着每次备份都会记录大量的冗余数据。如果使用增量备份，那么每次都备份上次备份以来变化的数据块，这样可以节省大量的磁盘空间、I/O 时间、CPU 时间和备份时间。

2） 自动管理备份文件

RMAN 备份的数据是 RMAN 自动管理的，包括文件名、备份文件存储目录，以及识别最近的备份文件等。

3) 块级别的恢复

RMAN 支持块级别的恢复，只需要还原或修复标识为损坏的少量数据块。在 RMAN 修复损坏的数据块时，表空间的其他部分以及表空间中的对象仍可以联机。

4) 备份压缩

RMAN 使用一种 Oracle 特有的二进制压缩模式来节省备份设备上的空间。尽管传统的备份方法也可以使用操作系统的压缩技术，但 RMAN 使用的压缩算法是定制的，能够最大限度地压缩数据块中一些典型的数据。

2．RMAN 组件

RMAN 是一个以客户端方式运行的备份与恢复工具。最简单的 RMAN 可以只包括两个组件：RMAN 命令执行器和目标数据库。在比较复杂的 RMAN 中会涉及更多的组件。在 RMAN 中常用的组件如下。

1) RMAN 命令执行器(RMAN Executable)

RMAN 命令执行器用来对 RMAN 应用程序进行访问，允许 DBA 输入执行备份和恢复操作的命令，通过命令行或者图形用户界面与 RMAN 进行交互。

2) 目标数据库(Target Database)

目标数据库就是要执行备份、转储和恢复操作的数据库。RMAN 使用目标数据库的控制文件来收集关于数据库的相关信息，并且存储相关的 RMAN 操作信息。此外，实际的备份、修复及恢复操作也是由目标数据库中的进程来执行的。

3) RMAN 恢复目录(RMAN Recover Catalog)

恢复目录是 RMAN 在数据库上建立的一种存储对象，由 RMAN 自动维护。使用 RMAN 执行备份和恢复操作时，RMAN 将从目标数据库的控制文件中自动获取信息，包括数据库结构、归档日志和数据文件备份信息等，这些信息都将被存储到恢复目录中。

4) RMAN 信息库(RMAN Repository)

在使用 RMAN 进行备份与恢复操作时，需要使用到的管理信息和数据称为 RMAN 信息库。信息库包括以下信息：备份集、备份段、镜像副本、目标数据库结构和配置设置。

5) 恢复目录数据库(Recover Catalog Database)

用来保存 RMAN 恢复目录的数据库，它是一个独立于目标数据库的 Oracle 数据库。

RMAN 程序和其他 Oracle 应用程序都位于$ORACLE_HOME/BIN 目录中。在默认情况下，标准版和企业版的 Oracle Database 11g 都会安装 RMAN 程序。

14.2　建立 RMAN 到数据库的连接

在开始介绍 RMAN 前，先通过一个示例说明 RMAN 如何连接到数据库服务器。

【例 14.1】使用 RMAN 连接到服务器。相关命令及执行结果如下：

```
C:\Users\Administrator>rman target system/password

...
```

连接到目标数据库：ORCL (DBID=1466498174)

　　在操作系统环境下输入 RMAN 命令即可启动 RMAN 执行器，然后通过 target 命令指定用户名和密码，建立与数据库服务器的会话连接。需要注意，该用户必须具有 SYSDBA 权限，才可以对数据库进行备份与恢复。

　　也可以使用操作系统认证连接到 RMAN。

　　【例 14.2】使用操作系统认证。相关命令及执行结果如下：

```
C:\Users\Administrator>rman target /

...

连接到目标数据库：ORCL (DBID=1466498174)

RMAN>
```

14.3　使用 RMAN 备份控制文件

　　前面的章节介绍过如何手动备份控制文件，其实使用 RMAN 也可以单独备份控制文件。在执行备份操作时，如果启用了快闪恢复区，则 RMAN 会自动将控制文件复制到快闪恢复区指定的目录。也可以使用 FORMAT 参数指定控制文件的备份目录。

　　【例 14.3】使用 RMAN 备份控制文件。相关命令及执行结果如下：

```
RMAN> BACKUP CURRENT CONTROLFILE
2> FORMAT 'E:\ORACLEBACKUP\ORCL\backup_ctl_%u.bkp';

启动 backup 于 26-4月 -17
分配的通道：ORA_DISK_1
通道 ORA_DISK_1：SID=199 设备类型=DISK
通道 ORA_DISK_1：正在启动全部数据文件备份集
通道 ORA_DISK_1：正在指定备份集内的数据文件
备份集内包括当前控制文件
通道 ORA_DISK_1：正在启动段 1 于 26-4月 -17
通道 ORA_DISK_1：已完成段 1 于 26-4月 -17
段句柄=E:\ORACLEBACKUP\ORCL\BACKUP_CTL_02S2L578.BKP 标记
=TAG20170426T100528 注释=NONE
通道 ORA_DISK_1：备份集已完成，经过时间:00:00:01
完成 backup 于 26-4月 -17
```

　　　　替换变量%U 的作用是产生唯一的备份文件名。

　　在使用上述示例产生的备份文件进行恢复时，DBA 需要知道备份目录和备份文件名，这无疑增加了工作负担。如果使用快闪恢复区，则 Oracle 会自动管理备份目录和备份文件名，在恢复时也不需要 DBA 记住这些。

【例 14.4】启动快闪恢复区备份控制文件。相关命令及执行结果如下：

```
RMAN> BACKUP CURRENT CONTROLFILE;
```

启动 backup 于 26-4月 -17
使用通道 ORA_DISK_1
通道 ORA_DISK_1：正在启动全部数据文件备份集
通道 ORA_DISK_1：正在指定备份集内的数据文件
备份集内包括当前控制文件
通道 ORA_DISK_1：正在启动段 1 于 26-4月 -17
通道 ORA_DISK_1：已完成段 1 于 26-4月 -17
段句柄
=D:\APP\ADMINISTRATOR\FLASH_RECOVERY_AREA\ORCL\BACKUPSET\2017_04_26\O1_MF_
NCNNF_TAG20170426T100859_DJ009WWG_.BKP 标记=TAG20170426T100859 注释=NONE
通道 ORA_DISK_1：备份集已完成，经过时间:00:00:01
完成 backup 于 26-4月 -17

查看当前数据库的快闪恢复区，可以使用 SHOW PARAMETER 指令。

【例 14.5】查看当前快闪恢复区。相关命令及执行结果如下：

```
SQL> connect system/System2017
已连接。
SQL> show parameter db_recovery_file_dest;
```

NAME	TYPE	VALUE
db_recovery_file_dest	string	D:\app\Administrator\flash_rec overy_area
db_recovery_file_dest_size	big integer	3852M

在查询结果中列出了快闪恢复区指定的目录和大小，我们备份的控制文件，以及整个数据库都保存在该目录中。该区域由 Oracle 自动管理，当需要进行恢复数据库时，只需要简单的命令即可，RMAN 会自动在该区域搜索备份文件。

RMAN 提供了一种自动备份功能，使得当数据库结构发生改变、控制文件更新时自动备份。

【例 14.6】配置控制文件自动备份。相关命令及执行结果如下：

```
RMAN> CONFIGURE CONTROLFILE AUTOBACKUP ON;
```

新的 RMAN 配置参数：
CONFIGURE CONTROLFILE AUTOBACKUP ON;
已成功存储新的 RMAN 配置参数

通过 LIST BACKUP 命令可以查看当前 RMAN 的备份信息。

【例 14.7】查看备份文件。相关命令及执行结果如下：

```
RMAN> list backup;
```

备份集列表
===================

BS 关键字	类型	LV	大小	设备类型	经过时间	完成时间
1	Full		8.86M	DISK	00:00:02	26-4 月 -17

　　　BP 关键字：1　状态：AVAILABLE　已压缩：NO　标记：TAG20170426T100528
段名:E:\ORACLEBACKUP\ORCL\BACKUP_CTL_02S2L578.BKP
　　包括的控制文件：Ckp SCN：2783828　　　Ckp 时间：26-4 月 -17

BS 关键字	类型	LV	大小	设备类型	经过时间	完成时间
2	Full		8.86M	DISK	00:00:02	26-4 月 -17

　　　BP 关键字：2　状态：AVAILABLE　已压缩：NO　标记：TAG20170426T100859
段名:D:\APP\ADMINISTRATOR\FLASH_RECOVERY_AREA\ORCL\BACKUPSET\2017_04_26\O1_MF_NC
NNF_TAG20170426T100859_DJ009WWG_.BKP
　　包括的控制文件：Ckp SCN：2784015　　　Ckp 时间：26-4 月 -17

BS 关键字	类型	LV	大小	设备类型	经过时间	完成时间
3	Full		8.89M	DISK	00:00:02	26-4 月 -17

　　　BP 关键字：3　状态：AVAILABLE　已压缩：NO　标记：TAG20170426T110541
段名:D:\APP\ADMINISTRATOR\FLASH_RECOVERY_AREA\ORCL\AUTOBACKUP\2017_04_26\O1_MF_S
_942318341_DJ03N6SR_.BKP
　　包含的 SPFILE：修改时间：26-4 月 -17
　　SPFILE db_unique_name：ORCL
　　包括的控制文件：Ckp SCN：2787861　　　Ckp 时间：26-4 月 -17

从结果可以看出，项目 3 就是 RMAN 自动备份的控制文件。

14.4　设置 RMAN

　　除了可以设置 RMAN 自动备份外，RMAN 还有众多参数可以设置。通过 SHOW ALL 命令可以查看 RMAN 的参数设置信息。

　　【例 14.8】查看 RMAN 参数。相关命令及执行结果如下：

```
RMAN> show all;

db_unique_name 为 ORCL 的数据库的 RMAN 配置参数为：
CONFIGURE RETENTION POLICY TO REDUNDANCY 1; # default
CONFIGURE BACKUP OPTIMIZATION OFF; # default
CONFIGURE DEFAULT DEVICE TYPE TO DISK; # default
CONFIGURE CONTROLFILE AUTOBACKUP ON;
CONFIGURE CONTROLFILE AUTOBACKUP FORMAT FOR DEVICE TYPE DISK TO '%F'; # default
CONFIGURE DEVICE TYPE DISK PARALLELISM 1 BACKUP TYPE TO BACKUPSET; # default
CONFIGURE DATAFILE BACKUP COPIES FOR DEVICE TYPE DISK TO 1; # default
CONFIGURE ARCHIVELOG BACKUP COPIES FOR DEVICE TYPE DISK TO 1; # default
CONFIGURE MAXSETSIZE TO UNLIMITED; # default
CONFIGURE ENCRYPTION FOR DATABASE OFF; # default
```

```
CONFIGURE ENCRYPTION ALGORITHM 'AES128'; # default
CONFIGURE COMPRESSION ALGORITHM 'BASIC' AS OF RELEASE 'DEFAULT' OPTIMIZE FOR
LOAD TRUE ; # default
CONFIGURE ARCHIVELOG DELETION POLICY TO NONE; # default
CONFIGURE SNAPSHOT CONTROLFILE NAME TO
'D:\APP\ADMINISTRATOR\PRODUCT\11.2.0\DBHOME_1\DATABASE\SNCFORCL.ORA'; #
default
```

参数值为#default 表示该参数为初始配置。

根据应用程序的需要，可以对 RMAN 中的这些参数进行重新设置。下面介绍几个常见的 RMAN 持久性设置。

1. CONFIGURE RETENTION POLICY TO REDUNDANCY 1

该参数决定 RMAN 备份文件的冗余策略。它有 3 种可选项，分别介绍如下。

- RECOVERY WINDOW OF 7 DAYS：保持所有足够的备份，以便可以将数据库系统恢复到最近 7 天内的任意时刻。
- REDUNDANCY 5：保持可以恢复的最新的 5 份数据库备份。它的默认值是 1 份。
- NONE：不需要保持策略。

【例 14.9】将保留策略设置为 7 天。相关命令及执行结果如下：

```
RMAN> CONFIGURE RETENTION POLICY TO RECOVERY WINDOW OF 7 DAYS;

新的 RMAN 配置参数：
CONFIGURE RETENTION POLICY TO RECOVERY WINDOW OF 7 DAYS;
已成功存储新的 RMAN 配置参数
```

2. CONFIGURE BACKUP OPTIMIZATION OFF

如果打开该参数，RMAN 将对备份的数据文件及归档等文件进行一种优化的算法。默认值为关闭。

3. CONFIGURE DEFAULT DEVICE TYPE TO DISK

该参数指定备份的设备类型，可用的设备类型为磁盘(DISK)和磁带(SBT)，默认值是磁盘。

4. CONFIGURE CONTROLFILE AUTOBACKUP

强制数据库在备份文件或者执行改变数据库结构的命令之后对控制文件自动备份，默认值为关闭。由于控制文件的重要性，以及备份控制文件只需要占用很少的磁盘空间，所以，可以设置控制文件为自动备份状态。

5. CONFIGURE CONTROLFILE AUTOBACKUP FORMAT

该参数是配置控制文件的备份路径和备份格式。

【例 14.10】设置备份路径。相关命令及执行结果如下：

```
RMAN> configure controlfile autobackup format for device type disk
2> to 'E:\ORACLEBACKUP\ORCL\%F';
```

新的 RMAN 配置参数：
CONFIGURE CONTROLFILE AUTOBACKUP FORMAT FOR DEVICE TYPE DISK TO
'E:\ORACLEBACKUP\ORCL\%F';
已成功存储新的 RMAN 配置参数

6. CONFIGURE DEVICE TYPE DISK PARALLELISM 1 BACKUP TYPE TO BACKUPSET

该参数说明 RMAN 在备份和恢复中的通道数。在执行备份和恢复时，通道数越多，则任务执行时间越短。

【例 14.11】修改 RMAN 的并行度为 3。相关命令及执行结果如下：

```
RMAN> configure device type disk parallelism 3 backup type to copy;
```

新的 RMAN 配置参数：
CONFIGURE DEVICE TYPE DISK PARALLELISM 3 BACKUP TYPE TO COPY;
已成功存储新的 RMAN 配置参数

通道是 RMAN 与数据库的会话连接，它指定了备份或恢复数据库的备份集所在的设备，如磁盘或磁带。

7. CONFIGURE DATAFILE 和 CONFIGURE ARCHIVELOG

这两个参数指定备份数据文件或归档日志文件时，RMAN 生成多少份的备份文件。默认值 1 份。

8. CONFIGURE MAXSETSIZE TO UNLIMITED

该参数设置备份集的大小。备份集是一个逻辑数据集合，由一个或多个 RMAN 的备份片组成，备份片是 RMAN 格式的操作系统文件，包含数据文件、控制文件或者归档日志文件。在默认情况下，在执行 RMAN 的备份时，将产生备份文件的备份集，备份集只有 RMAN 可以识别，所以在进行恢复时也必须使用 RMAN 来访问备份集。

9. CONFIGURE ENCRYPTION FOR DATABASE OFF

该参数用来配置加密备份集。

10. CONFIGURE ENCRYPTION ALGORITHM 'AES128'

该参数用来指定加密算法。

11. CONFIGURE ARCHIVELOG DELETION POLICY TO NONE

该参数用来指定归档文件的删除策略，默认是 none，即备份完之后归档就可以被删除。

12. CONFIGURE SNAPSHOT CONTROLFILE NAME TO

该参数用来配置控制文件的快照文件的存放路径和文件名,这个快照文件是在备份期间产生的,用于控制文件的读一致性。

14.5 恢 复 目 录

在默认情况下,RMAN 的备份记录是放在目标数据库的控制文件中,这种方式是不安全的,一旦目标数据库的控制文件损坏,也就意味着所有的 RMAN 备份都会失效。为此,Oracle 推荐使用恢复目录保存备份记录。恢复目录是由 RMAN 使用和维护的,用来存储备份信息的一种存储对象。通过恢复目录,RMAN 可以从目标数据库的控制文件中获取信息,实现与恢复目录同步。

下面的示例演示如何在数据库上创建恢复目录。

【例 14.12】创建恢复目录。

(1) 在数据库中创建恢复目录所用的表空间。为了保存 RMAN 备份记录,在数据库中使用特定的表空间存储。相关命令及执行结果如下:

```
SQL> conn system/password
已连接。
SQL> CREATE TABLESPACE recovery_tbs
  2  DATAFILE 'E:\OracleData\recovery_tbs.dbf' SIZE 10M
  3  AUTOEXTEND ON NEXT 5M
  4  EXTENT MANAGEMENT LOCAL;

表空间已创建。
```

(2) 在数据库中创建 RMAN 用户并授权。相关命令及执行结果如下:

```
SQL> CREATE USER rman_user IDENTIFIED BY rman_user
  2  DEFAULT TABLESPACE recovery_tbs;

用户已创建。
SQL> GRANT CONNECT , RESOURCE , RECOVERY_CATALOG_OWNER TO rman_user;

授权成功。
```

已创建用户 RMAN_USER,该用户使用 RECOVERY_TBS 表空间存储恢复目录。为了使用新用户,对该用户进行授权,使得该用户成为恢复目录的拥有者。

(3) 连接恢复目录数据库。相关命令及执行结果如下:

```
C:\>rman catalog rman_user/rman_user

...
连接到恢复目录数据库
```

(4) 创建恢复目录。相关命令及执行结果如下:

```
RMAN> crcate catalog tablespace recovery_tbs;
```

恢复目录已创建

此时创建的恢复目录保存在 RECOVERY_TBS 表空间中。如果不需要恢复目录，可以使用 DROP CATALOG 命令删除恢复目录。

(5)　在恢复目录中注册目标数据库。注册目标数据库的目的是使恢复目录知道目标数据库的信息，并自动与目标数据库同步。相关命令及执行结果如下：

```
RMAN> connect target system/password@orcl

连接到目标数据库: ORCL (DBID=1466498174)

RMAN> register database;

注册在恢复目录中的数据库
正在启动全部恢复目录的 resync
完成全部 resync
```

要注册目标数据库，首先必须连接到目标数据库。执行完上述命令后，目标数据库的信息就被保存到恢复目录。另外，在使用 RMAN 执行 BACKUP、COPY 或者 RESTORE 命令时，恢复目录会自动进行更新，但是有关日志与归档日志信息没有自动记入恢复目录。需要执行如下命令，进行目录同步：

```
RMAN> resync catalog;

正在启动全部恢复目录的 resync
完成全部 resync
```

至此，RMAN 恢复目录与目标数据库已经连接成功。如果要取消目标数据库的注册，可以用如下命令：

```
RMAN> UNREGISTER DATABASE;

数据库名为 "ORCL" 且 DBID 为 1222990453
是否确实要注销数据库 (输入 YES 或 NO)?
```

根据提示，在输入 yes 后，Oracle 将自动执行注销操作。

可以在 RMAN 窗口中输入 EXIT 或 QUIT 命令，关闭或退出 RMAN 应用程序。

14.6　RMAN 的备份

在使用 RMAN 进行备份时，可以进行的备份类型包括：完全备份(Full Backup)、增量备份(Incremental Backup)和镜像复制等。在实现备份时，可以使用 BACKUP 命令或 COPY TO 命令。

14.6.1 脱机备份

要实现脱机备份首先需要使用 RMAN 登录到目标数据库，然后关闭数据库并启动数据库到 MOUNT 状态，最后执行 BACKUP DATABASE 备份整个数据库。

【例 14.13】RMAN 连接目标数据库。相关命令及执行结果如下：

```
C:\>RMAN TARGET system/password
...
连接到目标数据库: ORCL (DBID=1466498174)
```

在上述示例中，由于恢复目录数据库与目标数据库为同一个数据库，所以这里没有使用恢复目录，此时备份集将会备份到闪回区中。如果要采用恢复目录模式，只需要在连接的时候加上 catalog 参数即可。不过要注意的是，如果恢复目录数据库与目标数据库为同一个数据库，当通过 RMAN 操作目标数据库切换到 MOUNT 状态时，目录数据库也就无法访问了。

【例 14.14】RMAN 操作目标数据库切换到 MOUNT 状态。相关命令及执行结果如下：

```
RMAN>  shutdown immediate;

使用目标数据库控制文件替代恢复目录
数据库已关闭
数据库已卸装
Oracle 实例已关闭

RMAN> startup mount

已连接到目标数据库 (未启动)
Oracle 实例已启动
数据库已装载

系统全局区域总计      778387456 字节

Fixed Size                  1374808 字节
Variable Size             377488808 字节
Database Buffers          385875968 字节
Redo Buffers               13647872 字节
```

【例 14.15】RMAN 脱机备份整个数据库。相关命令及执行结果如下：

```
RMAN> backup as compressed backupset database;

启动 backup 于 28-4 月 -17
分配的通道: ORA_DISK_1
通道 ORA_DISK_1: SID=63 设备类型=DISK
分配的通道: ORA_DISK_2
通道 ORA_DISK_2: SID=129 设备类型=DISK
分配的通道: ORA_DISK_3
通道 ORA_DISK_3: SID=192 设备类型=DISK
```

通道 ORA_DISK_1：正在启动压缩的全部数据文件备份集

通道 ORA_DISK_1：正在指定备份集内的数据文件

输入数据文件：文件号=00001 名称

=D:\APP\ADMINISTRATOR\ORADATA\ORCL\SYSTEM01.DBF

通道 ORA_DISK_1：正在启动段 1 于 28-4 月 -17

通道 ORA_DISK_2：正在启动压缩的全部数据文件备份集

通道 ORA_DISK_2：正在指定备份集内的数据文件

输入数据文件：文件号=00002 名称

=D:\APP\ADMINISTRATOR\ORADATA\ORCL\SYSAUX01.DBF

输入数据文件：文件号=00007 名称=E:\ORACLEDATA\RECOVERY_TBS.DBF

输入数据文件：文件号=00004 名称

=D:\APP\ADMINISTRATOR\ORADATA\ORCL\USERS01.DBF

通道 ORA_DISK_2：正在启动段 1 于 28-4 月 -17

通道 ORA_DISK_3：正在启动压缩的全部数据文件备份集

通道 ORA_DISK_3：正在指定备份集内的数据文件

输入数据文件：文件号=00003 名称

=D:\APP\ADMINISTRATOR\ORADATA\ORCL\UNDOTBS01.DBF

输入数据文件：文件号=00005 名称

=D:\APP\ADMINISTRATOR\ORADATA\ORCL\EXAMPLE01.DBF

输入数据文件：文件号=00006 名称=E:\ORACLEBACKUP\INDEX\SCOTT_INDEX.DBF

通道 ORA_DISK_3：正在启动段 1 于 28-4 月 -17

通道 ORA_DISK_3：已完成段 1 于 28-4 月 -17

段句柄

=D:\APP\ADMINISTRATOR\FLASH_RECOVERY_AREA\ORCL\BACKUPSET\2017_04_28\O1_MF_
NNNDF_TAG20170428T082515_DJ52ZOBX_.BKP 标记=TAG20170428T082515 注释=NONE

通道 ORA_DISK_3：备份集已完成，经过时间:00:00:16

通道 ORA_DISK_2：已完成段 1 于 28-4 月 -17

段句柄

=D:\APP\ADMINISTRATOR\FLASH_RECOVERY_AREA\ORCL\BACKUPSET\2017_04_28\O1_MF_
NNNDF_TAG20170428T082515_DJ52ZJOW_.BKP 标记=TAG20170428T082515 注释=NONE

通道 ORA_DISK_2：备份集已完成，经过时间:00:00:30

通道 ORA_DISK_1：已完成段 1 于 28-4 月 -17

段句柄

=D:\APP\ADMINISTRATOR\FLASH_RECOVERY_AREA\ORCL\BACKUPSET\2017_04_28\O1_MF_
NNNDF_TAG20170428T082515_DJ52ZDVG_.BKP 标记=TAG20170428T082515 注释=NONE

通道 ORA_DISK_1：备份集已完成，经过时间:00:00:44

完成 backup 于 28-4 月 -17

启动 Control File and SPFILE Autobackup 于 28-4 月 -17

段 handle=E:\ORACLEBACKUP\ORCL\C-1466498174-20170428-00 comment=NONE

完成 Control File and SPFILE Autobackup 于 28-4 月 -17

由于先前设置 RMAN 开启 3 个通道，所以现在进行数据库备份时很快就会完成。另外，上面的语句将数据库作为压缩的备份集来备份，也可以使用如下语句进行备份：

```
RMAN>backup database
```

最后在执行完脱机备份后，不要忘记打开目标数据库。

【例 14.16】打开目标数据库。相关命令及执行结果如下：

```
RMAN> alter database open;
```

数据库已打开

14.6.2　联机备份整个数据库

RMAN 的联机备份有两个好处：一是可以在数据库不间断业务运行的情况下备份；二是可以对备份粒度进行控制，即可以对整个数据库进行备份，也可以对一个表空间或者一个数据文件进行备份。

在进行联机备份时，数据库必须是归档模式。切换数据库到归档模式，只需要先关闭数据库再启动到 MOUNT 状态，然后使用 ALTER DATABASE ARCHIVELOG 将数据库设置为归档模式。

【例 14.17】查看当前数据库的工作模式。相关命令及执行结果如下：

```
SQL> archive log list;
数据库日志模式            存档模式
自动存档              启用
存档终点              E:\oraclebackup\archive
最早的联机日志序列      38
下一个存档日志序列      40
当前日志序列            40
```

RMAN 使用快闪恢复区作为备份文件的存储区。下面的示例不仅备份数据库文件，同时备份归档日志文件，并在完成备份后删除归档日志文件。

【例 14.18】使用 RMAN 备份整个数据库，使用 ARCHIVELOG 参数表示对归档日志文件进行备份，参数 DELETE ALL INPUT 表示会删除备份过的归档日志。相关命令及执行结果如下：

```
C:\>rman catalog rman_user/rman_user target system/password@orcl
…

连接到目标数据库: ORCL (DBID=1466498174)
连接到恢复目录数据库

RMAN> BACKUP AS COMPRESSED BACKUPSET DATABASE PLUS
2>     ARCHIVELOG DELETE ALL INPUT;

正在启动全部恢复目录的 resync
完成全部 resync

启动 backup 于 28-4月 -17
当前日志已存档
分配的通道: ORA_DISK_1
通道 ORA_DISK_1: SID=12 设备类型=DISK
分配的通道: ORA_DISK_2
通道 ORA_DISK_2: SID=63 设备类型=DISK
```

分配的通道：ORA_DISK_3

通道 ORA_DISK_3: SID=191 设备类型=DISK

通道 ORA_DISK_1: 正在启动压缩的归档日志备份集

通道 ORA_DISK_1: 正在指定备份集内的归档日志

输入归档日志线程=1 序列=6 RECID=1 STAMP=940692229

...

输入归档日志线程=1 序列=40 RECID=35 STAMP=942488447

通道 ORA_DISK_3: 正在启动段 1 于 28-4 月 -17

通道 ORA_DISK_1: 已完成段 1 于 28-4 月 -17

段句柄

=D:\APP\ADMINISTRATOR\FLASH_RECOVERY_AREA\ORCL\BACKUPSET\2017_04_28\O1_M
F_

ANNNN_TAG20170428T102049_DJ59R2G5_.BKP 标记=TAG20170428T102049 注释=NONE

通道 ORA_DISK_1: 备份集已完成，经过时间:00:00:25

通道 ORA_DISK_1: 正在删除归档日志

MP=940926877

归档日志文件名=E:\ORACLEBACKUP\ARCHIVE\ARC0000000008_0940609519.0001

RECID=3 STA

MP=940949860

归档日志文件名=E:\ORACLEBACKUP\ARCHIVE\ARC0000000009_0940609519.0001

RECID=4 STA

MP=940954930

...

归档日志文件名=E:\ORACLEBACKUP\ARCHIVE\ARC0000000040_0940609519.0001

RECID=35 ST

AMP=942488447

完成 backup 于 28-4 月 -17

从上面的输出结果可看出，这部分使用了 3 个通道对归档日志文件进行备份，备份完成后删除归档日志文件。接下来将使用 3 个通道备份数据文件。执行情况如下：

启动 backup 于 28-4 月 -17

使用通道 ORA_DISK_1

使用通道 ORA_DISK_2

使用通道 ORA_DISK_3

通道 ORA_DISK_1: 正在启动压缩的全部数据文件备份集

通道 ORA_DISK_1: 正在指定备份集内的数据文件

输入数据文件：文件号=00001 名称

=D:\APP\ADMINISTRATOR\ORADATA\ORCL\SYSTEM01.DBF

...

完成 backup 于 28-4 月 -17

启动 backup 于 28-4 月 -17

当前日志已存档

...

完成 backup 于 28-4 月 -17

启动 Control File and SPFILE Autobackup 于 28-4 月 -17

段 handle=E:\ORACLEBACKUP\ORCL\C-1466498174-20170428-01 comment=NONE

完成 Control File and SPFILE Autobackup 于 28-4 月 -17

此时已经完成对整个数据库的备份,备份后的数据库文件和存放目录也是 RMAN 自动管理,无须 DBA 人工干预,这大大减少了备份和恢复中出错的概率。

对于比较长的 RMAN 命令,Oracle 支持将这些命令以脚本形式执行。例如,可以将上面示例的命令以脚本形式执行,并且可以手动指定多个通道进行备份。

【例 14.19】脚本形式的备份命令。相关命令如下:

```
RMAN> run{
2> allocate channel ch1 device type disk;
3> allocate channel ch2 device type disk;
4> backup database format 'E:\ORACLEBACKUP\%U';}
```

备份完成后,在指定的目录(如 E:\ORACLEBACKUP\)下将得到相应的备份文件。

14.6.3　备份表空间

对一个大型数据库而言,如果进行整个数据库的备份,则是相当耗时的。而在实际的应用中,经常操作的数据库对象常常位于一个表空间。使用 RMAN 对单独的表空间进行备份,可以大大提高备份效率。对表空间进行联机备份所使用的命令为 BACKUP TABLESPACE。

【例 14.20】使用 BACKUP 命令备份 users 表空间。相关命令及执行结果如下:

```
RMAN> backup as compressed backupset tablespace users;

启动 backup 于 28-4 月 -17
分配的通道: ORA_DISK_1
通道 ORA_DISK_1: SID=192 设备类型=DISK
分配的通道: ORA_DISK_2
通道 ORA_DISK_2: SID=9 设备类型=DISK
分配的通道: ORA_DISK_3
通道 ORA_DISK_3: SID=191 设备类型=DISK
通道 ORA_DISK_1: 正在启动压缩的全部数据文件备份集
通道 ORA_DISK_1: 正在指定备份集内的数据文件
...
```

在 RMAN 执行备份操作时,如果没有指定备份的路径,则默认在快闪恢复区创建 BACKUPSET 目录,并根据日期再创建一个子目录,当天的备份文件都会保存在该目录中。

为了减少备份文件占用的存储空间,这里使用压缩方式进行备份。如果不需要压缩备份则可执行如下形式的命令:

```
RMAN> backup  tablespace users;
```

14.6.4　备份数据文件

在备份数据文件前,通常需要先查当前数据库的所有数据文件,以便于选择需要备份的数据文件。下面的示例备份数据文件 EXAMPLE01.DBF。

【例 14.21】使用 BACKUP 命令备份数据文件。相关命令及执行结果如下:

```
SQL> col name for a50
SQL> select file# ,name from v$datafile;

    FILE#   NAME
---------- --------------------------------------------------
         1   D:\APP\ADMINISTRATOR\ORADATA\ORCL\SYSTEM01.DBF
         2   D:\APP\ADMINISTRATOR\ORADATA\ORCL\SYSAUX01.DBF
         3   D:\APP\ADMINISTRATOR\ORADATA\ORCL\UNDOTBS01.DBF
         4   D:\APP\ADMINISTRATOR\ORADATA\ORCL\USERS01.DBF
         5   D:\APP\ADMINISTRATOR\ORADATA\ORCL\EXAMPLE01.DBF
         6   E:\ORACLEBACKUP\INDEX\SCOTT_INDEX.DBF
         7   E:\ORACLEDATA\RECOVERY_TBS.DBF
```

已选择 7 行。

找到需要备份的数据文件编号，然后就可以在 RMAN 中备份该数据文件。相关命令及执行结果如下：

```
RMAN> backup as backupset datafile 5;

启动 backup 于 28-4 月 -17
使用通道 ORA_DISK_1
使用通道 ORA_DISK_2
使用通道 ORA_DISK_3
通道 ORA_DISK_1: 正在启动全部数据文件备份集
通道 ORA_DISK_1: 正在指定备份集内的数据文件
输入数据文件: 文件号=00005 名称
=D:\APP\ADMINISTRATOR\ORADATA\ORCL\EXAMPLE01.DBF
通道 ORA_DISK_1: 正在启动段 1 于 28-4 月 -17
通道 ORA_DISK_1: 已完成段 1 于 28-4 月 -17
段句柄
=D:\APP\ADMINISTRATOR\FLASH_RECOVERY_AREA\ORCL\BACKUPSET\2017_04_28\O1_M
F_NNNDF_TAG20170428T155550_DJ5XD6OS_.BKP 标记=TAG20170428T155550 注释=NONE
通道 ORA_DISK_1: 备份集已完成, 经过时间:00:00:03
完成 backup 于 28-4 月 -17

启动 Control File and SPFILE Autobackup 于 28-4 月 -17
段 handle=E:\ORACLEBACKUP\ORCL\C-1466498174-20170428-04 comment=NONE
完成 Control File and SPFILE Autobackup 于 28-4 月 -17
```

从执行结果中可以发现，虽然分配了 3 个通道，因为只有 1 个数据文件，所以只在通道 1 上创建备份集。另外由于先前设置 RMAN 自动备份控制文件，现在当备份数据文件后，控制文件也自动进行了备份。

14.6.5　增量备份

使用 BACKUP DATABASE 的备份都是全备份，显然每次都进行全备份会耗费大量的时间和磁盘空间。而增量备份就是将那些与前一次备份相比发生变化的数据块复制到备份集中。进行增量备份时，RMAN 会读取整个数据文件，RMAN 也可以为单独的数据文件、表空间或者整个数据库进行增量备份。

在 RMAN 中建立的增量备份具有两个级别，其中级别 0 的增量备份与全备份相同。而级别 1 的备份是执行差异备份，即对 0 级别备份后的变化进行备份。很显然，0 级别的备份是级别 1 的基础。

【例 14.22】使用 RMAN 实现 0 级别的增量备份。相关命令及执行结果如下：

```
RMAN> RUN{
2> ALLOCATE CHANNEL ch1 TYPE disk;
3> ALLOCATE CHANNEL ch2 TYPE disk;
4> BACKUP INCREMENTAL LEVEL 0 AS COMPRESSED BACKUPSET DATABASE;
5> RELEASE CHANNEL ch1;
6> RELEASE CHANNEL ch2;
7> }

释放的通道: ORA_DISK_1
释放的通道: ORA_DISK_2
释放的通道: ORA_DISK_3
分配的通道: ch1
通道 ch1: SID=192 设备类型=DISK

分配的通道: ch2
通道 ch2: SID=9 设备类型=DISK
...
NNND0_TAG20170428T162343_DJ5Z0K8H_.BKP 标记=TAG20170428T162343 注释=NONE
通道 ch2: 备份集已完成，经过时间:00:00:35
完成 backup 于 28-4 月 -17

启动 Control File and SPFILE Autobackup 于 28-4 月 -17
段 handle=E:\ORACLEBACKUP\ORCL\C-1466498174-20170428-05 comment=NONE
完成 Control File and SPFILE Autobackup 于 28-4 月 -17

释放的通道: ch1

释放的通道: ch2
```

在完成 0 级别增量备份后，如果随后第一次使用 1 级别增量备份，则会将变化后的数据添加到备份集。而当第二次使用 1 级别增量备份时，只备份自上次增量备份后变化的数据。这种 1 级别增量备份称为差异备份。

【例 14.23】使用 RMAN 实现 1 级别的差异增量备份。相关命令如下：

```
RMAN> BACKUP INCREMENTAL LEVEL 1
2> AS COMPRESSED BACKUPSET DATABASE;
```

另外一种 1 级别增量备份称为累积增量备份，它会备份自级别 0 以来所有变化的数据。累积增量备份可以加快数据库的恢复速度。如果仅在 BACKUP 命令中指定 INCREMENTAL 选项，默认创建的增量备份为差异增量备份。如果想要建立累积增量备份，还需要在

BACKUP 命令中指定 CUMULATIVE 选项。

【例 14.24】使用 RMAN 实现 1 级别的累积增量备份。相关命令如下：

```
RMAN> BACKUP INCREMENTAL LEVEL 1 CUMULATIVE
2> AS COMPRESSED BACKUPSET DATABASE;
```

虽然增量备份相比全库备份大大减少了备份时间、节约了存储空间，但是每次在进行增量备份时必须扫描整个数据库文件，查看自上次备份以来相应的数据是否发生了变化。当数据库的数据量很大时，那么扫描数据库中的块占用的时间很可能超过执行实际备份的时间。为了避免这种情况，Oracle 提供了快速增量备份方案。其原理就是将数据库中发生变化的数据块位置记录在一个跟踪文件中，这样在下次进行增量备份时就可以根据该文件快速找到变化的数据块进行备份。

启动块更改跟踪特性后，Oracle 会启动一个后台进程 CTWR，它负责将变化的数据库记录在跟踪文件中。

【例 14.25】查看数据库是否启用块更改跟踪特性。相关命令及执行结果如下：

```
SQL> col filename for a50
SQL> select filename,status from v$block_change_tracking;

FILENAME                                           STATUS
-----------------------------------                ----------
                                                   DISABLED
```

查询结果表明数据库现在没有启用块更改跟踪特性。下面的示例则启用数据库的块更改跟踪特性。

【例 14.26】启用块更改跟踪特性。相关命令及执行结果如下：

```
SQL> alter database enable block change tracking
  2  using file 'D:\app\Administrator\oradata\orcl\bptrack.log';

数据库已更改。
SQL> select filename,status from v$block_change_tracking;

FILENAME                                           STATUS
-------------------------------------------------  ---------
D:\APP\ADMINISTRATOR\ORADATA\ORCL\BPTRACK.LOG      ENABLED
```

这里将跟踪文件和数据文件保存在同一个目录，文件名为 BPTRACK.LOG，如果该文件丢失或损坏，则会造成数据库无法启动。出现这种错误时需要禁用块更改跟踪特性方可解决。

【例 14.27】禁用块更改跟踪特性。相关命令及执行结果如下：

```
SQL> alter database disable block change tracking;
数据库已更改。
```

14.6.6　镜像复制

RMAN 可以使用 COPY 命令创建数据文件的准确副本，即镜像副本(Image Copies)。通过 COPY 命令可以复制数据文件、归档重做日志文件和控制文件。COPY 命令的基本语法如下：

```
COPY [ FULL | INCREMENTAL LEVEL [ = ] 0 ] input_file TO location_name ;
```

其中，input_file 表示被备份的文件；location_name 表示复制后的文件。

注意

镜像副本可以作为一个完全备份，也可以是增量备份策略中的 0 级别增量备份。如果没有指定备份类型，则默认为 FULL。

【例 14.28】使用 COPY 命令备份数据库文件。

(1) 在 RMAN 中使用 REPORT 命令获取需要备份的数据文件信息。相关命令及执行结果如下：

```
RMAN> report schema;

db_unique_name 为 ORCL 的数据库的数据库方案报表
永久数据文件列表
============================
文件    大小 (MB) 表空间   回退段   数据文件名称
----    -------- ------  ------  ------------------------
1       700      SYSTEM  YES     D:\APP\ADMINISTRATOR\ORADATA\ORCL\SYSTEM01.DBF
2       600      SYSAUX  NO      D:\APP\ADMINISTRATOR\ORADATA\ORCL\SYSAUX01.DBF
...
```

(2) 使用 COPY 命令对列出的文件进行备份。相关命令及执行结果如下：

```
RMAN> COPY DATAFILE 1 TO 'E:\ORACLEBACKUP\ORCL\SYSTEM02.DBF',
2> DATAFILE 2 TO 'E:\ORACLEBACKUP\ORCL\ SYSAUX02.DBF';

启动 backup 于 28-4月 -17
分配的通道: ORA_DISK_1
通道 ORA_DISK_1: SID=192 设备类型=DISK
分配的通道: ORA_DISK_2
通道 ORA_DISK_2: SID=9 设备类型=DISK
分配的通道: ORA_DISK_3
...
AMP=942516447
通道 ORA_DISK_2: 数据文件复制完毕, 经过时间: 00:00:45
完成 backup 于 28-4月 -17

启动 Control File and SPFILE Autobackup 于 28-4月 -17
段 handle=E:\ORACLEBACKUP\ORCL\C-1466498174-20170428-06 comment=NONE
完成 Control File and SPFILE Autobackup 于 28-4月 -17
```

使用 COPY … TO …语句，将数据文件 1 和数据文件 2 备份到 E:\ORACLEBACKUP\ORCL\目录下。

在 RMAN 中使用 COPY 命令创建文件的镜像副本时，它将复制所有数据块，包括空闲数据块。这一点与使用操作系统命令复制文件相同。此外，RMAN 还会检查创建的镜像副本是否正确。

14.7　RMAN 的恢复

使用 RMAN 实现正确的备份后，如果数据库文件出现介质错误，可以使用 RMAN 通过不同的恢复模式，将系统恢复到某个状态。

14.7.1　数据库非归档恢复

如果数据库是在非归档模式下运行，并且最近所进行的完全数据库备份有效，则可以在故障发生时进行数据库的非归档恢复。此时，自脱机备份以来所有变化的数据都会丢失。这种恢复是不完全恢复，因为数据库工作在非归档模式下。

使用 RMAN 恢复数据库时，一般情况下需要进行修复和恢复两个过程。

1. 修复数据库

修复数据库是指物理上文件的复制。RMAN 将启动一个服务器进程，使用磁盘中的备份集或镜像副本，修复数据文件、控制文件及归档重做日志文件。执行修复数据库时，需要使用 RESTORE 命令。

2. 恢复数据库

恢复数据库主要是指数据文件的介质恢复，即为修复后的数据文件应用联机或归档重做日志，从而将修复的数据库文件更新到当前时刻或指定时刻下的状态。执行恢复数据库时，需要使用 RECOVER 命令。

在默认情况下，安装数据库时所有的数据文件都位于同一个目录下，一旦磁盘损坏，则所有的数据库文件全部丢失。下面将模拟这个过程，对非归档模式数据库进行恢复。

【例 14.29】数据文件和日志文件丢失的不完全恢复。

(1)　使用 DBA 身份登录到 SQL*Plus 后，确定数据库处于 NOARCHIVELOG 模式。如果不是，则将模式切换为 NOARCHIVELOG。相关命令及执行结果如下：

```
SQL> shutdown immediate;
SQL> startup mount;
SQL> alter database noarchivelog;
```

(2)　使用 RMAN 对目标数据库进行全备份。相关命令及执行结果如下：

```
C:\>rman target system/System2017
...
已连接到目标数据库: ORCL (DBID=1466498174, 未打开)

RMAN> backup as compressed backupset database;
```

```
启动 backup 于 04-5 月 -17
使用目标数据库控制文件替代恢复目录
分配的通道: ORA_DISK_1
通道 ORA_DISK_1: SID=129 设备类型=DISK
分配的通道: ORA_DISK_2
通道 ORA_DISK_2: SID=192 设备类型=DISK
分配的通道: ORA_DISK_3
通道 ORA_DISK_3: SID=6 设备类型=DISK
...
NNDF_TAG20170504T103913_DJO52LVO_.BKP 标记=TAG20170504T103913 注释=NONE
通道 ORA_DISK_1: 备份集已完成, 经过时间:00:00:41
完成 backup 于 04-5 月 -17

启动 Control File and SPFILE Autobackup 于 04-5 月 -17
段 handle=E:\ORACLEBACKUP\ORCL\C-1466498174-20170504-00 comment=NONE
完成 Control File and SPFILE Autobackup 于 04-5 月 -17
```

使用 RMAN 对数据库的全备份时，进行备份的文件包括数据文件、控制文件和动态参数文件。

(3) 启动数据库，并添加一些数据。

在备份了数据库后，为了演示备份后的数据将会丢失，这里创建一个表，并插入一行数据作为测试。相关命令及执行结果如下：

```
SQL> alter database open;
数据库已更改。

SQL> create table test(id number);
表已创建。

SQL> insert into test values(1);
已创建 1 行。

SQL> commit;
提交完成。
```

(4) 模拟故障删除所有的数据文件和日志文件。

为了演示介质故障，使用 SHUTDOWN 命令关闭数据库后，通过操作系统移动或删除所有的数据文件和日志文件。因为我们的备份信息保存在目标数据库的控制文件中，所以不要删除控制文件。

(5) 启动数据库。这时，Oracle 无法找到数据文件而出错。相关命令及执行结果如下：

```
SQL> startup
ORACLE 例程已经启动。

Total System Global Area  778387456 bytes
Fixed Size                  1374808 bytes
Variable Size             377488808 bytes
Database Buffers          385875968 bytes
```

```
Redo Buffers              13647872 bytes
```
数据库装载完毕。
ORA-01157: 无法标识/锁定数据文件 1 - 请参阅 DBWR 跟踪文件
ORA-01110: 数据文件 1: 'D:\APP\ADMINISTRATOR\ORADATA\ORCL\SYSTEM01.DBF'

(6) 当 RMAN 使用控制文件保存备份信息时，必须使目标数据库处于 MOUNT 状态才能访问控制文件。关闭数据库后，使用 STARTUP MOUNT 命令启动数据库，然后打开数据库。相关命令及执行结果如下：

```
SQL> shutdown immediate
ORA-01109: 数据库未打开

已经卸载数据库。
ORACLE 例程已经关闭。
SQL> startup mount;
ORACLE 例程已经启动。

Total System Global Area  778387456 bytes
Fixed Size                 1374808 bytes
Variable Size            377488808 bytes
Database Buffers         385875968 bytes
Redo Buffers              13647872 bytes
```
数据库装载完毕。

(7) 执行 RESTORE 命令恢复数据文件。相关命令及执行结果如下：

```
RMAN> restore database;

启动 restore 于 04-5月 -17
使用目标数据库控制文件替代恢复目录
分配的通道: ORA_DISK_1
通道 ORA_DISK_1: SID=129 设备类型=DISK
分配的通道: ORA_DISK_2
通道 ORA_DISK_2: SID=192 设备类型=DISK
分配的通道: ORA_DISK_3
通道 ORA_DISK_3: SID=6 设备类型=DISK

通道 ORA_DISK_1: 正在开始还原数据文件备份集
通道 ORA_DISK_1: 正在指定从备份集还原的数据文件
通道 ORA_DISK_1: 将数据文件 00003 还原到
D:\APP\ADMINISTRATOR\ORADATA\ORCL\UNDOTBS01.DBF
通道 ORA_DISK_1: 将数据文件 00005 还原到
D:\APP\ADMINISTRATOR\ORADATA\ORCL\EXAMPLE01.DBF
通道 ORA_DISK_1: 将数据文件 00006 还原到
E:\ORACLEBACKUP\INDEX\SCOTT_INDEX.DBF
通道 ORA_DISK_1: 正在读取备份片段
D:\APP\ADMINISTRATOR\FLASH_RECOVERY_AREA\ORCL\BACKUPSET\2017_05_04\O1_MF
_NNNDF_TAG20170504T103913_DJO52SBZ_.BKP
...
通道 ORA_DISK_3: 已还原备份片段 1
```

通道 ORA_DISK_3：还原完成，用时：00:00:56
完成 restore 于 04-5 月 -17

RMAN 从快闪恢复区读取备份集，通过控制文件中的备份信息将数据文件和日志文件恢复到原来的目录。

(8) 执行 RECOVER 命令恢复数据库。相关命令及执行结果如下：

```
RMAN> recover database;

启动 recover 于 04-5 月 -17
使用通道 ORA_DISK_1
使用通道 ORA_DISK_2
使用通道 ORA_DISK_3

正在开始介质的恢复

RMAN-08187: 警告: 完成到 SCN 3018958 的介质恢复
完成 recover 于 04-5 月 -17
```

在进行数据文件的恢复时，数据文件是通过备份来进行恢复的，而日志文件则是通过重建的方式进行恢复，也就是说我们将丢失所有的日志信息。

(9) 打开数据库。因为没有了重做日志文件，此时使用 RESETLOGS 参数重新创建日志文件。相关命令及执行结果如下：

```
SQL> alter database open resetlogs;

数据库已更改。
```

由于数据库工作在非归档模式下，当前日志文件丢失后，在备份后对数据库所做的操作都会丢失。下面在恢复后的数据库中查询测试表 test 及其中的数据是否存在：

```
SQL> select * from test;
select * from test
               *
第 1 行出现错误:
ORA-00942: 表或视图不存在
```

很显然，自上次备份后的所有数据丢失。

如果在非归档模式下，只有数据文件丢失依然有可能实现完全恢复。由于保留了日志文件，而日志文件中记录了备份后所有的操作，这时就可以实现完全恢复。

下面模拟只有数据文件丢失后，如何进行完全恢复。

【例 14.30】只有数据文件丢失的完全恢复。

(1) 首先在 USER 表空间创建一个表，并添加一些测试数据。

(2) 关闭数据库，删除 USERS 表空间对应的数据文件，以此模拟数据文件丢失的故障。

(3) 再次启动数据库会提示无法识别或锁定数据文件 USERS01.DBF。执行情况如下：

```
SQL> startup;
ORACLE 例程已经启动。
```

```
Total System Global Area  778387456 bytes
Fixed Size                 1374808 bytes
Variable Size            377488808 bytes
Database Buffers         385875968 bytes
Redo Buffers              13647872 bytes
```

数据库装载完毕。

ORA-01157: 无法标识/锁定数据文件 4 - 请参阅 DBWR 跟踪文件

ORA-01110: 数据文件 4: 'D:\APP\ADMINISTRATOR\ORADATA\ORCL\USERS01.DBF'

此时数据库处于 MOUNT 状态，可以使用 RMAN 恢复该数据文件。

(4)　使用 RMAN 恢复数据文件。相关命令及执行结果如下：

```
C:\>rman target system/System2017@orcl
...
已连接到目标数据库: ORCL (DBID=1466498174, 未打开)

RMAN> restore datafile 4;

启动 restore 于 05-5 月 -17
使用目标数据库控制文件替代恢复目录
分配的通道: ORA_DISK_1
通道 ORA_DISK_1: SID=129 设备类型=DISK
分配的通道: ORA_DISK_2
通道 ORA_DISK_2: SID=192 设备类型=DISK
分配的通道: ORA_DISK_3
通道 ORA_DISK_3: SID=6 设备类型=DISK


通道 ORA_DISK_1: 正在开始还原数据文件备份集
通道 ORA_DISK_1: 正在指定从备份集还原的数据文件
通道 ORA_DISK_1: 将数据文件 00004 还原到
D:\APP\ADMINISTRATOR\ORADATA\ORCL\USERS01.DBF
通道 ORA_DISK_1: 正在读取备份片段
D:\APP\ADMINISTRATOR\FLASH_RECOVERY_AREA\ORCL\BACKUPSET\2017_05_04\O1_MF
_NNNDF_TAG20170504T103913_DJO52O35_.BKP
通道 ORA_DISK_1: 段句柄 =
D:\APP\ADMINISTRATOR\FLASH_RECOVERY_AREA\ORCL\BACKUPSET\2017_05_04\O1_MF
_NNNDF_TAG20170504T103913_DJO52O35_.BKP 标记 = TAG20170504T103913
通道 ORA_DISK_1: 已还原备份片段 1
通道 ORA_DISK_1: 还原完成, 用时: 00:00:01
完成 restore 于 05-5 月 -17
```

此时数据文件 USERS01.DBF 已经恢复到原来的目录。

(5)　执行 RECOVER 数据库进行介质修复。相关命令及执行结果如下：

```
RMAN> recover datafile 4;

启动 recover 于 05-5月 -17
使用通道 ORA_DISK_1
使用通道 ORA_DISK_2
使用通道 ORA_DISK_3

正在开始介质的恢复
介质恢复完成, 用时: 00:00:01

完成 recover 于 05-5月 -17
```

(6) 恢复数据库后, 就可以打开数据库了。相关命令及执行结果如下:

```
RMAN> alter database open;
数据库已打开
```

现在整个恢复过程完成了, 因为我们没有覆盖重做日志文件, 所以自备份以后的所有操作都保留了下来。如果重做日志文件被覆盖, 则只能使用如下命令进行不完全恢复。

```
RMAN> recover datafile  until calcel;
```

14.7.2　数据库归档恢复

与非归档模式的数据库恢复相比, 使用数据库归档模式恢复的基本特点是归档重做日志文件的内容将应用到数据文件上, 在恢复过程中, RMAN 会自动确定恢复数据库需要哪些归档重做日志文件。

【例 14.31】在归档模式下, 恢复损坏的系统表空间。

(1) 确认数据库处于 ARCHIVELOG 模式下。如果不是, 切换模式为 ARCHIVELOG。

(2) 启动 RMAN, 连接到目标数据库。

(3) 备份整个数据库。

(4) 模拟介质故障。关闭目标数据库后, 通过操作系统移动或删除表空间 SYSTEMS 对应的数据文件 SYSTEM01.DBF。

(5) 重新启动数据库。由于系统表空间损坏, 数据库根本无法启动。相关命令及执行结果如下:

```
SQL> startup
ORACLE 例程已经启动。

Total System Global Area  778387456 bytes
Fixed Size                 1374808 bytes
Variable Size            377488808 bytes
Database Buffers         385875968 bytes
Redo Buffers              13647872 bytes
数据库装载完毕。
ORA-01157: 无法标识/锁定数据文件 1 - 请参阅 DBWR 跟踪文件
ORA-01110: 数据文件 1: 'D:\APP\ADMINISTRATOR\ORADATA\ORCL\SYSTEM01.DBF'
```

(6) 使用 RMAN 恢复 SYSTEM 表空间。相关命令及执行结果如下：

```
RMAN> run {
2> SQL "alter database datafile 1 offline";
3> restore datafile 1;
4> recover datafile 1;
5> SQL " alter database datafile 1 online ";
6> }
```

使用目标数据库控制文件替代恢复目录
sql 语句: alter database datafile 1 offline

启动 restore 于 05-5月 -17
分配的通道: ORA_DISK_1
通道 ORA_DISK_1: SID=129 设备类型=DISK
分配的通道: ORA_DISK_2
通道 ORA_DISK_2: SID=192 设备类型=DISK
分配的通道: ORA_DISK_3
通道 ORA_DISK_3: SID=6 设备类型=DISK

通道 ORA_DISK_1: 正在开始还原数据文件备份集
通道 ORA_DISK_1: 正在指定从备份集还原的数据文件
通道 ORA_DISK_1: 将数据文件 00001 还原到
D:\APP\ADMINISTRATOR\ORADATA\ORCL\SYSTEM01.DBF
...
正在开始介质的恢复
介质恢复完成，用时: 00:00:02

完成 recover 于 05-5月 -17

sql 语句: alter database datafile 1 online
为了不影响其他表空间,在进行恢复时先将数据文件设置为离线状态,恢复完成后又重新设为在线状态。

(7) 使用 ALTER DATABASE OPEN 命令打开数据库。

如果是非系统表空间损坏，则将该表空间的数据文件设为 OFFLINE 后，就可以正常打开数据库，从而保证了数据库其他业务不被中断。

下面的示例对所有表空间及其对应数据文件进行恢复。

【例 14.32】在归档模式下，在控制文件和日志文件完好的情况下恢复整个数据库。相关命令如下：

```
RMAN> run {
2> restore database ;
3> restore database;
4> SQL " alter database open ";
5> }
```

14.7.3　数据块恢复

在传统的恢复手段中，若某个数据文件中的一个数据块损坏，就会造成整个数据文件无法使用，此时必须通过备份恢复整个数据文件。很明显这种恢复方式会耗费大量的时间，而 RMAN 可以进行数据块级的数据恢复，即使用备份文件恢复数据文件中损坏的数据块。数据块介质恢复可以最小化重做日志应用程序的时间，并能极大地减少恢复所需要的 I/O 数量。在执行块介质恢复时，受影响的数据文件仍可以联机并供用户使用。

　　RMAN 将损坏的数据块信息记录在视图 v$database_block_corruption 中，可以通过该视图查询损坏的数据块。为了实现数据块恢复，RMAN 必须知道数据文件编号和数据文件内的块编号。根据视图中记录的这两个编号值，执行 RECOVER 语句，可以实现数据块恢复。

　　出现数据块损坏后，用户跟踪文件 alert_.log 中会记录损坏块的信息。所以可以查看该文件，查询是否存在数据块损坏。

　　【例 14.33】查询 v$database_block_corruption 视图，查看已经损坏的数据块的信息。相关命令及执行结果如下：

```
SQL> SELECT * FROM V$DATABASE_BLOCK_CORRUPTION ;

    FILE#     BLOCK#  BLOCKS   CORRUPTION_CHANGE#      CORRUPTIO
    ------    ------  -------  ------------------      -----------
       4      151     1        0                       FRACTURED
```

在上述查询结果中，显示文件编号为 4，数据文件内的块编号为 151，根据这两个编号值，执行数据块恢复语句，从备份集中将数据恢复。相关命令如下：

```
RMAN> RECOVER DATAFILE 4 BLOCK 151;
```

14.8　备　份　维　护

　　在使用 RMAN 对数据库进行备份后，RMAN 提供了如 VALIDATE BACKUPSET 等指令来管理维护备份集。下面分别介绍这些维护命令。

14.8.1　VALIDATE BACKUPSET 命令

　　VALIDATE BACKUPSET 命令用于验证备份文件的可用性。
　　【例 14.34】使用 VALIDATE BACKUPSET 命令验证备份集的可用性。相关命令及执行结果如下：

```
RMAN> validate backupset 3;

启动 validate 于 02-5月 -17
使用通道 ORA_DISK_1
使用通道 ORA_DISK_2
使用通道 ORA_DISK_3
通道 ORA_DISK_1: 正在开始验证数据文件备份集
通道 ORA_DISK_1: 正在读取备份片段
D:\APP\ADMINISTRATOR\FLASH_RECOVERY_AREA\ORCL\AUTOBACKUP\2017_04_26\O1_M
F_S_942318341_DJ03N6SR_.BKP
```

```
通道 ORA_DISK_1: 段句柄 =
D:\APP\ADMINISTRATOR\FLASH_RECOVERY_AREA\ORCL\AUTOBACKUP\2017_04_26\01_M
F_S_942318341_DJ03N6SR_.BKP 标记 = TAG20170426T110541
通道 ORA_DISK_1: 已还原备份片段 1
通道 ORA_DISK_1: 验证完成，用时: 00:00:01
完成 validate 于 02-5月 -17
```

VALIDATE BACKUPSET 后的数字是备份集的关键字。通过 LIST BACKUP 命令可以列出备份的信息。

【例 14.35】查看备份的汇总信息。相关命令及执行结果如下：

```
RMAN> list backup summary;


备份列表
===============
关键字    TY   LV  S   设备类型    完成时间       段数    副本数   压缩   标记
------  --   --  -   --------   ----------  -----   -----   ---   -----------
1       B    F   A   DISK       26-4月 -17    1       1      NO
TAG20170426T100528
2       B    F   A   DISK       26-4月 -17    1       1      NO
TAG20170426T100859
3       B    F   A   DISK       26-4月 -17    1       1      NO    TAG20170426T11
0541
...
```

VALIDATE BACKUPSET 命令只能列出备份集的有效性，如果想知道某个表空间或数据文件是否存在于备份集中，则需要使用 RESTORE VALIDATE 命令。

14.8.2　RESTORE VALIDATE 命令

RESTORE VALIDATE 命令可用于验证数据库对象是否存在于备份集中，这样用户就可以确认某个数据库对象是否已经进行了备份。

【例 14.36】查看备份的汇总信息。相关命令及执行结果如下：

```
RMAN> restore tablespace users validate;

启动 restore 于 03-5月 -17
使用目标数据库控制文件替代恢复目录
分配的通道: ORA_DISK_1
通道 ORA_DISK_1: SID=73 设备类型=DISK
分配的通道: ORA_DISK_2
通道 ORA_DISK_2: SID=69 设备类型=DISK
分配的通道: ORA_DISK_3
通道 ORA_DISK_3: SID=192 设备类型=DISK

通道 ORA_DISK_1: 正在开始验证数据文件备份集
```

通道 ORA_DISK_1：正在读取备份片段
D:\APP\ADMINISTRATOR\FLASH_RECOVERY_AREA\ORCL\BACKUPSET\2017_04_28\O1_MF
_NNND0_TAG20170428T162343_DJ5Z0K8H_.BKP

通道 ORA_DISK_1：段句柄 =
D:\APP\ADMINISTRATOR\FLASH_RECOVERY_AREA\ORCL\BACKUPSET\2017_04_28\O1_MF
_NNND0_TAG20170428T162343_DJ5Z0K8H_.BKP 标记 = TAG20170428T162343

通道 ORA_DISK_1：已还原备份片段 1

通道 ORA_DISK_1：验证完成，用时：00:00:35

完成 restore 于 03-5 月 -17

上面的输出结果"验证完成"表示该表空间存在于备份集中。如果要验证数据文件是否存在于备份集中，则可以使用如下命令：

```
RMAN> restore datafile 1 validate;
```

14.8.3 LIST 命令

RMAN 的 LIST 命令可以查看当前的备份集信息，其功能是非常强大的。例如，它可以查看如某个表空间所在的备份集，数据文件所在的备份集等。

1. 查看备份集信息

【例 14.37】查看备份集的信息。相关命令如下：

```
RMAN>list backupset;
```

输出显示了详细的备份集信息。如果要查看某个备份集的信息，则可以单独指定备份集的标识。执行结果如下：

```
RMAN> list backupset 426;
```

备份集列表
===================

BS 关键字	类型	LV	大小	设备类型	经过时间	完成时间
426	Incr	0	108.36M	DISK	00:00:25	28-4 月 -17

　　BP 关键字: 430　状态: AVAILABLE　已压缩: YES　标记: TAG20170428T162343
段名:D:\APP\ADMINISTRATOR\FLASH_RECOVERY_AREA\ORCL\BACKUPSET\2017_04_
28\O1_MF_NNND0_TAG20170428T162343_DJ5Z0JGG_.BKP

　　备份集 426 中的数据文件列表

文件	LV	类型	Ckp SCN	Ckp 时间	名称
2	0	Incr	2923878	28-4 月-17	D:\APP\ADMINISTRATOR\ORADATA\ORCL\SYSAUX01.DBF
3	0	Incr	2923878	28-4 月-17	D:\APP\ADMINISTRATOR\ORADATA\ORCL\UNDOTBS01.DBF
5	0	Incr	2923878	28-4 月-17	D:\APP\ADMINISTRATOR\ORADATA\ORCL\EXAMPLE01.DBF
7	0	Incr	2923878	28-4 月-17	E:\ORACLEDATA\RECOVERY_TBS.DBF

2．查看表空间的备份集信息

【例 14.38】查看某个表空间在备份集中的信息。相关命令及执行结果如下：

```
RMAN> list backup of tablespace users;
```

备份集列表
====================

BS 关键字	类型	LV	大小	设备类型	经过时间	完成时间
174	Full		86.94M	DISK	00:00:28	28-4 月 -17

　　　　BP 关键字：180　　状态：AVAILABLE　已压缩：YES　标记：TAG20170428T082515
段名：D:\APP\ADMINISTRATOR\FLASH_RECOVERY_AREA\ORCL\BACKUPSET\2017_04_28\O1_
MF_NNNDF_TAG20170428T082515_DJ52ZJOW_.BKP

　备份集 174 中的数据文件列表

文件	LV	类型	Ckp SCN	Ckp 时间	名称
4		Full	2889591	28-4月-17	D:\APP\ADMINISTRATOR\ORADATA\ORCL\USERS01.DBF

BS 关键字	类型	LV	大小	设备类型	经过时间	完成时间
209	Full		86.59M	DISK	00:00:26	28-4 月 -17

　　　　BP 关键字：217　　状态：AVAILABLE　已压缩：YES　标记：TAG20170428T102123
段名：D:\APP\ADMINISTRATOR\FLASH_RECOVERY_AREA\ORCL\BACKUPSET\2017_04_28\
O1_MF_NNNDF_TAG20170428T102123_DJ59S73N_.BKP

　备份集 209 中的数据文件列表

文件	LV	类型	Ckp SCN	Ckp 时间	名称
4		Full	2901370	28-4 月 -17	D:\APP\ADMINISTRATOR\ORADATA\ORCL\USERS01.DBF

...

从输出结果可以看出，表空间 USERS 在多个备份集中都有备份信息。

3．查看数据库文件的备份集信息

【例 14.39】查看某个数据文件在备份集中的信息。相关命令及执行结果如下：

```
RMAN> list backup of datafile 1;
```

使用目标数据库控制文件替代恢复目录

备份集列表
====================

BS 关键字	类型	LV	大小	设备类型	经过时间	完成时间
8	Full		185.83M	DISK	00:00:38	28-4 月 -17

BP 关键字: 8　　状态: AVAILABLE　　已压缩: YES　　标记: TAG20170428T082515

段名:D:\APP\ADMINISTRATOR\FLASH_RECOVERY_AREA\ORCL\BACKUPSET\2017_04_28\O1_
MF_NNNDF_TAG20170428T082515_DJ52ZDVG_.BKP

　　备份集 8 中的数据文件列表

　　文件 LV　类型　Ckp SCN　　Ckp 时间　　　名称

　　---- -- ---- --------- ---------- ------------------------------------

　　1　　　Full　2889591　28-4 月 -17 D:\APP\ADMINISTRATOR\ORADATA\ORCL\SYSTEM01.DBF

...

LIST 命令还可以查看归档日志文件、控制文件及参数文件的备份信息。

【例 14.40】查看控制文件在备份集中的信息。相关命令及执行结果如下:

```
RMAN> list backup of controlfile;
```

备份集列表

===================

BS 关键字 类型　LV　大小　　　　　设备类型　　　经过时间　　　完成时间

------- ---- -- --------- --------- ---------- ----------

1　　　Full　　8.86M　　DISK　　　00:00:02　26-4 月 -17

　　　　　BP 关键字: 1　　状态: AVAILABLE　已压缩: NO　　标记: TAG20170426T100528

段名:E:\ORACLEBACKUP\ORCL\BACKUP_CTL_02S2L578.BKP

　包括的控制文件: Ckp SCN: 2783828　　　Ckp 时间: 26-4 月 -17

...

显示归档日志文件和参数文件的备份信息。相关命令如下:

```
RMAN> list backup of spfile;
RMAN> list backup of archivelog all;
```

4. 过期备份集信息

LIST 命令还可以查看过期的备份集信息。相关命令如下:

```
RMAN> list expired backup;
```

对于过期的备份集信息,可以使用如下命令删除。相关命令如下:

```
RMAN> delete noprompt expired backupset;
```

14.8.4　REPORT 命令

　　LIST 命令只是简单地列出备份集信息,而 REPORT 命令则可以判断数据库的当前可恢复状态,以及备份集的特定信息。

1. 报告数据库模式

　　模式指的是数据库的物理结构。模式包括数据文件名,数据文件号,为这些数据文件指派的表空间,数据文件大小,以及数据文件是否含有回滚段。

　　【例 14.41】查看数据库结构。相关命令及执行结果如下:

```
RMAN> report schema;
```

db_unique_name 为 ORCL 的数据库的数据库方案报表

永久数据文件列表
```
===========================
文件 大小(MB)  表空间       回退段      数据文件名称
--- ------- --------- -------  ---------------------------------------------
1    700    SYSTEM    ***     D:\APP\ADMINISTRATOR\ORADATA\ORCL\SYSTEM01.DBF
2    600    SYSAUX    ***     D:\APP\ADMINISTRATOR\ORADATA\ORCL\SYSAUX01.DBF
3    100    UNDOTBS1  ***     D:\APP\ADMINISTRATOR\ORADATA\ORCL\UNDOTBS01.DBF
4    5      USERS     ***     D:\APP\ADMINISTRATOR\ORADATA\ORCL\USERS01.DBF
5    100    EXAMPLE   ***     D:\APP\ADMINISTRATOR\ORADATA\ORCL\EXAMPLE01.DBF
6    10     INDEX_TBS ***     E:\ORACLEBACKUP\INDEX\SCOTT_INDEX.DBF
7    10     RECOVERY_TBS ***  E:\ORACLEDATA\RECOVERY_TBS.DBF
```

临时文件列表
```
=======================
文件 大小(MB)    表空间          最大大小(MB)        临时文件名称
--- ---------- --------- -------------------- -----------
1    29        TEMP                 29
D:\APP\ADMINISTRATOR\ORADATA\ORCL\TEMP01.DBF
```

2. 报告最近没有被备份的数据文件

在进行备份操作前，有必要了解一下当前需要备份的表空间或数据文件。例如，查看最近 3 天没有备份过的数据文件。

【例 14.42】查看超过 3 天没有备份的数据文件。相关命令及执行结果如下：

```
RMAN> report need backup days = 3;
```

文件报表的恢复需要超过 3 天的归档日志
```
文件  天      数据名称
---- -----  ---------------------------------------------------
1    6      D:\APP\ADMINISTRATOR\ORADATA\ORCL\SYSTEM01.DBF
2    6      D:\APP\ADMINISTRATOR\ORADATA\ORCL\SYSAUX01.DBF
3    6      D:\APP\ADMINISTRATOR\ORADATA\ORCL\UNDOTBS01.DBF
4    6      D:\APP\ADMINISTRATOR\ORADATA\ORCL\USERS01.DBF
5    6      D:\APP\ADMINISTRATOR\ORADATA\ORCL\EXAMPLE01.DBF
6    6      E:\ORACLEBACKUP\INDEX\SCOTT_INDEX.DBF
7    6      E:\ORACLEDATA\RECOVERY_TBS.DBF
```

上面的输出结果显示，这些数据文件已经 6 天没有备份。

3. 报告丢弃的备份

如果备份时使用了保存策略，则备份集超过规定后会被标记为丢弃状态(OBSOLETE)。执行 REPORT OBSOLETE 就可查看到标记为丢弃的备份记录。

【例 14.43】查看丢弃的备份信息。相关命令及执行结果如下：

```
RMAN> report obsolete;
```

RMAN 保留策略将应用于该命令
将 RMAN 保留策略设置为 7 天的恢复窗口
已废弃的备份和副本报表

类型	关键字	完成时间	文件名/句柄
备份集	1	26-4 月 -17	
备份片段	1	26-4 月 -17	E:\ORACLEBACKUP\ORCL\BACKUP_CTL_02S2L578.BKP
备份集	2	26-4 月 -17	
备份片段	2	26-4 月 -17	D:\APP\ADMINISTRATOR\FLASH_RECOVERY_AREA\ORCL\BACKUPSET\2017_04_26\O1_MF_NCNNF_TAG20170426T100859_DJ009WWG_.BKP
备份集	3	26-4 月 -17	
备份片段	3	26-4 月 -17	D:\APP\ADMINISTRATOR\FLASH_RECOVERY_AREA\ORCL\AUTOBACKUP\2017_04_26\O1_MF_S_942318341_DJ03N6SR_.BKP

14.9 习　题

一、填空题

1. 在默认情况下，RMAN 的备份记录是放在目标数据库的_____中，一旦目标数据库的_____损坏，也就意味着所有的 RMAN 备份都会失效。Oracle 推荐使用_____保存备份记录。

2. 使用 STARTUP 命令启动数据库时，添加_____选项，可以实现仅启动数据库实例，不打开数据库。

3. 在对数据库进行脱机备份时，数据库必须切换到_____状态，以便对整个数据库文件进行备份。

4. 在进行联机备份时，数据库必须是工作在_____。

5. 使用 RMAN 恢复数据库时，一般情况下需要进行_____和_____两个过程。

6. 在 RMAN 中建立增量备份时，级别 0 的增量备份与_____相同。而级别 1 的备份是执行_____，即对 0 级别备份后的变化进行备份。

二、选择题

1. 关于 RMAN 备份控制文件的描述错误的是(　　)。
    A. 在默认情况下 RMAN 会自动将控制文件复制到快闪恢复区指定的目录
    B. 用户可以使用 FORMAT 参数指定控制文件的备份目录
    C. 在快闪恢复区备份控制文件后，当需要进行恢复数据库时，用户需要确定所使用的备份文件
    D. RMAN 提供了一种自动备份功能，使得当数据库结构发生改变、控制文件更新时自动备份

2. 执行(　　)命令，可以立即关闭数据库，这时，系统将连接到服务器的所有未提交的事务全部回退，并中断连接，然后关闭数据库。

    A. SHUTDOWN
    B. SHUTDOWN NORMAL

    C. SHUTDOWN ABORT
    D. SHUTDOWN IMMEDIATE

3. (　　)命令可以将一个文件的备份还原到数据库原目录中。

    A. RECOVER
    B. BACKUP
    C. COPY
    D. RESTORE

4. (　　)命令用来显示 RMAN 通道配置信息。

    A. LIST
    B. DISPLAY
    C. SHOW
    D. 都不可以

5. 在 BACKUP 命令中指定 INCREMENTAL 选项，默认创建差异增量备份。如果想要建立累积增量备份，还需要在 BACKUP 命令中指定(　　)选项。

    A. INCREMENTAL
    B. LEVEL

    C. DIFFERENTIAL
    D. CUMULATIVE

6. 使用 RMAN 实现表空间恢复时，执行命令的顺序是(　　)。

    A. RESTORE、RECOVER
    B. RECOVER、RESTORE

    C. COPY、BACKUP
    D. COPY、RECOVER

三、简答题

1. 简要说明 RMAN 主要包括的几个部分。
2. 简述如何将数据库的非归档模式修改为归档模式。
3. 简述增量备份的类型。
4. 举例说明数据库完全恢复的过程。

第 15 章　Oracle 闪回技术

本章导读

在数据库系统的运行过程中，有相当多的错误是由用户的操作失误导致的。在传统意义上，当发生数据丢失、数据错误问题时，解决的主要方法是采用基于时间点的恢复，通过备份恢复数据库到过去指定的时间点。这种恢复方式需要使用备份并使用适当的归档日志完成。这些方法需要在发生数据错误之前有一个正确的备份，才能进行恢复。

这种传统方法既耗时又使数据库系统不能提供服务，对于一些用户偶然误删除数据这类小错误而言显得有些"大材小用"。为此 Oracle 引入了闪回技术，它具有恢复时间短，不使用备份文件的特点，可以帮助用户快速恢复一些逻辑错误。本章介绍 Oracle 的闪回技术。

学习目标

- 了解 Oracle 的闪回技术。
- 掌握闪回数据库的使用。
- 掌握闪回表的使用。
- 掌握闪回删除的使用。
- 掌握闪回版本查询的使用。
- 掌握闪回事务查询的使用。
- 理解闪回数据归档与其他闪回技术的区别。
- 掌握闪回数据归档的使用。

15.1　闪回数据库

闪回数据库就是将整个数据库恢复到过去的某个时间点，它是一种数据库级的恢复。例如，在误删除一个用户的情况下，就要进行数据库级的恢复。

15.1.1　闪回数据库概述

闪回数据库是一种快速的数据库级的恢复，这种恢复是基于用户的逻辑错误，比如对表中数据做了错误的修改、插入了大量的错误数据、误删了一个用户等，此时就需要将数据库恢复到修改之前的某个时间点。传统的解决方法是采用基于时间点的恢复，这需要备份文件和归档日志文件配合完成。

Oracle 闪回技术采用闪回日志来恢复用户的逻辑错误。闪回日志由 Oracle 自动创建，并存储在闪回恢复区，由闪回恢复区管理。当数据库启用闪回功能，Oracle 就会启用 RVWR 进程，该进程负责将闪回日志写入恢复区。

关于数据库闪回，首先需要了解如下 3 个参数。

- DB_RECOVERY_FILE_DEST：闪回日志的存放位置。
- DB_RECOVERY_FILE_DEST_SIZE：闪回恢复区的大小。
- DB_FLASHBACK_RETENTION_TARGET：闪回数据的保留时间，其单位为分，默认值为 1440，即一天。

使用 SHOW PARAMETER DB_RECOVERY_FILE_DEST 命令，可以查看上述前两个参数的信息。

【例 15.1】查看闪回恢复区的位置和大小。相关命令及执行结果如下：

```
SQL> show parameter db_recovery_file_dest;

NAME                          TYPE         VALUE
----------------------        ----------   --------------------------------
db_recovery_file_dest         string       D:\app\Administrator\flash_rec
                                           overy_area
db_recovery_file_dest_size    big nteger   3852M
```

注意　在创建数据库时，Oracle 会自动创建恢复区。恢复区的作用不仅仅是为了存放闪回日志，它还存储了备份文件。

从查询结果中可以看出闪回日志的存储位置及存储空间大小。

使用 SHOW PARAMETER DB_FLASHBACK_RETENTION_TARGET 命令，可以查看 DB_FLASHBACK_RETENTION_TARGET 参数的信息。

【例 15.2】查看闪回日志的保留时间。相关命令及执行结果如下：

```
SQL> show parameter db_flashback_retention_target;

NAME                            TYPE         VALUE
------------------------------  -----------  ----------
db_flashback_retention_target   integer      1440
```

可以动态修改这个参数，使闪回数据库可以闪回更长时间的数据。

【例 15.3】修改闪回日志的保留时间为两天。相关命令及执行结果如下：

```
SQL> alter system set db_flashback_retention_target=2880 scope=both;

系统已更改。
```

1．启用闪回数据库功能

虽然 Oracle 系统会默认创建恢复区以便存放闪回日志，但是并没有默认启用闪回数据库功能。通过数据字典 V$DATABASE，可以查看当前闪回数据库功能是否已经启用。

【例 15.4】查看数据库是否启用闪回功能。相关命令及执行结果如下：

```
SQL> select flashback_on from v$database;

FLASHBACK_ON
-------------------
NO
```

数据字典 V$DATABASE 的 FLASHBACK_ON 字段表示闪回数据库功能是否启用，如果该字段值为 YES，则表示启用；如果为 NO，则表示未启用。

启用闪回数据库功能的步骤如下。

(1) 确定数据库工作于归档模式下。如果为非归档模式，则需要将其更改为归档模式，相关操作在前面章节中已经详细介绍。相关命令如下：

```
SQL> archive log list;
```

(2) 启动数据库到 MOUNT 状态。相关命令如下：

```
SQL> shutdown immediate
SQL> startup mount
```

(3) 启动闪回数据库，并打开数据库。相关命令及执行结果如下：

```
SQL> alter database flashback on;
数据库已更改。
SQL> alter database open;
```

2. V$FLASHBACK_DATABASE_LOG 视图

启用闪回数据库功能后，为了避免因为恢复区空间不足而删除较早的闪回日志这种情况，在系统运行一段时间后，就可以通过 V$FLASHBACK_DATABASE_LOG 视图了解数据库闪回日志的信息，评估恢复区空间。

首先使用 DESC 命令了解 V$FLASHBACK_DATABASE_LOG 视图的结构。相关命令及执行结果如下：

```
SQL> desc v$flashback_database_log;
 名称                              是否为空?        类型
 ----------------------           --------        ------------------
 OLDEST_FLASHBACK_SCN                             NUMBER
 OLDEST_FLASHBACK_TIME                            DATE
 RETENTION_TARGET                                 NUMBER
 FLASHBACK_SIZE                                   NUMBER
 ESTIMATED_FLASHBACK_SIZE                         NUMBER
```

如上述视图结构，其中各字段的含义如下。

- OLDEST_FLASHBACK_SCN：表示能够闪回的最早的 SCN。
- OLDEST_FLASHBACK_TIME：表示能够闪回的最早时间。
- RETENTION_TARGET：表示闪回日志的保留时间。
- FLASHBACK_SIZE：表示闪回数据的大小。
- ESTIMATED_FLASHBACK_SIZE：表示闪回数据的估计大小。

【例 15.5】评估闪回恢复区空间大小。相关命令及执行结果如下：

```
SQL> select estimated_flashback_size,retention_target,flashback_size
  2  from v$flashback_database_log;
```

ESTIMATED_FLASHBACK_SIZE	RETENTION_TARGET	FLASHBACK_SIZE
1966080	2880	8192000

3．关闭闪回功能

在默认情况下，只要启用了闪回功能，数据库的永久表空间都会受闪回数据库的保护。如果不希望某个表空间受保护，则可以禁用对某个表空间的闪回特性。

【例 15.6】禁用对某个表空间的闪回保护。相关命令及执行结果如下：

```
SQL> alter tablespace users flashback off;
```

表空间已更改。

可以通过查询数据字典 V$TABLESPACE 来查询表空间是否已经不受闪回保护。

【例 15.7】查询表空间是否受闪回保护。相关命令及执行结果如下：

```
SQL> select name,flashback_on from v$tablespace;
```

```
NAME                     FLA
------------------------ -----
SYSTEM                   YES
SYSAUX                   YES
UNDOTBS1                 YES
USERS                    NO
EXAMPLE                  YES
TEMP                     YES
INDEX_TBS                YES
RECOVERY_TBS             YES
```

已选择 8 行。

如果想重新启用对该表空间的闪回保护，则必须将数据库启动到 MOUNT 状态。

【例 15.8】启用对某表空间的闪回保护。相关命令及执行结果如下：

```
SQL> startup mount
SQL> alter tablespace users flashback on;
```

如果需要关闭数据库的闪回特性，也需要将数据库启动到 MOUNT 状态。

【例 15.9】关闭数据库的闪回特性。相关命令及执行结果如下：

```
SQL> startup mount
SQL> alter database flashback off;
```

15.1.2　闪回数据库技术应用

闪回数据库可以使用 RMAN 方法，也可以使用 SQL 指令的方式实现。使用 RMAN 闪回数据库有以下两种方式。

- FLASHBACK DATABASE TO TIME：闪回数据库到过去的某个时间点。
- FLASHBACK DATABASE TO SCN：闪回数据库到过去某个 SCN。

使用 SQL 指令闪回数据库有如下两种方式。

- FLASHBACK DATABASE TO TIMESTAMP：闪回数据库到过去的某个时间戳指定的状态。
- FLASHBACK DATABASE TO SCN：闪回数据库到过去某个 SCN。

 系统的改变号 SCN 不容易把握，用户很难知道应该闪回到哪个 SCN。相对来讲，时间戳就要明了得多。

下面通过一个示例演示如何闪回用户的错误操作。

【例 15.10】闪回用户的误操作。

(1) 创建一个新用户，并使用该用户创建一个表。相关命令及执行结果如下：

```
SQL> create user vf_user identified by vf_user;
用户已创建。

SQL> grant resource,connect to vf_user;
授权成功。

SQL> conn vf_user/vf_user
已连接。
```

(2) 查看此时的系统时间。相关命令及执行结果如下：

```
SQL> select to_char(sysdate,'yyyy-mm-dd hh24:mi:ss') time from dual;

TIME
-------------------
2017-05-08 17:10:03
```

(3) 删除用户，模拟用户的误操作。相关命令及执行结果如下：

```
SQL> conn system/password as sysdba;
已连接。

SQL> drop user vf_user cascade;
用户已删除。
```

(4) 通过闪回数据库恢复误删除的用户。相关命令及执行结果如下：

```
SQL> startup mount
SQL> flashback database to
  2 timestamp(to_date('2017-05-08 17:10:03','yyyy-mm-dd hh24:mi:ss'));

闪回完成。
```

启动数据库到 MOUNT 状态后，使用 FLASHBACK DATABASE 语句将数据库闪回到前面查询出来的系统时间点上。

(5) 使用 ALTER DATABASE OPEN RESETLOGS 语句打开数据库。相关命令及执行结果如下：

```
SQL> alter database open resetlogs;
```

数据库已更改。

(6) 验证用户 VF_USER 是否可用。相关命令及执行结果如下：

```
SQL> conn vf_user/vf_user
已连接。
```

从查询结果可以看出，用户 VF_USER 现在已经恢复了，这说明数据库已经成功闪回到了指定的时间点上。

15.2　闪　回　表

当对一个表进行误操作后，如果想要迅速恢复表中的数据到正确状态，这时就可以使用闪回表技术。下面介绍闪回表的概念，以及如何使用 FLASHBACK TABLE 语句对表进行闪回操作。

15.2.1　闪回表概述

闪回表，实际上就是将表中的数据快速恢复到过去的一个时间点或者系统改变号 SCN 上。实现表的闪回，需要使用到与撤销表空间相关的 UNDO 信息，通过 SHOW PARAMETER UNDO 命令可以了解这些信息。

【例 15.11】查看 UNDO 信息。相关命令及执行结果如下：

```
SQL> show parameter undo;
NAME                                 TYPE          VALUE
------------------------------------ ------------- -------------
undo_management                      string        AUTO
undo_retention                       integer       900
undo_tablespace                      string        UNDOTBS1
```

其中，UNDO_MANAGEMENT 表示撤销表空间的管理方式，AUTO 表示撤销表空间由系统自动管理；UNDO_RETENTION 指定撤销记录的保留时间，其单位是秒；UNDO_TABLESPACE 表示撤销表空间的名称。

用户对表的所有修改操作都记录在撤销表空间中，这为表的闪回提供了数据恢复的基础。例如，某个修改操作在提交后被记录在撤销表空间中，保留时间为 900 秒，用户可以在这 900 秒的时间内对表进行闪回操作，从而将表中的数据恢复到修改前的状态。

由于撤销表空间的空间大小是有限的，所以需要设置记录的保留时间，这样可以保证记录的操作是最新发生的。如果用户创建的撤销表空间足够大，则可以考虑将保留时间设置得长一些。

如果想要重新设置保留时间，可以使用 ALTER SYSTEM 语句。

【例 15.12】设置撤销记录的保留时间为 1200 秒。相关命令及执行结果如下：

```
SQL> alter system set undo_retention=1200 scope=both;
```

系统已更改。

15.2.2 使用闪回表

下面通过一个示例来演示如何使用闪回表技术将表恢复到过去的一个时间点。

【例 15.13】闪回表到某个时间点。

(1) 在数据库中创建一个测试表。相关命令及执行结果如下：

```
SQL> create table ft_test (
  2   id number primary key,
  3    content varchar2(20) not null
  4  );
```

表已创建。

(2) 向该表中添加几行记录。相关命令及执行结果如下：

```
SQL> begin
  2  for i in 1..100 loop
  3  insert into ft_test values(i,'test');
  4  end loop;
  5  end;
  6  /
```

PL/SQL 过程已成功完成。

```
SQL> select count(*) from ft_test;

  COUNT(*)
----------
      100
```

(3) 查询当前系统的日期时间，之后查询 FLASH_TABLE01 表中的数据。相关命令及执行结果如下：

```
SQL> select to_char(sysdate,'yyyy-mm-dd hh24:mi:ss') from dual;

TO_CHAR(SYSDATE,'YY
-------------------
2017-05-08 18:45:03
```

知道闪回的时间点后，下面模拟用户误删除了表中部分数据。

(4) 使用 DELETE 命令删除测试表中的部分数据。相关命令及执行结果如下：

```
SQL> delete from ft_test where id >50;
```

已删除 50 行。

```
SQL> commit;
提交完成。
```

此时用户提交了事务，这个误操作无法通过回退事务取消。如果没有闪回机制，只能使用基于时间的不完全恢复来实现。

（5）启用表的行移动功能。相关命令及执行结果如下：

```
SQL> alter table ft_test enable row movement;
```

表已更改。

闪回表的操作会引起表中数据行的移动。例如，某一行数据当前在数据块 A 中，而在恢复表到某个时间点时，该时间点此行位于数据块 B 中。因此，闪回表时需要启用数据行的移动特性。

（6）使用 FLASHBACK TABLE 命令闪回数据表到某时间点。相关命令及执行结果如下：

```
SQL> flashback table ft_test to timestamp
2    to_timestamp('2017-05-08 18:45:03','yyyy-mm-dd hh24:mi:ss');
```

闪回完成。

在闪回成功后，需要确定表是否闪回到指定时间点。在实际的工作中，往往需要采用多次尝试估算出闪回的时间点。

15.3　闪　回　删　除

闪回表具有一定的局限性。在上一节中举例介绍了使用 DELETE 命令删除表中的记录后，使用闪回表技术可以对该表进行恢复。如果在这期间使用 DROP 命令删除该表，那么闪回表技术就无法再对该表进行恢复了，这种情况就需要使用闪回删除进行恢复。

15.3.1　回收站概述

如果使用 DROP TABLE 指令删除表，该表不会从数据库中立即删除，而是保持原表的位置，并对被删除的表重命名，同时将被删除的表信息存储在回收站中。回收站记录了被删除表的原名和新名，被删除表所占用的空间没有立即释放，直到当回收站空间不足或手动清空回收站中的记录。

Oracle 默认启用了回收站功能，通过查询 recyclebin 参数可以获知当前是否启用回收站功能。

【例 15.14】查询是否启用回收站。相关命令及执行结果如下：

```
SQL> show parameter recyclebin

NAME                             TYPE          VALUE
--------------------             -----------   ---------
recyclebin                       string        on
```

该参数值为 ON，表示当前数据库启用了回收站。如果该参数为 OFF，则可以使用如下命令启动回收站。

【例 15.15】启动回收站。相关命令及执行结果如下：

```
SQL> alter system set recyclebin=on DEFERRED;
```

系统已更改。

执行上述命令后，对当前已经建立的连接没有影响，但是所有新建连接都将受到影响。

Oracle 提供了数据字典 DBA_RECYCLEBIN 和 USER_RECYCLEBIN 供用户查询当前回收站中记录的信息。

【例 15.16】回收站数据字典结构。相关命令及执行结果如下：

```
SQL> desc dba_recyclebin;
 名称                             是否为空?   类型
 -------------------------        --------   ----------------
 OWNER                            NOT NULL   VARCHAR2(30)
 OBJECT_NAME                      NOT NULL   VARCHAR2(30)
 ORIGINAL_NAME                               VARCHAR2(32)
 OPERATION                                   VARCHAR2(9)
 TYPE                                        VARCHAR2(25)
 TS_NAME                                     VARCHAR2(30)
 CREATETIME                                  VARCHAR2(19)
 DROPTIME                                    VARCHAR2(19)
 DROPSCN                                     NUMBER
 PARTITION_NAME                              VARCHAR2(32)
 CAN_UNDROP                                  VARCHAR2(3)
 CAN_PURGE                                   VARCHAR2(3)
 RELATED                          NOT NULL   NUMBER
 BASE_OBJECT                      NOT NULL   NUMBER
 PURGE_OBJECT                     NOT NULL   NUMBER
 SPACE                                       NUMBER
```

该数据字典主要列的含义如下。

- OWNER：被删除对象所属用户。
- OBJECT_NAME：被删除对象的新名称。
- ORIGINAL_NAME：被删除表的原名称。
- OPERATION：对表的操作。
- TYPE：被删除对象的类型，如表或索引。
- TS_NAME：被删除对象对应的表空间。
- CREATETIME：回收站中该对象创建的时间。
- DROPTIME：删除时间。
- CAN_UNDROP：被删除对象是否可以闪回。
- CAN_PURGE：该记录是否可以被永久删除。

下面通过一个示例演示回收站中记录的信息。

【例 15.17】 查看回收站记录信息。

(1) 模拟用户删除了一个表。相关命令及执行结果如下：

```
SQL> drop table scott.sales_emp;

表已删除。
```

(2) 使用 SYSTEM 用户登录数据库，查询回收站中记录的删除表信息。相关命令及执行结果如下：

```
SQL> col ts_name for a10
SQL> col owner for a10
SQL> col original_name for a10
SQL> select owner,original_name,object_name,ts_name
2    from dba_recyclebin;

OWNER      ORIGINAL_N OBJECT_NAME                          TS_NAME
-------    ---------- ------------------------------------ --------
SCOTT      SALES_EMP  BIN$pGUqLL7ERp+FQalSUj45dQ==$0 USERS
```

从输出结果可看出，被删除表的原名为 SALES_EMP，属于用户 SCOTT，并且位于表空间 USERS 内，回收站自动生成了一个被删除表的新名称。

如果是非管理员用户想查询回收站中记录的信息，则可以使用 USER_RECYCLEBIN 或 RECYCLEBIN 数据字典查询，此时 RECYCLEBIN 是 USER_RECYCLEBIN 的同义词。但是，此时必须在对象所属的用户模式下。

【例 15.18】 查看回收站记录信息。相关命令及执行结果如下：

```
SQL> conn scott/tiger
已连接。
SQL> show recyclebin
ORIGINAL NAME RECYCLEBIN NAME                     BJECT TYPE  DROP TIME
----------    --------------------------------    ----------- --------------------
SALES_EMP     BIN$pGUqLL7ERp+FQalSUj45dQ==$0      TABLE       2017-05-09:10:20:30
```

 在 system 表空间中的表被删除后都不会记录在回收站中。

15.3.2　闪回被删除的表

前面介绍了回收站中信息的查询方式，下面介绍如何使用闪回删除技术将回收站中被删除的对象还原。

闪回删除需要使用 FLASHBACK … TO BEFORE DROP 语句。例如，上一小节中删除了 TEST_TABLE 表，现在使用该语句对其进行还原。

【例 15.19】 闪回被删除的表。相关命令及执行结果如下：

```
SQL> flashback table scott.sales_emp to before drop;

闪回完成。
```

此时，继续查看回收站中是否还有被删除表的记录。

【例15.20】查看回收站记录信息。相关命令及执行结果如下：

```
SQL> select owner,original_name,object_name,ts_name
  2  from dba_recyclebin;
```

未选定行

显然，回收站中已经没有表 SALES_EMP 的记录。如果查询 SALES_EMP 可以进一步证实该表已经被成功恢复。

在恢复被删除的表时，也可以使用系统为被删除表指定的新名称进行恢复，并且还可以为恢复后的表重新命名。

【例15.21】使用特定的回收记录恢复表。

(1) 删除表 SALES_EMP。相关命令及执行结果如下：

```
SQL> drop table scott.sales_emp;
```

表已删除。

(2) 查询被删除后回收站指定的新名称。相关命令及执行结果如下：

```
SQL> select owner,original_name,object_name,ts_name
  2  from dba_recyclebin;
```

```
OWNER        ORIGINAL_N   OBJECT_NAME                      TS_NAME
----------   ---------    ------------------------------   ---------
SCOTT        SALES_EMP    BIN$xIRLq2kRSjCMr7N1Hv5ckg==$0   USERS
```

通过使用名称 BIN$xIRLq2kRSjCMr7N1Hv5ckg==$0 可以选择性恢复被删除的表，也可以对恢复后的表重新命名。

(3) 通过系统名恢复表，并重新命名。相关命令及执行结果如下：

```
SQL> connect scott/tiger
已连接。
SQL> flashback table "BIN$xIRLq2kRSjCMr7N1Hv5ckg==$0"
  2  to before drop
  3  rename to new_sales_emp;
```

闪回完成。

提示闪回完成，接下来验证恢复后表是否被重命名。

(4) 验证闪回结果。相关命令及执行结果如下：

```
SQL> select table_name from user_tables;
```

```
TABLE_NAME
------------------------------
EMP
EMP_LOG
```

NEW_SALES_EMP
SALGRADE
BONUS
DEPT

已选择 6 行。

15.3.3　恢复相关对象

当删除一个表时，与该表相关的其他数据库对象(如触发器、索引)都将被删除。现在当闪回该表时，与它相关的数据库对象也会被恢复。下面的示例将演示这个过程，首先创建一个测试表，以及与该表相关的索引对象，然后删除该表再闪回恢复。

【例 15.22】查看回收站记录信息。

(1) 创建一个表及索引。相关命令及执行结果如下：

```
SQL> create table test as
  2  select * from emp;
```

表已创建。

```
SQL> create index scott_test_index on test(ename);
```

索引已创建。

(2) 删除该表，并查看回收站。相关命令及执行结果如下：

```
SQL> drop table test;
表已删除。
SQL> show recyclebin;
ORIGINAL NAME     RECYCLEBIN NAME                OBJECT TYPE DROP TIME
--------------    --------------------------     ---------   ------------------
TEST              BIN$TEjSHrnxTca0X+MOWx0wSw==$0  TABLE       2017-05-09:15:21:56
```

回收站已经记录该表的删除情况，下面查询与该表相关的索引是否还存在。

(3) 查看与表相关的索引是否存在。相关命令及执行结果如下：

```
SQL> select index_name,table_name
  2  from user_indexes
  3  where table_name='TEST';
```

未选定行

此时数据字典中已经删除该索引。下面闪回 TEST 表，查看索引的变化情况。

(4) 恢复表 TEST。相关命令及执行结果如下：

```
SQL> flashback table test to before drop;
```

闪回完成。

表闪回成功后，与该表相关的索引对象也会自动恢复，只是索引名称被修改了。执行

情况如下:

```
SQL> select index_name,table_name
  2  from user_indexes
  3  where table_name='TEST';

INDEX_NAME                           TABLE_NAME
------------------------------       --------------------
BIN$POkjhXifQv2vM30Ig/KDVg==$0        TEST
```

15.3.4　永久删除

在启动闪回删除功能后,被删除的对象实际上没有被清除。Oracle 提供了两种方式来收回这样的物理空间:一是当表空间不足时,Oracle 会自动清理回收站中被删除的对象;二是手动使用 PURGE 指令删除回收站里的对象。

如果用户确实不需要某个表,出于安全性考虑不希望它出现在回收站中,则可以使用如下形式的命令直接删除。

【例 15.23】永久删除表。相关命令及执行结果如下:

```
SQL> drop table test purge;
表已删除。

SQL> show recyclebin;
```

如果已经删除一个表,并且回收站已经记录该表,此时要永久删除该表,则可以使用如下形式的命令。

【例 15.24】清空回收站,永久删除表。相关命令及执行结果如下:

```
SQL> show recyclebin;
ORIGINAL NAME  RECYCLEBIN NAME                OBJECT TYPE  DROP TIME
----------     ----------------------------   -----------  --------------------
TEST           BIN$g6COLA2yS3ykdEDm1rQNAQ==$0 TABLE        2017-05-09:15:54:41

SQL> purge table test;
表已清除。
```

此时该表被从数据库中永久删除,并且与它相应的数据库对象也被永久删除。

如果需要永久删除某个表空间中的多个表,则可以使用如下形式的命令。

【例 15.25】永久删除表空间中的多个表。相关命令及执行结果如下:

```
SQL> purge tablespace users;
表空间已清除。
```

也可以永久删除回收站中与某个用户相关的表。相关命令如下:

```
SQL> purge tablespace tablespace_name user user_name;
```

15.4　闪回版本的查询

在 Oracle 中对数据的操作都是以事务为单位的，每个事务引用的数据变化就是一个版本。闪回版本查询就是查看数据行的整个变化过程，借助这个特殊的功能，可以看到什么时间执行了什么操作，很轻松地实现对应用系统的审计。

闪回版本查询功能依赖于撤销表空间中记录的增、删、改信息。闪回版本查询主要采用 SELECT 语句带 FLASHBACK QUERY 子语句来实现：

```
SELECT column_name [, column_name, …] FROM table_name
...
VERSIONS BETWEEN [SCN | TIMESTAMP] [expr | MINVALUE]
AND [expr | MAXVALUE] AS OF [SCN | TIMESTAMP] expr;
```

其中主要几个字段的含义如下。

- versions_operation：事务操作类型，包括插入(I)、删除(D)、更新(U)。
- versions_xid：事务编号。
- versions_starttime：事务开始时间。
- versions_endtime：事务结束时间。
- versions_startscn：事务开始 SCN 号。
- versions_endscn：事务结束 SCN 号。

下面通过一个示例介绍如何使用闪回版本查询获取对表的操作记录。

【例 15.26】使用闪回版本查询获取数据变化情况。

(1) 创建一个表 VERSION_TABLE，并以事务的形式对该表操作。相关命令及执行结果如下：

```
SQL> create table version_table(
  2  id number primary key,
  3  content varchar2(20)
  4  );

表已创建。
SQL> insert into version_table (id,content)
  2  values (1,'第一行记录');
已创建 1 行。

SQL> commit;
提交完成。
```

提交第一个事务后，下面开始第二个事务。相关命令及执行结果如下：

(2) 开始第二个事务。相关命令及执行结果如下：

```
SQL> update version_table
  2  set content='update'
  3  where id=1;
```

已更新 1 行。

```
SQL> commit;
提交完成。
```

完成第二个事务后，接下来通过闪回版本查询获取数据行的变化情况。

(3) 通过闪回版本查询功能，可以获取某段时间内用户对 VERSION_TABLE 表的操作信息，以及该表的历史数据。相关命令及执行结果如下：

```
SQL> column versions_starttime format a30;
SQL> column versions_endtime format a30;
SQL> column content format a10;
SQL> select content,versions_operation,
  2  versions_starttime,versions_endtime from version_table
  3  versions between timestamp minvalue and maxvalue
  4  order by id,versions_starttime;


CONTENT     V   VERSIONS_STARTTIME            VERSIONS_ENDTIME
----------  -   -------------------------     -------------------------
第一行记录   I  09-5月 -17 04.44.04 下午       09-5月 -17 04.46.31 下午
update      U  09-5月 -17 04.46.31 下午
```

从查询结果中，看到了 VERSION_TABLE 表的操作记录。其中，VERSIONS_STARTTIME 字段表示版本开始时间；VERSIONS_ENDTIME 字段表示版本结束时间；VERSIONS_OPERATION 字段表示对表执行的操作。

15.5 闪回事务的查询

通过闪回版本查询，可以了解过去的某段时间内用户对某个表所做的改变，但是也仅仅只能做到了解。而当发现有错误操作时，闪回版本查询功能没有能力进行撤销处理，这时就可以使用闪回事务查询。

实现闪回事务查询，需要先了解 FLASHBACK_TRANSACTION_QUERY 视图，从该视图中可以获取事务的历史操作记录以及撤销语句(UNDO_SQL)。下面首先使用 DESC 命令查看该视图的结构。

【例 15.27】了解 FLASHBACK_TRANSACTION_QUERY 视图的结构。相关命令及执行结果如下：

```
SQL> desc flashback_transaction_query;
 名称                                        是否为空?   类型
 ----------------------------                --------   ------------------
 XID                                                    RAW(8)
 START_SCN                                              NUMBER
 START_TIMESTAMP                                        DATE
 COMMIT_SCN                                             NUMBER
 COMMIT_TIMESTAMP                                       DATE
 LOGON_USER                                             VARCHAR2(30)
```

```
UNDO_CHANGE#                              NUMBER
OPERATION                                 VARCHAR2(32)
TABLE_NAME                                VARCHAR2(256)
TABLE_OWNER                               VARCHAR2(32)
ROW_ID                                    VARCHAR2(19)
UNDO_SQL                                  VARCHAR2(4000)
```

该视图各字段的含义如下。

- XID：事务标识。
- START_SCN：事务起始时的系统改变号。
- START_TIMESTAMP：事务起始时的时间戳。
- COMMIT_SCN：事务提交时的系统改变号。
- COMMIT_TIMESTAMP：事务提交时的时间戳。
- LOGON_USER：当前登录用户名。
- UNDO_CHANGE#：撤销改变号。
- OPERATION：前滚操作，也就是该事务所对应的操作。
- TABLE_NAME：表名。
- TABLE_OWNER：表的拥有者。
- ROW_ID：唯一的行标识。
- UNDO_SQL：用于撤销的 SQL 语句。

使用闪回事务查询，可以了解某个表的历史操作记录，这个操作记录对应一个撤销 SQL 语句，如果想要撤销这个操作，就可以使用这个 SQL 语句。下面通过一个示例说明闪回事务查询的使用。

【例 15.28】使用闪回事务查询。

(1) 首先创建一个 test2 表。相关命令及执行结果如下：

```
SQL> create table test2 (
  2  id number primary key,
  3  name varchar2(20) not null
  4  );
```

表已创建。

(2) 以事务的形式向 TEST2 表中执行添加记录与删除记录操作。相关命令及执行结果如下：

```
SQL> insert into test2 (id,name)
  2  values (1,'name1');
已创建 1 行。

SQL> commit;
提交完成。

SQL> insert into test2 (id,name)
  2  values (2,'name2');
已创建 1 行。
```

```
SQL> commit;
提交完成。

SQL>  delete from test2 where id = 1;
已删除 1 行。

SQL> commit;
提交完成。
```

上面先后向 TEST2 表中添加了两条记录，然后又删除了第一条记录，并使用 COMMIT 命令对每个 DML 操作进行了提交。

(3) 闪回事务查询。相关命令及执行结果如下：

```
SQL> column table_name format a15;
SQL> column operation format a10;
SQL> column undo_sql format a40;
SQL> select table_name,operation,undo_sql
  2  from flashback_transaction_query
  3  where table_name = 'TEST2';


TABLE_NAME      OPERATION   UNDO_SQL
------------    ----------  ----------------------------------------
TEST2           INSERT      delete from "SYSTEM"."TEST2" where ROWID
                            = 'AAASlxAABAAAVZpAAC';
TEST2           DELETE      insert into "SYSTEM"."TEST2"("ID","NAME"
                            ) values ('1','name1');
TEST2           INSERT      delete from "SYSTEM"."TEST2" where ROWID
                            = 'AAASlxAABAAAVZpAAA';
```

上述记录了每个成功提交的事务，通过 UNDO_SQL 可以做相反的操作，将数据库的某个事务闪回。如果要恢复 DELETE 操作，则执行 UNDO_SQL 指定的 INSERT 语句就可以恢复被删除的操作。

在执行闪回事务查询时，如果视图 FLASHBACK_TRANSACTION_QUERY 的 OPERATION 列全是 UNKNOWN，而且 UNDO_SQL 也为空，则可以执行 alter database add supplemental log data 和 alter database add supplemental log data (primary key) columns 命令。

15.6 闪回数据的归档

前面介绍了 Oracle 11g 中的 5 种闪回形式，其中除了闪回数据库以外，其他 4 种闪回机制都依赖于 UNDO 数据，都与数据库初始化参数 UNDO_RETENTION 设置的保留时间密切相关。这样就有一个限制，就是 UNDO 中的信息不能被覆盖，而 UNDO 段是循环使用的，只要事务提交，之前的 UNDO 信息就可能被覆盖。虽然可以通过设置 UNDO_RETENTION 等参数来延长 UNDO 的保存期，但这个参数会影响所有事务，如设置过大，可能导致撤销表空间快速膨胀。为了解决这个问题，Oracle 11g 引入了闪回数据归档技术。下面对闪回数据归档进行介绍。

15.6.1　闪回数据归档区

闪回数据归档的实现机制与前面几种不同，它将变化数据另外存储到创建的闪回数据归档区(Flashback Archive)中，这样就可以为闪回归档区单独设置存储策略，让闪回不再受UNDO 数据的限制，也不影响 UNDO 策略。闪回数据归档并不针对数据库的所有变化，而是可以根据需要指定某些数据库对象，将这些指定对象的变化数据保存在闪回数据归档区中，这就极大地减少了存储空间的大小。

在 Oracle 系统中可以有一个默认的闪回数据归档区，也可以创建多个闪回数据归档区。创建的每个闪回数据归档区都可以有属于自己的数据管理策略。例如，可以配置闪回数据归档区 1 中的数据保留 1 年，而归档区 2 中的数据保留期为 7 天或更短。

下面通过一个示例来演示如何创建闪回数据归档区。

【例 15.29】创建一个基于表空间、磁盘限额为 100MB、保留策略为 1 年的闪回数据归档区。相关命令及执行结果如下：

```
SQL> create flashback archive arch_1
  2  tablespace "USERS"
  3  quota 100M
  4  retention 1 year;
```

闪回档案已创建。

创建一个默认闪回数据归档区与上述示例类似，只需要使用 DEFAULT 关键字即可。创建默认的闪回数据归档区需要使用 DBA 身份。

【例 15.30】创建一个基于表空间的默认闪回数据归档区。相关命令及执行结果如下：

```
SQL> connect sys/admin as sysdba;
已连接。
SQL> create flashback archive default arch_default
  2  tablespace "EXAMPLE" quota 20m
  3  retention 7 day;
```

闪回档案已创建。

在上述示例中，创建了一个默认闪回数据归档区，名为 ARCH_DEFAULT。

闪回数据归档区不仅可以对应一个表空间，也可以对应多个表空间。对于已经创建的闪回数据归档区，可以使用 ALTER FLASHBACK ARCHIVE 命令增加或者删除该归档区的表空间的个数，从而达到增加或者减少该归档区空间的目的。例如，为前面创建的闪回数据归档区 ARCH_1 添加一个表空间 USER_DATA。

【例 15.31】为闪回数据归档区增加一个表空间。相关命令及执行结果如下：

```
SQL> alter flashback archive arch_1
  2  add tablespace USER_DATA
  3  quota 5m;
```

闪回档案已变更。

【例15.32】移除闪回数据归档区的一个表空间。相关命令及执行结果如下：

```
SQL> alter flashback archive arch_1
  2  remove tablespace USER_DATA;
```

闪回档案已变更。

对已经分配给闪回数据归档区的表空间，也可以修改分配的磁盘限额。例如，在表空间 USER 中为 ARCH_1 提供了 100M 的存储空间大小，现在将其修改为 50M。

【例15.33】修改闪回数据归档区的磁盘限额。相关命令及执行结果如下：

```
SQL> alter flashback archive arch_1
  2  modify tablespace users
  3  quota 50m;
```

闪回档案已变更。

【例15.34】修改闪回数据归档区的数据保留时限。相关命令及执行结果如下：

```
SQL> alter flashback archive arch_1
  2  modify retention 1 month;
```

闪回档案已变更。

上述示例将 ARCH_1 的数据保留时限修改为 1 个月。

【例15.35】删除闪回数据归档区。相关命令及执行结果如下：

```
SQL> drop flashback archive arch_1;
闪回档案已删除。
```

15.6.2 使用闪回数据归档

闪回数据归档区可以针对一个或多个数据库对象。在为一个数据库对象指定归档区时一般有两种方式。第一种是在创建这个对象时为其指定归档区。例如，在创建一个表时指定使用归档区 arch_1。

【例15.36】创建表时指定闪回数据归档区。

```
SQL> create table arch_table01 (
  2  id number,
  3  name varchar2(20)
  4  )
  5  tablespace USERS
  6  flashback archive arch_1;
```

表已创建。

第二种是为已存在的对象指定归档区。

【例15.37】为已经创建的表指定闪回数据归档区。相关命令及执行结果如下：

```
SQL> create table arch_table02 (
  2  id number,
  3  name varchar2(20)
  4  );
表已创建。

SQL> alter table arch_table02 flashback archive arch_1;
表已更改。
```

 如果没有指定归档区名称，则使用默认归档区。

接下来演示闪回数据归档区的应用效果。为了证明闪回数据归档与 UNDO 撤销数据没有关系，下面首先创建一个表作为一个对照。

【例 15.38】应用闪回数据归档。

(1) 创建使用撤销表空间闪回的表。相关命令及执行结果如下：

```
SQL> create table table03 (
  2  id number primary key,
  3  name varchar2(20)
  4  );

表已创建。
```

上面创建了一个表 TABLE03，并且没有为该表指定任何闪回数据归档区。另一个表是先前创建的、使用闪回数据归档区的表 ARCH_TABLE01。

(2) 现在向两个表中添加一些记录。相关命令及执行结果如下：

```
SQL> select * from arch_table01;
       ID    NAME
---------- --------------------
        1    test1
        2    test2
        3    test3

SQL> select * from table03;
       ID    NAME
---------- --------------------
        1    test1
        2    test2
        3    test3
```

上面使用 SELECT 语句显示了表 ARCH_TABLE01 与表 TABLE03 中的所有记录。

(3) 使用 DELETE 命令删除表中的数据。相关命令及执行结果如下：

```
SQL> select to_char(sysdate,'yyyy-mm-dd hh24:mi:ss') from dual;

TO_CHAR(SYSDATE,'YY
```

```
-------------------
2017-05-10 16:55:33

SQL> delete from arch_table01;
已删除 3 行。

SQL> delete from table03;
已删除 3 行。

SQL> commit;
提交完成。
```

上述示例首先查询系统时间，以便后面针对该时间进行闪回操作。然后使用 DELETE 语句清空了两个表中的内容。最后使用 COMMIT 命令提交删除事务操作。

(4) 使用 SELECT 语句，查询两个表在 2017-05-10 16:55:33 这个时间点上的内容。相关命令及执行结果如下：

```
SQL> select * from arch_table01 as of timestamp
  2  to_timestamp('2017-05-10 16:55:33','yyyy-mm-dd hh24:mi:ss');
        ID    NAME
---------- --------------------
         1    test1
         2    test2
         2    test3

SQL> select * from table03 as of timestamp
  2  to_timestamp('2017-05-10 16:55:33','yyyy-mm-dd hh24:mi:ss');
        ID    NAME
---------- --------------------
         1    test1
         2    test2
         3    test3
```

上述语句利用 Flashback 功能去查询数据，发现可以获得正确的数据，但是这并不能说明 ARCH_TABLE01 表的内容是由闪回数据归档区提供的，它依然有可能像 TABLE03 那样，依赖的是 UNDO 撤销数据。为了证明查询使用的是闪回数据归档，下面创建新的 undo 表空间，并切换 undo 表空间。

(5) 创建一个新的撤销表空间，然后将系统使用的撤销表空间切换为新的撤销表空间。相关命令及执行结果如下：

```
SQL> create undo tablespace undotbs2
  2  datafile 'D:\app\Administrator\oradata\orcl\undotbs2.dbf'
  3  size 50m autoextend on;

表空间已创建。

SQL> alter system set undo_tablespace=undotbs2;
系统已更改。
```

```
SQL> show parameter undo_tablespace;

NAME                              TYPE          VALUE
------------------------------    -----------   -----------
undo_tablespace                   string        UNDOTBS2
```

(6) 设置 UNDOTBS1 表空间为离线状态，重新启动数据库以确保撤销表空间的设置生效。相关命令及执行结果如下：

```
SQL> alter tablespace UNDOTBS1 offline;
SQL> shutdown immediate
SQL> startup
```

(7) 重复第(4)步的操作，使用 SELECT 语句查询两个表在 2017-05-10 16:55:33 这个时间点上的内容。相关命令及执行结果如下：

```
SQL> select * from arch_table01 as of timestamp
  2  to_timestamp('2017-05-10 16:55:33','yyyy-mm-dd hh24:mi:ss');

        ID    NAME
---------- --------------------
         1    test1
         2    test2
         2    test3

SQL> select * from table03 as of timestamp
  2  to_timestamp('2017-05-10 16:55:33','yyyy-mm-dd hh24:mi:ss');
select * from table03 as of timestamp
                *
第 1 行出现错误：
ORA-00376: 此时无法读取文件 3
ORA-01110: 数据文件 3: 'D:\APP\ADMINISTRATOR\ORADATA\ORCL\UNDOTBS01.DBF'
```

从查询结果可以看出，ARCH_TABLE01 表的重做记录在闪回数据归档区依然可以被读取，而 TABLE03 表闪回时试图读取撤销表空间中的重做日志。这也印证了闪回归档数据与 UNDO 撤销数据无关。

15.6.3　清除闪回数据归档区数据

清除闪回数据归档区的数据，需要使用 PURGE 关键字。主要有 3 种清除形式：一是删除归档区中的所有数据；二是删除指定时间戳以前的数据；三是删除指定 SCN 以前的数据。

1．删除指定时间戳以前的数据

【例 15.39】删除 ARCH_02 归档区以前的数据。相关命令及执行结果如下：

```
SQL> alter flashback archive arch_02
  2  purge before timestamp
  3  to_timestamp('2017-05-10 16:55:33','yyyy-mm-dd hh24:mi:ss');
```

闪回档案已变更。

如果要删除一天前的数据，可以使用如下形式：

```
SQL> alter flashback archive arch_02
  2  purge before timestamp (systimestamp - interval '1' day);
```

2. 删除指定 SCN 以前的数据

如果要删除指定 SCN 以前的数据，可以使用如下形式：

```
SQL> alter flashback archive arch_02
  2  purge before SCN 784515;
```

3. 将指定的表不再设置数据归档

【例 15.40】取消对表 arch_table01 中的数据进行归档。相关命令及执行结果如下：

```
SQL>alter  table arch_table01 no flashback archive;
```

4. 删除闪回归档区的所有数据

【例 15.41】删除 ARCH_1 归档区中的所有数据。相关命令及执行结果如下：

```
SQL>alter flashback archive arch_1 purge all;
```
闪回档案已变更。

15.7 习   题

一、填空题

1. Oracle 闪回技术采用_____来恢复用户的逻辑错误，它由 Oracle 自动创建，并存储在闪回恢复区，由闪回恢复区管理。

2. 用户对表的所有修改操作都记录在_____中，这为表的闪回提供了数据恢复的基础。

3. 闪回表的操作会引起表中数据行的_____，因此闪回表时需要启用数据行的_____特性。

4. 如果使用 DROP 指令删除表后，该表的信息会被记录到_____，直到当它的空间不足或手动清空后彻底删除。

5. 在 system 表空间中的表被删除后都不会记录在中_____。

6. 使用闪回事务查询，可以了解某个表的_____。

二、选择题

1. 当数据库启用闪回功能后，下列说法中错误的是(   )。
    A. 数据库的永久表空间都会受闪回数据库的保护
    B. 启用 RVWR 进程将闪回日志写入恢复区
    C. 不可以设置某个表空间是否会受到保护
    D. 可以设置某个表空间是否会受到保护

2. 闪回表不可以解决的错误是(　　　)。

　　A.　对表误执行 UPDATE 操作

　　B.　向表中插入多余数据，并执行了事务的提交

　　C.　对表执行 DELETE 操作

　　D.　使用 DROP 命令误删除了表

3. 当删除一个表时，Oracle 会如何处理该表？(　　　)

　　A.　从数据文件中清空该表占用的数据块　　　B.　将该表移到撤销表空间

　　C.　重命名后记录到回收站　　　　　　　　　D.　该表被重命名后记录到恢复区

4. 下列闪回功能中不是依赖于撤销数据的是(　　　)。

　　A.　闪回数据库　　　　B.　闪回删除　　　　C.　闪回表　　　　D.　闪回事务查询

三、简答题

1. 简要说明闪回数据库的特点。

2. 简述如何切换数据库到闪回状态。

3. 举例说明如何闪回表。

4. 举例说明如何闪回查询。

第 16 章　生产管理系统

本章导读

随着计算机技术的飞速发展，信息化时代的到来改变了整个社会的每个角落。各个行业在日常经营管理的各个方面也在悄悄地走向规范化和网络化。一个现代化的企业组织非常庞大，每天都会产生大量数据，企业的管理者每天都要对这些数据进行分析，从而合理安排有限的资源，保障整个企业高效运转。生产管理系统正是为此而设计的。

本章通过一个运营企业的生产管理系统来讲解如何基于 Oracle 数据库进行系统分析、设计和开发，这个过程我们会使用现在主流的 OO 开发来完成。本实例主要是基于 ExtJS+Servlet+Oracle 开发的，其中，Oracle 用于数据的存储，ExtJS 用于客户端显示数据，Servlet 用于处理页面表单提交的数据，实现页面跳转控制。为了简化起见，本实例没有使用复杂的各种框架(典型的框架包括：Struts、Hibernate 和 Spring)。

学习目标

- 了解系统的需求分析。
- 了解系统的总体和详细设计。
- 了解实体对象到数据库的映射。
- 学会构造 ExtJS 开发环境。
- 学会使用 ExtJS 创建客户端界面。
- 学会设置数据源。
- 学会设计数据库访问模式。
- 了解反射机制在数据库访问中的应用。
- 掌握快速录入的实现。

16.1　开发背景与需求分析

本章以日常我们都会接触到的公交客运企业为背景，介绍如何以面向对象的方法对其进行分析和设计。假设某市的公交客运企业要对其生产进行网络化管理。该企业下面有 4 个分公司，各个分公司以线路为单位负责具体的营运。每天各分公司需要根据线路情况，调动一定数量的车辆、司机、乘务员营运。营运结束后由分公司的统计人员将营运情况录入系统。系统根据录入的营运情况创建分公司生产报表，车辆生产报表、人员生产报表、线路报表，而总公司需要随时了解各分公司的生产报表。

对上面的案例进行初步分析后，发现使用本系统的人员有两类：分公司统计人员和总公司管理员。分公司统计人员负责录入系统的运营车辆管理，以及录入系统的司机、乘务员，最主要的工作就是录入每天产生的数据，检验生成的各种报表是否正确。总公司管理员则查看各分公司的运营情况，并根据生产情况决定生产计划。

系统在运行过程中将确保数据的正确性。当统计人员录入营运情况时，系统要随时提示用户录入是否正确。例如，当用户录入错误的车辆编号时，系统就会提示用户录入错误。

对系统的详细分析，我们可以借助 UML 中的用例图。用例图是以参与者(统计人员和管理员)为核心的，从参与者的角度看系统应具备的功能(用例)。在绘制用例图时需要反复与客户进行交流，以明确整个系统的需求。如图 16-1 所示是该公交营运企业的用例图。

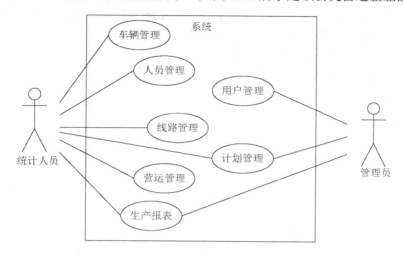

图 16-1　系统用例图

这只是一个系统最基本的需求，对每个用例进行详细分析后，就会发现更多的系统需求。以核心用例"营运管理"为例，对它的管理就是增、删、改、查操作。其中主要的就是营运录入情况。这里我们详细描述这个子用例，包括用例的前置条件、主要事件流、其他事件流、后置条件。

子用例"营运录入"的用例描述如下。

1)　前置条件

统计人员成功连接到系统，并且系统中记录了所有的线路、车辆、人员信息。

2)　主要事件流

(1)　用户选择营运日期。

(2)　用户录入线路、班次、车号、司机工号、营运趟次，营运收入。

(3)　如果线路为有人售票，则还需要录入乘务员工号，否则直接进入下一步。

(4)　录入完后系统自动保存到数据库，并清空界面中原来的录入，以方便录入下一个营运情况。

3)　其他事件流

(1)　用户录入车号时，系统自动验证该车号是否合法，合法则允许继续录入，否则提示用户车号错误。

(2)　录入人员工号时，系统也要进行验证。

4)　后置条件

系统在数据库中保存了一份完整的营运情况。

子用例"营运查看"的用例描述如下。

(1) 前置条件。统计人员成功连接到系统,并且系统中记录了一份完整营运情况。

(2) 主要事件流。用户可以选择多种方式查看营运情况:既可以按日期查看当天的营运情况,也可以查看某人或某辆车一段时间的营运情况。

子用例"营运修改"的用例描述如下。

(1) 前置条件。统计人员成功连接到系统,并且系统中记录了一份完整营运情况。

(2) 主要事件流。用户先查看营运情况,然后选择需要修改的记录进行修改。最后选择保存,系统修改数据库中保存的营运记录。

子用例"营运删除"的用例描述如下。

(1) 前置条件。统计人员成功连接到系统,并且系统中记录了一份完整营运情况。

(2) 主要事件流。用户先查看营运情况,然后选择需要删除的记录,选择删除,系统删除数据库中保存的该条营运记录。

限于篇幅,这里不再对其他用户进行分析描述,读者可以自行分析描述。在前期的需求分析阶段,我们应该从用户的角度来描绘未来系统的草图,不需要考虑技术如何实现。

16.2 系 统 设 计

在分析阶段我们已经对整个系统有了大致的理解,接下来就是从技术角度考虑如何设计整个系统,使未来的系统满足用户的要求。对系统的设计一般是按照先总后分的思路,即先考虑整个系统的技术支持,然后根据各个功能对系统进行模块化切分。

16.2.1 系统总体设计

对于一个复杂的软件系统,在进行系统总体设计时,通常的做法是对软件系统进行分层和分区处理。分区处理就是根据系统提供的功能,划分为几个独立或弱耦合的子系统,每一个子系统只提供一种类型的服务。如图 16-2 所示为本系统的子系统。

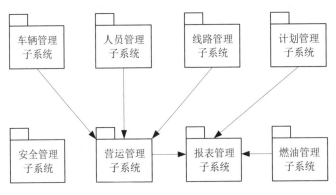

图 16-2 子系统

在分层处理时,每一层的功能都依赖于下一层提供的服务。最常见的分层方法是将系统分为 3 层:用户界面层、逻辑处理层和数据存储层。如图 16-3 所示为本系统的结构。

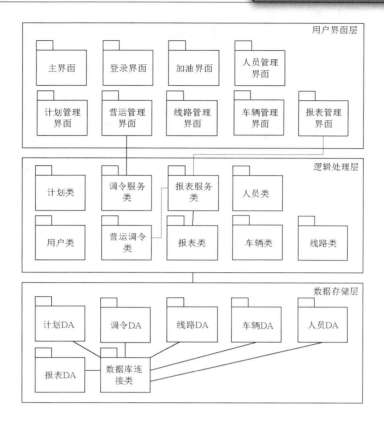

图 16-3　系统的结构

16.2.2　系统详细设计

在这个阶段，主要是决定在实现过程中使用的类和接口的定义。所有的类都要尽可能地详细描述，使之尽可能地接近实现代码。在本阶段可以使用 UML 的序列图查找属于类的各种操作。以录入营运调令为例，如图 16-4 所示是它的 UML 序列图。

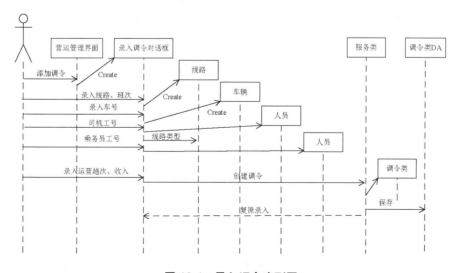

图 16-4　录入调令序列图

在绘制序列图时，要尽可能地找出类以及其操作，为下一步编写代码提供指导。如图 16-5 所示是本系统的类图。

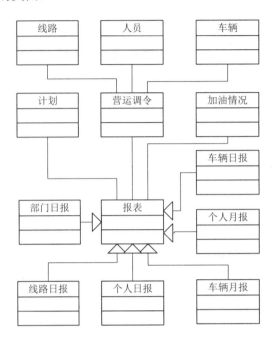

图 16-5 生产系统类图

从类图中可以发现，本生产系统最终要产生多种形式的报表，包括部门日报、线路日报、个人日报、车辆日报，以及在日报基础上形成的个人月报和车辆月报。报表的组成主要包括 3 类内容：完成计划情况、油料消耗情况和营运情况。营运调令记录了各线路在营运过程中分配的车辆、人员分配情况，以及实际运行过程中车辆运行公里和收入内容。

在详细设计阶段，随着我们对未来系统了解的深入，初期绘制的类图可能会有所变化，这也是面向对象分析的好处——拥抱变化，可以不断修改前期成果，使最终的系统符合用户要求。

16.3 数据库设计

在开发类似的信息管理系统时，常用的开发方式有两种：一种是传统的先设计数据库，然后根据数据库设计程序；另一种方式则是先设计系统中的类，然后由类推导出数据库。这里我们采用后一种方式。

16.3.1 设计数据库对象

一般情况下，系统中的实体对象与数据库中的表有一定程度上的对应关系，但又不完全对应。如果使用 Hibernate、JDO 等框架，则它们提供了根据实体对象来自动创建数据库表的功能，这类框架隔离了开发者对数据库的直接操作。这里我们没有采用类似的框架，所以需要我们手工来创建表。

根据实体对象创建表的主要方式如下。

(1)　将对象的属性看成表的字段。

(2)　让对象名成为表名。

对于 USER 对象，它的主要作用就是限制用户登录，并识别登录用户所担任的角色。它所包括的字段属性如表 16-1 所示。

表 16-1　T_USER 表结构

字 段 名	类 型	约 束	说 明
ID	NUMBER	唯一	标识用户的唯一主键
NAME	VARCHAR2	不为空	用户的登录名称
PASSWORD	VARCHAR2	不为空	用户的登录密码
ROLE	NUMBER	不为空	用户身份 1 代表一分公司，2 代表二分公司

对象 Department 代表分公司，它的主要字段如表 16-2 所示。

表 16-2　T_Department 表结构

字 段 名	类 型	约 束	说 明
ID	NUMBER	唯一	标识部门编号
NAME	VARCHAR2	不为空	分公司名称
LOC	VARCHAR2	可为空	办公地点
TEL	VARCHAR2	可为空	联系电话

对象 Bus 代表分公司所属车辆，它的主要字段如表 16-3 所示。

表 16-3　T_Bus 表结构

字 段 名	类 型	约 束	说 明
ID	NUMBER(4)	唯一	车辆自编号
Dept_id	NUMBER	外键约束	所属分公司编号
Category	VARCHAR2	不为空	车型：大巴、中巴

对象 Route 代表分公司营运线路，它的主要字段如表 16-4 所示。

表 16-4　T_Route 表结构

字 段 名	类 型	约 束	说 明
ID	NUMBER	唯一	车辆自编号
Dept_id	NUMBER	外键约束	所属分公司编号
Name	VARCHAR2	不为空	线路名
Type	NUMBER	不为空	线路类型

对象 Employee 代表公司员工，它的主要字段如表 16-5 所示。

表 16-5　T_Employee 表结构

字 段 名	类 型	约 束	说 明
ID	NUMBER(7)	唯一	7 位工号
Name	VARCHAR2	不为空	员工姓名
Job	VARCHAR2	外键约束	职务：司机、乘务员

对象 Order 代表各公司营运调令，该对象记录了每天的营运情况，它的主要字段如表 16-6 所示。

表 16-6　T_Order 表结构

字 段 名	类 型	约 束	说 明
ID	NUMBER	唯一	调令编号
Cur_Date	DATE	不为空	当前日期
Dept_id	NUMBER	外键	部门编号
Route_id	NUMBER	外键	营运线路编号
Schedules	NUMBER	外键	线路的运行班次
Bus_id	NUMBER	外键	营运的车辆编号
Driver_id	NUMBER	外键	司机编号
Conductor_id	NUMBER	外键	乘务员编号
Income	NUMBER	默认值为 0	收入
Plan_Round_Trip	NUMBER	默认值为 0	计划行驶趟数
Actual_Round_Trip	NUMBER	默认值为 0	实际行驶趟数
OP_KM	NUMBER	默认值为 0	营运公里
Non_OP_KM	NUMBER	默认值为 0	非营运公里

对象 Fuel 表示车辆燃油消耗情况，它的主要字段如表 16-7 所示。

表 16-7　T_Fuel 表结构

字 段 名	类 型	约 束	说 明
ID	NUMBER	唯一	编号
Cur_Date	DATE	不为空	加油日期
Bus_id	NUMBER	外键	车辆编号
Quantity	NUMBER	不为空	加油量

对象 DeptDailyReport 表示部门生产日报，它的主要字段如表 16-8 所示。

表 16-8　T_DeptDailyReport 表结构

字 段 名	类 型	约 束	说 明
ID	NUMBER	唯一	编号

续表

字 段 名	类 型	约 束	说 明
Cur_Date	DATE	不为空	当前日期
Dept_id	NUMBER	外键	部门编号
Current_OKM	NUMBER	不为空	当日营运公里
Current_NOKM	NUMBER	不为空	当日非营运公里
Current_Bus_Num	NUMBER	不为空	当日营运车辆
Plan_KM	NUMBER	不为空	本月计划行驶公里
Plan_Income	NUMBER	不为空	本月计划收入
Current_Fuel	NUMBER	不为空	当日加油量
Acc_KM	NUMBER	不为空	累计营运公里
Acc_Income	NUMBER	不为空	累计收入
Acc_Fuel	NUMBER	不为空	累计加油
Proportion_km	NUMBER	不为空	公里完成计划比
Proportion_Income	NUMBER	不为空	收入完成计划比

对象 RouteDailyReport 表示线路生产日报，它的主要字段如表 16-9 所示。

表 16-9　T_RouteDailyReport 表结构

字 段 名	类 型	约 束	说 明
ID	NUMBER	唯一	编号
Cur_Date	DATE	不为空	当前日期
Route_id	NUMBER	外键	线路编号
Accumulate_GLSR	NUMBER	不为空	累计每公里收入
Accumulate_Income	NUMBER	不为空	当月累计收入
Accumulate_KM	NUMBER	不为空	当月累计行驶公里
Proportion_PlanIncome	NUMBER	不为空	完成计划比(收入)
Proportion_PlanKM	NUMBER	不为空	完成计划比(公里)
Current_Incom	NUMBER	不为空	当日收入
Current_KM	NUMBER	不为空	当日营运公里
Plan_Income	NUMBER	不为空	计划收入
Plan_KM	NUMBER	不为空	计划行驶公里
Pre_GLSR	NUMBER	不为空	当日每公里收入
schedules	NUMBER	不为空	当日运行的班次
Current_NOKM	NUMBER	可为空	当日非营运公里

对象 PersonDailyReport 表示个人生产日报，它的主要字段如表 16-10 所示。

Oracle 11g数据库应用简明教程(第2版)

表 16-10　T_PersonDailyReport 表结构

字 段 名	类　型	约　束	说　明
ID	NUMBER	唯一	编号
Cur_Date	DATE	不为空	当前日期
Emp_id	NUMBER	外键	个人工号
Dept_id	NUMBER	外键	部门编号
Route_id	NUMBER	外键	工作线路编号
Plan_Round_Trip	NUMBER	不为空	计划营运趟数
Actual_Round_Trip	NUMBER	不为空	实际营运趟数
Current_KM	NUMBER	不为空	行驶公里
Plan_income	NUMBER	不为空	计划收入
Actual_income	NUMBER	不为空	实际收入

对象 BusDailyReport 表示车辆生产日报,它的主要字段如表 16-11 所示。

表 16-11　T_BusDailyReport 表结构

字 段 名	类　型	约　束	说　明
ID	NUMBER	唯一	编号
Cur_Date	DATE	不为空	当前日期
Bus_id	NUMBER	外键	车号
Dept_id	NUMBER	外键	部门号
Current_km	NUMBER	不为空	当日行驶公里
Current_income	NUMBER	不为空	当日收入
Current_fuel	NUMBER	不为空	当日加油
Acc_km	NUMBER	不为空	当月累计行驶公里
Acc_income	NUMBER	不为空	当月累计收入
Acc_fuel	NUMBER	不为空	当月累计加油

对象 PersonMonthReport 表示个人生产月报,它的主要字段如表 16-12 所示。

表 16-12　T_PersonMonthReport 表结构

字 段 名	类　型	约　束	说　明
ID	NUMBER	唯一	编号
year	NUMBER	不为空	年份
month	NUMBER	不为空	月份
Emp_id	NUMBER	外键	人员工号
Dept_id	NUMBER	外键	部门编号
Attendance	NUMBER	不为空	工作天数

续表

字 段 名	类 型	约 束	说 明
Plan_Round_Trip	NUMBER	不为空	全月计划趟数
Actual_Round_Trip	NUMBER	不为空	全月实际趟数
Month_KM	NUMBER	不为空	全月行驶公里
Plan_income	NUMBER	不为空	全月计划收入
Actual_income	NUMBER	不为空	全月实际收入
Proportion	NUMBER	不为空	完成任务比

对象 BusMonthReport 表示车辆生产月报，它的主要字段如表 16-13 所示。

表 16-13　T_BusMonthReport 表结构

字 段 名	类 型	约 束	说 明
ID	NUMBER	唯一	编号
_year	NUMBER	不为空	年份
month	NUMBER	不为空	月份
Bus_id	NUMBER	外键	车号
Dept_id	NUMBER	外键	部门号
Month_km	NUMBER	不为空	全月行驶公里
Month_income	NUMBER	不为空	全月收入
Month_fuel	NUMBER	不为空	本月加油量
MPG	NUMBER	不为空	百公里油耗

对象 RoutePlan 表示线路生产计划，它的主要字段如表 16-14 所示。

表 16-14　T_RoutePlan 表结构

字 段 名	类 型	约 束	说 明
ID	NUMBER	唯一	编号
Route_id	NUMBER	不为空	线路号
Plan_km	NUMBER	不为空	计划行驶公里
Plan_income	NUMBER	不为空	计划收入
Round_income	NUMBER	不为空	分解任务后一趟的计划收入

16.3.2　创建数据库对象

设计好数据库表后，下一步就要创建这些表，以及与表相关的对象。由于本系统使用 Oracle 数据库存储数据，首先需要创建一个表空间和用户，使用 system 用户连接数据库后，创建表空间 bus_tbs，指定数据文件为 bus.dbf。相关命令如下：

```
SQL> CREATE TABLESPACE bus_tbs
```

```
  2  DATAFILE 'D:\EclipseProject\bus.dbf' SIZE 50M
  3  AUTOEXTEND ON NEXT 5M MAXSIZE UNLIMITED;
```

表空间已创建。
创建用户 aybus，指定该用户的密码为 aybus2017。

```
SQL> CREATE USER aybus IDENTIFIED BY aybus2017
  2  DEFAULT TABLESPACE bus_tbs
  3  TEMPORARY TABLESPACE temp;
```

用户已创建。

授予用户 aybus 相应的权限。相关命令及执行结果如下：

```
SQL> GRANT create session,resource TO aybus;
授权成功。
```

授权成功后，使用 aybus 用户连接数据库。命令如下：

```
SQL> connect aybus/aybus2017
已连接。
```

输入创建表的 SQL 脚本。相关命令及执行结果如下：

```
create table t_user(id number,name varchar2(10),password varchar2(20),
role number(2));
create table t_department(id number(2) primary key,name varchar2(20),
loc varchar2(40),tel varchar2(20));
...省略创建其他表的 SQL 语句
```

T_User 表的 ID 列需要按顺序递增，它是用户的唯一标识，为了方便程序设计可以使用序列自动生成。相关代码如下：

```
create sequence seq_user_id increment by 1 order ;

create or replace trigger insert_user_trigger
before insert on t_user for each row
begin
  select seq_user_id.nextval into :new.id from dual;
end insert_user_tiger;
```

使用同样的方式为 T_Order、T_Fuel 和一系列报表对象创建序列和触发器，这里不再进行说明。

16.4　用户界面设计

由于各个分公司是散布在城市的各个角落里，所以采用 Web 架构的形式将各分公司连接起来。Web 架构最常见的分层形式就是 MVC 模型。M 表示模型，也就是前面分析的实体类对象。V 表示显示视图，它负责向用户显示系统运算结果。C 表示控制器，通常控制器负责从视图读取数据，控制用户输入，并向模型发送数据。

16.4.1　用户登录页面

本系统的客户端采用 ExtJS 构造的富客户端，服务器采用 Servlet 为控制器，Oracle 存储数据。系统开发工具为 MyEclipse，软件运行环境为 JDK 1.8 + Tomcat 6.0。其运行平台为 Windows 7 操作系统。

ExtJS 是一种用 JavaScript 编写的 Ajax 框架，使用 ExtJS 不需要编写复杂的 JavaScript 代码就可以开发出复杂的富客户端。

用户登录页面是所有系统的入口，本系统的登录很简单，输入用户名和密码，系统验证输入的用户信息是否有效，如果有效则进入系统主界面。下面详细介绍如何基于 ExtJS 构建一个用户登录页面。

(1)　创建项目。在 MyEclipse 开发工具中创建 Web 项目 aybus，打开 WebRoot 选项，删除默认创建的 JSP 页面。

(2)　在项目中使用 ExtJS。ExtJS 发布包中的内容并非都是必需的(如文件、示例代码等)，只需要将 ext-all.js、ext-lang-zh_CN.js、resources 目录和 adapter 目录复制到项目的 WebRoot 目录下。

Resources 目录下保存了 ExtJS 所需的 CSS 样式表和图片。ext-all.js 和 adapter/ext/ext-base.js 包含了 EXT 的所有功能，所有的 JavaScript 脚本都放在这里。ext-lang-zh_CN.js 是简体中文国际化资源文件。

(3)　创建登录页面 login.html。在该文件中编写 ExtJS 脚本以创建登录对话框。文件内容如下：

```
<!DOCTYPE html>
<html>
  <head>
    <title>用户登录</title>
    <link rel="stylesheet" type="text/css"
href="ext/resources/css/ext-all.css" />
    <script type="text/javascript"
src="ext/adapter/ext/ext-base.js"></script>
    <script type="text/javascript" src="ext/ext-all.js"></script>
    <script type="text/javascript" src="ext/ext-lang-zh_CN.js"></script>

    <meta http-equiv="keywords" content="keyword1,keyword2,keyword3">
    <meta http-equiv="description" content="this is my page">
    <meta http-equiv="content-type" content="text/html; charset=UTF-8">

<script type="text/javascript">
Ext.onReady( function() {
//定义表单
var loginForm = new Ext.form.FormPanel({
    labelAling: 'right',
    labelWidth: 50,
    frame: true,
    defaultType:'textfield',
```

```
        url:"servlet/UserLoginServlet",
        items:[{
            fieldLabel : '用户名',
            name: 'username',
            allowBlank : false,// 不允许为空
            blankText : '用户名不能为空!'// 错误提示内容
        },{
            inputType: 'password',
            fieldLabel: '密码',
            name: 'password',
            allowBlank : false,
            blankText : '密码不能为空!'
        }]

    });
    // 定义窗体
    var win = new Ext.Window({
        title: '用户登录',
        layout: 'fit', // 布局方式 fit, 自适应布局
        width: 300,
        height: 150,
        modal: true,
        plain: true,
        maximizable: false,// 禁止最大化
        closeAction: 'hide',
        closable: false,// 禁止关闭
        buttonAlign: 'center',
        items: [loginForm],
        buttons:[{
            text:"登录",
            type:'submit',
            handler:function(){
                if (loginForm.form.isValid()) {
                    // 验证合法后使用加载进度条
                    Ext.MessageBox.show({
                        title : '请稍等',msg : '正在登录...',progressText : '',
                        width : 300,
                        progress : true,
                        closable : false,
                        animEl : 'loading'
                    });
                    // 控制进度速度
                    var f = function(v) {
                        return function() {
                            var i = v / 11;
                            Ext.MessageBox.updateProgress(i, '');
                        };
                    };
                    for ( var i = 1; i < 13; i++) {
                        setTimeout(f(i),i*150);
                    };
                    // 提交到服务器操作
                    loginForm.getForm().submit({
```

```
                    success:function(form,action){
                        document.location=action.result.msg;
                    },
                    failure:function(form,action){
                        Ext.Msg.alert("信息",action.result.msg);
                    }
                });


            }
        }
    },{
        text:"取消",// 重置表单
        handler:function() {
            loginForm.form.reset();
        }
    }]
});
win.show();// 显示窗体
});
</script>
</head>
<body>
</body>
</html>
```

（4）在 MyEclipse 中发布程序到 Tomcat 服务器，然后启动服务器，最后在浏览器中输入 http://localhost:8080/aybus/login.html，页面正常显示结果如图 16-6 所示。

图 16-6　用户登录页面

16.4.2　主窗口设计

在设计主窗口页面 Index.html 时，可以将整个页面分为几个部分：顶部为标题栏；底部为信息栏；中部为内容区；左侧为导航栏，在导航栏中列出了系统的各个功能模块，用户双击导航条目后将在中间内容区打开相应的页面。主窗口的最终效果如图 16-7 所示。

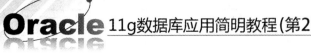

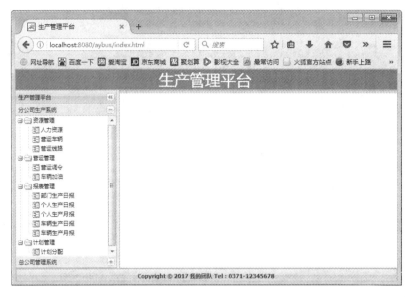

图 16-7　主窗口

16.4.3　用户管理页面

用户管理页面 UserList.html 使用表格显示当前所有的用户，管理员可以打开添加新用户对话框，以此向系统中添加新的用户。也可以选中某个用户后单击"删除"按钮将该用户删除。用户管理页面如图 16-8 所示。

图 16-8　用户管理页面

对一个系统而言，它的所有用户界面应该保持统一的风格，因此本系统的其他页面都是根据此页面创建的，由一个表格及其提供的工具栏构成，这里不再赘述。

16.5　数据访问层

在进行数据访问时，如果应用程序是小型的单用户操作模式，则使用 Java 的 JDBC 直接连接数据库即可。但如果是一个大型的系统，就需要配置数据源。数据源需要配置到中间件服务器中，如 Tomcat、JBoss、WebLogic 等，配置后可以提高数据库查询性能，避免重复地打开和关闭数据库连接。

16.5.1　管理数据连接

由于本系统是基于 Web 的，存在多用户同时访问数据库的情况，因此可以配置一个数据库连接池以提升程序的性能。下面使用 Tomcat 自带的连接池来访问数据库。具体的过程如下。

(1) 将 Oracle 数据库的驱动程序 classes12.jar 复制到 Tomcat6 的 lib 目录下，Tomcat 在启动时会自动加载这个目录下的所有 JAR 包。

(2) 打开 Tomcat 的 conf 目录，在该目录的 context.xml 文件中配置如下的数据源信息：

```
<Context>

<Resource name="jdbc/aybus" auth="Container" type="javax.sql.DataSource"
        maxActive="50" maxIdle="30" maxWait="10000" logAbandoned="true"
        username="aybus" password="aybus2017"
        driverClassName="oracle.jdbc.driver.OracleDriver"
        url="jdbc:oracle:thin:@localhost:1521:ORCL"/>
</Context>
```

其中各关键字的含义如下。

- NAME：为连接池的 JNDI 名，在 Java 程序中将使用这个名称引用数据源。
- URL：为数据库的 URL 地址。
- DriverClassName：JDBC 的驱动类。
- UserName：数据库登录用户名。
- Password：登录用户的密码。
- Auth：表示认证方式，一般为 Container。
- Type：表示数据源类型，使用标准的 javax.sql.DataSource。
- MaxActive：表示连接池中最多的数据库连接。
- MaxIdle：表示最多的空闲连接数。
- MaxWait：当池中数据库连接已经被占用的时候，最长的等待时间。
- logAbandoned：表示被丢弃的数据库连接是否做记录，以便跟踪。

配置完数据源后，接下来做一个简单的测试程序。在 WebRoot 目录下新建一个 JSP 文件 test.jsp，其源代码如下：

```
<%@ page contentType="text/html; charset=utf-8"%>
<%@ page import="java.sql.*,javax.sql.DataSource,javax.naming.*"%>
```

```
<html>
<head><title>测试连接</title></head>
<body>
<h1>Tomcat 数据源连接 Oracle 测试</h1>
<%
Connection conn=null;
ResultSet rs=null;
Statement stmt=null;
try{
    Context initCtx=new InitialContext();
    DataSource ds = (DataSource)initCtx.lookup(
                    "java:comp/env/jdbc/aybus");
    conn=ds.getConnection();

    out.println("读取数据库数据:<br>");
    stmt=conn.createStatement();
    rs =stmt.executeQuery("select * from t_user");
    while(rs.next()){
        out.println(rs.getInt("id"));
        out.println(rs.getString("name")+"<br>");
    }

}catch(Exception e){
    e.printStackTrace();
}finally{
    if(rs!=null){
        rs.close();
        rs=null;
    }
    if(stmt!=null){
        stmt.close();
        stmt=null;
    }
    if(conn!=null){
        conn.close();
        conn=null;
    }
}
%>
</body>
</html>
```

这个测试程序从数据库连接池中获得一个数据库连接对象 Connection,然后查询数据库的 T_User 表,并将编号和 Name 列的数据打印出来。在 Web 程序中,Connection 的关闭并非真正的关闭,而是将 Connection 返还到连接池中,让其他用户可以继续使用这个连接。

通过测试程序成功连接到数据连接池后,下面在数据访问层创建数据连接管理类 ConnectionManager,该类专门用于管理数据库连接对象 Connection 对象。其代码如下:

```
/*
 * 数据库连接管理类
 */
public class ConnectionManager {

    private ConnectionManager(){};
    //获取数据库连接
    public static Connection getConnection() throws SQLException{
        DataSource ds=null;
        try{
            Context initCtx=new InitialContext();
            ds = (DataSource)initCtx.lookup("java:comp/env/jdbc/aybus");
        }catch(NamingException e){
            e.printStackTrace();
        }
        return ds.getConnection();
    }
    //关闭数据库连接
    public static void closeConnection(Connection con){
        if(con!=null){
            try{
                con.close();
            }catch(SQLException e){
                e.printStackTrace();
            }
            con=null;
        }
    }
}
```

16.5.2　数据库访问模式

因为不同的数据库之间是有差别的，如果将数据访问层与某个具体的数据库耦合起来，则会使数据访问层直接依赖于这个数据库。这样当应用程序从一个数据库迁移到另一个数据库时，整个数据访问层就会出现问题，进而会影响到业务逻辑层。为了今后便于支持多数据库，这里采用如图 16-9 所示的数据访问模式。

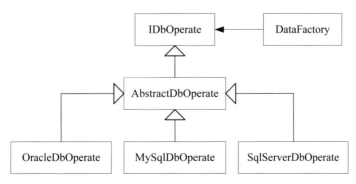

图 16-9　数据访问模式

业务逻辑层需要访问数据时，首先访问数据工厂，然后由数据工厂创建具体的数据库操作类。所有的数据库操作类都实现了接口 IDbOperate，业务层使用该接口访问数据库，从而将具体实现和所需的功能分开了。抽象类 AbstractDbOperate 提供了所有数据库的相同的操作，具体数据操作类只提供各自数据库独有的操作。

数据工厂类的源代码如下：

```
/*
 * 数据工厂类
 */
public class DataFactory {
    private static final  int  type= DbType.DBTYPE_ORACLE;
    /*
     * 创建数据操作类
     */
    public static IDbOperate getDbOperate(){
        IDbOperate db=null;
        switch(type){
        case DbType.DBTYPE_ORACLE:
            db=new OracleDbOperate();
            break;
        case DbType.DBTYPE_MYSQL:

            break;
        case DbType.DBTYPE_SQLSERVER:

            break;
        }
        return db;
    }
}
```

现在本项目中仅使用 Oracle 数据库，如果以后需要使用 MySql 数据库，则只需要增加支持 MySQL 的 MySqlDbOperate，并在数据工厂创建即可。

数据操作接口的源代码如下：

```
public interface IDbOperate {
//省略代码
}
```

抽象类 AbstractDbOperate 提供数据库操作的默认实现。其源代码如下：

```
public abstract class AbstractDbOperate implements IDbOperate {

    /*
     * 关闭 ResultSet
     */
    public void close(ResultSet rs){
        if(rs!=null){
            try{
```

```
                rs.close();
            }catch(SQLException e){}
            rs=null;
        }
    }
    /*
     * 关闭 Statement
     */
    public void close(Statement sm){
        if(sm!=null){
            try{
                sm.close();
            }catch(SQLException e){}
            sm=null;
        }
    }
    public void close(Connection con){
        ConnectionManager.closeConnection(con);
    }
}
```

OracleDbOperate 类提供 Oracle 数据库独有的操作方法，需要将 AbstractDbOperate 中只适合 Oracle 数据库的方法在该类中重写。其源代码如下：

```
public class OracleDbOperate extends AbstractDbOperate {

}
```

这里先构造数据访问模式的框架，随后将不断向其中添加代码。

16.6　安　全　模　块

安全模块的功能就是管理用户，以此限制某个用户可否登录到系统。该模块的功能包括用户登录、添加新用户、删除用户和修改用户密码。

16.6.1　用户登录

通过前面对界面和数据库的设计，对整个系统的构成应该已经有了大致的认识。现在以一个简单的用户登录为例，以完善数据访问层，构建中间层，最后与用户界面合成一个完整的用户登录功能。

首先在数据访问层的 IDbOperate 中添加一个方法：

```
public interface IDbOperate {
    public Vector<User> getUser(String name);
}
```

接口 IDbOperate 中的方法由 AbstractDbOperate 类实现，由于该方法是由一个通用的查询语句来实现的，所以将它放置在 AbstractDbOperate 类中。代码如下：

```
public abstract class AbstractDbOperate implements IDbOperate {
    //获取用户列表
    public Vector<User> getUser(String name){
        Connection con=null;
        PreparedStatement psm=null;
        ResultSet rs=null;
        try{
            con=ConnectionManager.getConnection();
            psm=con.prepareStatement("select * from t_user where 1=? or
name=?");
            if(name==null){
                psm.setInt(1,1);
                psm.setString(2,"");
            }else{
                psm.setInt(1,0);
                psm.setString(2,name);
            }

            rs=psm.executeQuery();
            Vector userList=new Vector<User>();
            while(rs.next()){
                User u=createUserFormRs(rs);
                userList.add(u);
            }
            return userList;
        }catch(SQLException e){
            e.printStackTrace();
        }finally{
            close(rs);
            close(psm);
            close(con);
        }
        return null;
    }
    private User createUserFormRs(ResultSet rs)throws SQLException{
        User user=new User();
        user.setId(rs.getInt("id"));
        user.setName(rs.getString("name"));
        user.setPassword(rs.getString("password"));
        user.setRole(rs.getInt("role"));
        return user;
    }
    .../*省略部分代码*/
}
```

需要注意上述代码中的查询语句 select * from t_user where 1=? or name=?，如果要获取所有用户信息，则只需要设置第一个参数为 1 使 Where 子句的条件永为真；如果要按用户名检索用户，则使每一个参数为 0，Where 子句中第一个条件为假，根据第二个条件检索。

在 src 下新建一个包 UerModule，在该包中创建实体类 User 和用户服务类 UserService。代码如下：

```
public class User {
    private int id;
    private String name;
    private String password;
    private int role;
    /*省略 get 和 set 方法*/
}

public class UserService {
    private IDbOperate db=null;
    public void init(){
        db=DataFactory.getDbOperate();
    }
    //用户登录
    public User login(String name,String password){
        Vector<User> userList=db.getUser(name);
        for(int i=0;i<userList.size();i++){
            User u=userList.get(i);
            if(u.getPassword().equals(password))
                return u;
        }
        return null;
    }
}
```

在用户服务类中，通过数据工厂获取数据访问层接口，所有对数据库的操作都是通过该接口完成的，从而降低了中间层与数据访问层的耦合度。

在包 UserModule 中创建一个 Servlet 包，在该包中新建一个 Servlet 类 UserLoginServlet 管理用户登录。用户管理模块的所有 Servlet 都放在此包中。代码如下：

```
public class UserLoginServlet extends HttpServlet {
    public void doGet(HttpServletRequest request, HttpServletResponse response)
            throws ServletException, IOException {
        doPost(request,response);
    }
    public void doPost(HttpServletRequest request, HttpServletResponse response)
            throws ServletException, IOException {
        request.setCharacterEncoding("UTF-8");
        response.setCharacterEncoding("UTF-8");
        String name=request.getParameter("username");
        String pwd=request.getParameter("password");
        UserService service=new UserService();
        service.init();
```

```
        User user=service.login(name, pwd);
        Message msg=null;
        if(user!=null){
            HttpSession session = request.getSession();
            session.setAttribute("user", user);
            msg=new Message(true);
            msg.setMsg("index.html");
        }else{
            msg=new Message(false);
            msg.setMsg("用户名或密码错误！");
        }

        JSONObject jsonobj=JsonUtils.createMessageObjectt(msg);
        PrintWriter out = response.getWriter();
        out.println(jsonobj.toString());
        out.flush();
        out.close();
    }
    /**省略部分代码*/
}
```

为了向前台页面返回处理结果，创建一个辅助类 Message。属性 Success 记录服务器端处理是否正常，属性 msg 记录服务器返回给客户端的提示信息。代码如下：

```
package Utils;

public class Message {
    private boolean success;
    private String msg;
    public Message(boolean sc){
        this.success=sc;
    }
    /*省略 get 和 set 方法*/
}
```

所有返回结果都是以 JSON 格式的字符串返回。以 JSON 格式传递数据有两大好处：其一，JSON 格式的数据其尺寸比较小，可以节省流量；其二，可以在客户端直接将 JSON 格式的字符串转换为 JavaScript 对象，方便客户端处理。为了支持 JSON 功能，需要将包 json-lib-2.3-jdk15.jar、ezmorph-1.0.6.jar、commons-logging-1.1.3.jar、commons-lang-2.4.jar、commons-collections-3.1.jar 和 commons-beanutils-1.8.0.jar 添加到 WEB-INF/lib 目录下，然后在项目的编译属性中添加对这些包的引用。创建一个类负责将各种 Java 类转换为 JSON 格式。代码如下：

```
public class JsonUtils {
    /*
     * Message 对象转换为 JSON 格式字符串
     */
    public static JSONObject createMessageObjectt(Message message){
        JSONObject jsonObj = new JSONObject();
```

```
        jsonObj.put("msg",message.getMsg());
        jsonObj.put("success",message.isSuccess());
        return jsonObj;
    }
}
```

在创建 Servlet 时，MyEclipse 会自动在 Web.xml 文件中配置 Servlet。如果删除某个 Servlet，则还需要手动删除 Web.xml 文件中的配置信息。

修改 Web.xml 文件，使用户访问系统时自动打开登录页面。代码如下：

```
<welcome-file-list>
  <welcome-file>login.html</welcome-file>
</welcome-file-list>
```

最后修改前端用户界面 login.html，将表单的信息提交到 UserLoginServlet。启用服务器，在浏览器地址栏中请求 http://localhost:8080/aybus，将显示如图 16-6 所示的用户登录界面。在页面中输入正确的用户信息后，将跳转到 index.html 页面。如果输入错误，则会显示错误提示信息。

16.6.2　用户管理

当管理员打开用户管理页面时，该页面将显示系统中的用户列表，因此应该新建一个中间层 UserListServlet，在该 Servlet 中将通过中间层 Service 访问数据库，并将用户列表转换为一个 JSON 字符串返回。代码如下：

```
public class UserListServlet extends HttpServlet {
    public void doGet(HttpServletRequest request,
                      HttpServletResponse response)
            throws ServletException, IOException {
        doPost(request,response);
    }
    public void doPost(HttpServletRequest request,
                       HttpServletResponse response)
            throws ServletException, IOException {

        UserService service=new UserService();
        service.init();
        Vector userList=service.list();
        response.setContentType("text/html");
        response.setCharacterEncoding("utf-8");
        JSONObject jsonObj=JsonUtils.createUserList(userList);

        PrintWriter out = response.getWriter();
        out.println(jsonObj.toString());
        out.flush();
        out.close();
    }
}
```

中间层 UserService 的 list 方法如下：

```
public class UserService {
    /*省略部分代码*/
    //用户列表
    public Vector list(){
        Vector<User> userList=db.getUser(null);
        return userList;
    }
}
```

在客户端页面 userlist.html 中，ExtJS 也是按照 MVC 模式设计的。先定义了表格的列模型，然后定义表格的数据源。代码如下：

```
<script type="text/javascript">
Ext.onReady( function() {
    //表格列模型
    var cm = new Ext.grid.ColumnModel([
        {header: '编号',dataIndex:'id'},
        {header: '姓名',dataIndex:'name'},
        {header: '类型',dataIndex:'role'}
    ]);
    //表格数据源
    var store = new Ext.data.Store({
     proxy : new Ext.data.HttpProxy({url:'servlet/UserListServlet'}),
     reader : new Ext.data.JsonReader({totalProperty:
'totalProperty',root:'list'},
     [{name : 'id'},
     {name : 'name'},
     {name : 'role'}])
     });
    store.load();
    //添加用户对话框
    var form=new Ext.form.FormPanel({
        labelAlign:'right',
        labelWidth:50,
        labelAlign:'center',
        frame:true,
        defaultType:'textfield',
        url:"servlet/UserAddServlet",
        items:[{
            fieldLabel:"用户名",
            name:"name"
        },{
            fieldLabel:"类型",
            name:'role',
            xtype:'numberfield'
        },{
            width:150,
            height:100,
```

```
                xtype:'textarea',
                readOnly:true,
                fieldLabel:"说明",
                value:"0:管理员\n1:一分公司\n2:二分公司\n3:三分公司\n4:四分公司"
            }]
        });
        var win=new Ext.Window({
            title:"添加用户",
            layout:'fit',
            width:300,
            height:250,
            modal: true,
            closeAction:'hide',
            items:[form],
            buttons:[{
                text:'添加',
                handler:function(){
                    form.getForm().submit({
                        success:function(form,action){
                            var jsUser=action.result.msg;
                            Ext.Msg.alert("信息","添加用户"+jsUser.name+"成功");
                            store.reload();
                        },
                        failure:function(form,action){
                            Ext.Msg.alert("信息",action.result.msg);
                        }
                    });
                }
            },{
                text:'关闭',handler:function(){win.hide();}
            }]
        });
        //表格工具栏
        var ttbar = new Ext.Toolbar(['-',
            {text:'添加',handler:function(){win.show();}},'-',
            {text:'删除',handler:function(){//删除用户
                Ext.Msg.confirm('信息','确定要删除吗',function(btn){
                    if(btn=='yes'){
                        var record=grid.getSelectionModel().getSelected();
                        var id=record.get("id");
                        Ext.Ajax.request({
                            url:'servlet/UserDeleteServlet',
                            success: function(response) {
                                var obj=Ext.decode(response.responseText);
                                if(obj.success == true) {
                                    Ext.Msg.alert("信息",obj.msg);
                                    store.remove(record);
                                } else {
                                    Ext.Msg.alert("错误",obj.msg);
```

```
                            }
                        },
                        failure: function(response) {},
                        params: {userid:id}
                    });
                }
            });
        }},'-'
    ]);
    var grid = new Ext.grid.EditorGridPanel({
        region : 'center',
        ds : store,
        cm : cm,
        tbar:ttbar,
        sm : new Ext.grid.RowSelectionModel({
            singleSelect: true
        }),
        viewConfig : {
            forceFit : true //让grid的列自动填满grid的整个宽度
        }
    });
    var viewport = new Ext.Viewport({
        layout : 'border',
        items : [ grid ]
    });
});
</script>
```

16.7　资源管理模块

资源管理模块主要包括人力、车辆、线路资源的管理。这些资源的管理相似，因此将它们放置在一个模块中。

16.7.1　人力资源的数据访问层技术分析

在进行数据库访问时，一般的做法是针对每一个表分别进行增、删、改、查操作，当数据库中有大量的表时，这种方法就会很烦琐。这里介绍一种方法利用 Java 反射机制访问数据库的方法。

反射机制就是在程序的运行状态中，对于任意一个类都能知道这个类的所有属性和方法；对于任意一个对象都能够调用它的方法和属性。这种动态获取类的信息以及动态调用对象的方法的功能称为 java 语言的反射机制。在创建数据库表时，实体类与数据库表是一一对应的(类名与表名相对应，类的属性与表的字段相对应)，这样就可以通过操作实体类获取数据库表信息。

在数据库访问层 IDbOperate 接口添加以下方法：

```
public interface IDbOperate {
public Vector getObjectList(String className, String where);
public Object getObject(String className, String where);
public boolean saveObject(Object obj);
public boolean updateObject(Object object, String where);
public boolean deleteObject(Object object);
public String getDateString(Date date);//处理数据库日期数据类型
}
```

从数据库查询、删除数据是通用方法，因此将 getObject()、getObjectList()和 deleteObject()方法添加到抽象类 AbstractDbOperate 中。而 saveObject()、updateObject()方法可能会涉及日期数据类型的操作，方法 getDateString()专门用于处理各数据库的日期类型，所以将这些方法放在 Oracle 数据库的实现类中，专门处理 Oracle 数据库中的数据。代码如下：

```
public abstract class AbstractDbOperate implements IDbOperate {
  /**
    * 从数据库中查找对象集合
    */
  public Vector getObjectList(String className, String where) {
    Statement stm = null;
    ResultSet rs = null;
    Connection con=null;
      //得到表名字
      String tableName =
"t_"+className.substring(className.lastIndexOf(".") +
1,className.length());
        //根据类名来创建 Class 对象
        Class c = null;
        try {
            c = Class.forName(className);

        } catch (ClassNotFoundException e1) {
            e1.printStackTrace();
        }
        //拼凑查询 sql 语句
        String sql = "select * from " + tableName + where+" Order by id";
        // 创建类的实例
        Object obj = null;
        Vector list=null;
        try {
            con = ConnectionManager.getConnection();
            stm = con.createStatement();
            rs = stm.executeQuery(sql);
            //获取对象的方法数组
            Method[] methods = c.getMethods();
            list=new Vector();
            // 遍历结果集
            while (rs.next()) {
                obj = c.newInstance();//创建对象
```

```
                list.add(obj);
                // 遍历对象的方法
                for (Method method : methods) {
                    String methodName = method.getName();
                    // 如果对象的方法以 set 开头
                    if (methodName.startsWith("set")) {
                        //根据方法名字获取数据表中的字段名
                        String columnName =
methodName.substring(3,methodName.length());
                        //获取对象方法的参数类型
                        Class[] parmts = method.getParameterTypes();
                        if (parmts[0] == String.class) {
                            //如果参数为 String 类型，则从结果集中按照列名取得对应的值，
                            //并且调用对象 set 方法设置属性
                            method.invoke(obj, rs.getString(columnName));
                        }else if (parmts[0] == int.class) {
                            method.invoke(obj, rs.getInt(columnName));
                        }else if (parmts[0] ==double.class) {
                            method.invoke(obj, rs.getDouble(columnName));
                        }else if(parmts[0]==Date.class){
                            method.invoke(obj,new
java.util.Date(rs.getDate(columnName).getTime()));
                        }else if(parmts[0]==Department.class){//部门类型则创建部门
                            int dept_id=rs.getInt(columnName+"_id");
                            Department dept=(Department)
getObject("Model.Department"," where id="+dept_id);
                            method.invoke(obj,dept);
                        }else if(parmts[0]==Route.class){
                            int route_id=rs.getInt(columnName+"_id");
                            Route route=(Route) getObject("Model.Route"," where
id="+route_id);
                            method.invoke(obj,route);
                        }else if(parmts[0]==Bus.class){
                            int bus_id=rs.getInt(columnName+"_id");
                            Bus bus=(Bus) getObject("Model.Bus"," where
id="+bus_id);
                            method.invoke(obj,bus);
                        }else if(parmts[0]==Employee.class){
                            int emp_id=rs.getInt(columnName+"_id");
                            Employee emp=(Employee)
getObject("Model.Employee"," where id="+emp_id);
                            method.invoke(obj,emp);
                        }
                    }
                }
            }
        } catch (Exception e) {
            e.printStackTrace();
        }finally{
```

```
                close(rs);
                close(stm);
                close(con);
            }
        return list;
    }
    //省略部分代码
}
```

创建中间层 ResourceService，在该层中调用数据层的方法以实现对人力、车辆、线路资源的管理。代码如下：

```
public class ResourceService {
    private IDbOperate db=null;
    public void init(){
        db=DataFactory.getDbOperate();
    }
    //员工列表
    public Vector listEmployee(){
        Vector<Employee> list=db.getObjectList("Model.Employee","");
        return list;
    }
    //查找某员工
    public Vector findEmployee(String key){
        Vector<Employee> list=null;
        try{
            int id=Integer.parseInt(key);
            list=db.getObjectList("Model.Employee"," Where id="+id);
        }catch(NumberFormatException e){
            list=db.getObjectList("Model.Employee"," Where
name='"+key+"'");
        }
        return list;
    }
    //部门列表
    public Vector listDepartment(){
        Vector<Employee> list=db.getObjectList("Model.Department","");
        return list;
    }
    //车辆列表
    public Vector listBus(int deptID){
        Vector<Employee> list=db.getObjectList("Model.Bus"," where
dept_id="+deptID);
        return list;
    }
    //线路列表
    public Vector listRoute(int deptID){
        Vector<Route> list=null;
        if(deptID<0){
```

```
                    list=db.getObjectList("Model.Route","");
            }else{
                    list=db.getObjectList("Model.Route"," where dept_id="+deptID);
            }
             return list;
    }
    //添加人员
    public Employee addEmployee(Employee emp){
            if(db.saveObject(emp)){
                    return emp;
            }
            return null;
    }
    //添加线路
    public Route addRoute(Route route){
            if(db.saveObject(route)){
                    return route;
            }
            return null;
    }
    //添加车辆
    public Bus addBus(Bus bus){
            if(db.saveObject(bus)){
                    return bus;
            }
            return null;
    }
    //修改人员
    public Employee updateEmployee(Employee emp){
            if(db.updateObject(emp," where id="+emp.getId())){
                    return emp;
            }
            return null;
    }
    //修改线路
    public Route updateRoute(Route route){
            if(db.updateObject(route," where id="+route.getId())){
                    return route;
            }
            return null;
    }
    //修改车辆
    public Bus updateBus(Bus bus){
            if(db.updateObject(bus," where id="+bus.getId())){
                    return bus;
            }
            return null;
    }
    //删除人员信息
```

```
public boolean deleteEmployee(Employee emp){
    if(db.deleteObject(emp)){
        return true;
    }
    return false;
}
}
```

16.7.2 人力资源的界面显示层技术分析

在显示层页面 EmpList.html 中，通过使用 Ext.extend 方法从表格面板派生出了自己需要的表格类。代码如下：

```
EmployeeGridPanel = Ext.extend(Ext.grid.EditorGridPanel, {
    ...//省略代码
});
```

通过这种扩展机制，实现了对界面组件化编程。

16.8　营运管理模块

营运管理的主要功能就是营运调令的录入。在营运生产过程中，分公司会以线路为单位，分配一定的营运班次，每个营运班次记录了司机、营运车辆、乘务员、运行多少趟、实际收入等信息，这些信息就构成了营运调令。

在录入营运调令时，由于需要录入大量数据，因此这里应考虑采用快速录入方式。也就是说，当用户录入线路后，可以直接按 Enter 键，界面输入焦点自动跳到下一个输入框；由于车号和员工工号是固定长度，在输入符合要求后，也应该自动跳到下一个输入框；输入完信息后，当前程序应该自动将数据保存到后台数据库，并将输入焦点跳转到开始位置。

下面是班次输入框，当用户按 Enter 键后，焦点会自动跳转到下一个输入框，代码如下：

```
{xtype: "textfield", width:100,name:'schedules',fieldLabel: '班次',
    listeners:{
            specialkey:function(field,e){
                if(e.getKey()==Ext.EventObject.ENTER){
                    var form=this.ownerCt.ownerCt.ownerCt;
                    var obj=form.get(1).get(1).get(0);
                    obj.focus();
                }
            }
    }
}
```

当用户录入完成后，程序会自动将输入的数据以 JSON 格式发送到 Servlet 服务器。然后由服务器解析该 JSON 格式数据为 Order 对象，并通过数据访问保存，保存后的 Order 对象其 ID 属性为其在数据库中的主键值，最后将保存的 Order 对象转换成 JSON 格式返回给客户端的 ExtJS 处理。下面是该 Servlet 服务器的主要代码：

```
public void doPost(HttpServletRequest request,
    HttpServletResponse response)throws ServletException, IOException {

        request.setCharacterEncoding("UTF-8");
        response.setCharacterEncoding("UTF-8");
        //获取 JSON 格式的参数
        String strjson=request.getParameter("json");
        Order order=JsonUtils.createOrderObject(strjson);//转换为 Order 对象
        OrderService service=new OrderService();
        service.init();
        Order dborder=service.addOrder(order);//调用服务层保存 Order 对象
        Message msg=null;
        if(dborder==null){
            msg=new Message(false);
            msg.setMsg("调令保存错误");
        }else{//将保存后的 Order 对象转换为 JSON 格式返回
            msg=new Message(true);
            JSONObject jsonObj=JsonUtils.createOrderJson(dborder);
            msg.setMsg(jsonObj.toString());

        }
        JSONObject jsonMsg=JsonUtils.createMessageObject(msg);
        response.setContentType("text/html");
        PrintWriter out = response.getWriter();
        out.println(jsonMsg);
        out.flush();
        out.close();

    }
```

在 OrderService 类的 addOrder 方法中，首先在数据库中保存新创建的调令，然后根据表中 ID 顺序递增地获取新添加的调令返回。代码如下：

```
public class OrderService {
    public Order addOrder(Order o){
        if(db.saveObject(o)){
            return (Order) db.getObject("BusService.Order",
                    " Where id=(select max(id) from t_order)");
        }
        return null;
    }
// 省略部分代码
}
```

返回的 Order 对象被转换为 JSON 字符串后，返回给客户端 ExtJS 处理。为了减少客户端与服务器端的交互数据量，客户端将返回的 JSON 化的 Order 对象添加到表格中显示。代码如下：

```
insert:function(r){
        var OrderRecord = this.getStore().recordType;
```

```
        var obj = new OrderRecord({
                id:r.id,
                dept:r.dept.name,
                route: r.route.name,
                bus: r.bus.id,
                driverID: r.driver.id,
                driverName:r.driver.name,
                //省略部分代码
                });
        this.stopEditing();
        this.getStore().insert(0,obj);
        this.startEditing(0, 0);
    }
```

附录 习题参考答案

第 2 章

一、填空题

1. 物理存储结构、逻辑存储结构
2. 数据文件
3. 段、段、块
4. LGWR、ARCn
5. 控制文件、日志文件
6. 系统全局区(SGA)、后台进程

二、选择题

1. C   2. D   3. B   4. C   5. C

三、简答题

略。

第 3 章

一、填空题

1. DESCRIBE、DESC
2. START、EDIT
3. DEFINE
4. 设置一页显示多少行数据、设置一行显示多少个字符
5. CLEAR COLUMN、COLUMN 列名 CLEAR

二、选择题

1. B   2. C   3. B   4. AC   5. D

三、简答题

略。

第 4 章

一、填空题

1. *

2．WHERE、ORDER BY

3．GROUP BY、ORDER BY

4．UPDATE、DELETE

5．ASC、DESC

6．HAVING

7．LINK、下划线"_"

二、选择题

1．B 　　2．B 　　3．A 　　4．B 　　5．D

6．C 　　7．D

三、简答题

略。

第 5 章

一、填空题

1．子查询返回的结果

2．单行单列

3．IN、ANY、ALL

4．EXISTS、NOT EXISTS

5．INNER JOIN、OUTER JOIN、CROSS JOIN

6．UNION、MINUS

二、选择题

1．B 　　2．D 　　3．D 　　4．D 　　5．B

三、简答题

略。

第 6 章

一、填空题

1．EXCEPTION

2．:=

3．CONSTANT

4．打开游标、检索游标

5．i<>j、i<> k AND j<>k

二、选择题

1．B 　　2．C 　　3．D 　　4．D

三、简答题

略。

第 7 章

一、填空题

1. return number、into v_sal、empno
2. FOR EACH ROW
3. OUT、IN OUT

二、选择题

1. D   2. B   3. A   4. B   5. D

三、简答题

略。

第 8 章

一、填空题

1. 备份为二进制文件
2. v$controlfile、v$logfile
3. 非归档模式、ALTER DATABASE ARCHIVELOG
4. NOMOUNT、MOUNT、OPEN
5. 立即关闭数据库，再用完好的控制文件替换掉损坏的控制文件。

二、选择题

1. B   2. C   3. B   4. A   5. D

三、简答题

略。

第 9 章

一、填空题

1. 物理、逻辑
2. 表空间、表空间、数据文件
3. 数据文件、数据文件
4. 段、段、数据块
5. OFFLINE、READ ONLY、READ WRITE
6. BIGFILE、UNDO

二、选择题

1．D 2．D 3．B 4．C 5．C

三、操作题

略。

第 10 章

一、填空题

1．事务、ON COMMIT DELETE ROWS、删除、保留
2．一条
3．NOT NULL、UNIQUE
4．非空、唯一、主键、外键、条件
5．物理地址

二、选择题

1．A 2．D 3．A 4．D 5．B

三、简答题

略。

第 11 章

一、填空题

1．表的列名
2．基本表、基本表、视图
3．加快对表内数据的查询
4．start with 2、increment by 2、maxvalue 1000、cycle

二、选择题

1．C 2．A 3．A 4．D 5．D

三、简答题

略

第 12 章

一、填空题

1．模式对象、非模式对象、模式对象、非模式对象
2．WITH ADMIN OPTION、WITH GRANT OPTION

3. resource_limit

4. 角色

5. CREATE ANY TABLE

6. ANY

二、选择题

1. D   2. D   3. A   4. B   5. B

三、简答题

略。

第 13 章

一、填空题

1. 目录对象

2. IMPDP

3. Full、Table、Tablespace

4. QUERY

5. 控制文件

二、选择题

1. A   2. B   3. D   4. B   5. D

三、简答题

略。

第 14 章

一、填空题

1. 控制文件、控制文件、恢复目录

2. MOUNT

3. MOUNT

4. 归档模式

5. 修复、恢复

6. 全备份、差异备份

二、选择题

1. C   2. D   3. D   4. C   5. D   6. A

三、简答题

略。

第 15 章

一、填空题

1. 闪回日志
2. 撤销表空间
3. 移动、移动
4. 回收站
5. 回收站
6. 历史操作记录

二、选择题

1. C   2. D   3. C   4. A

三、简答题

略。